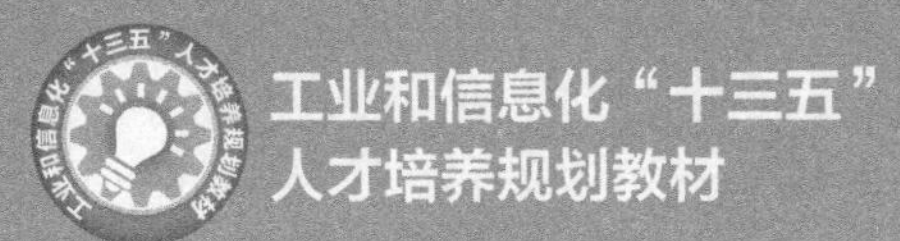

动态网页设计与制作 HTML5+CSS3+JavaScript 第3版

Dynamic Web Design and Production

吴以欣 陈小宁 ◎ 编著

人 民 邮 电 出 版 社
北 京

图书在版编目（CIP）数据

动态网页设计与制作 : HTML5+CSS3+JavaScript / 吴以欣, 陈小宁编著. -- 3版. -- 北京 : 人民邮电出版社, 2018.12
工业和信息化“十三五”人才培养规划教材
ISBN 978-7-115-48775-9

Ⅰ. ①动… Ⅱ. ①吴… ②陈… Ⅲ. ①超文本标记语言-程序设计-高等学校-教材②网页制作工具-高等学校-教材③JAVA语言-程序设计-高等学校-教材 Ⅳ. ①TP312②TP393.092

中国版本图书馆CIP数据核字(2018)第263485号

内 容 提 要

本书全面系统地介绍了用 HTML5、CSS3 和 JavaScript 制作网页的编程技术及方法。全书分为 HTML 基础、CSS 基础和实用技巧、JavaScript 的基本编程方法和实用技巧以及综合实训项目四大部分。读者通过学习本书的内容，可以制作出自己的动态网页，全面提高自己的网页设计基本技能。

本书可以作为多媒体技术专业的专业课程教材，也可以作为一般网页制作人员的自学用书。

◆ 编　　著　吴以欣　陈小宁
责任编辑　左仲海
责任印制　马振武

◆ 人民邮电出版社出版发行　　北京市丰台区成寿寺路 11 号
邮编　100164　　电子邮件　315@ptpress.com.cn
网址　http://www.ptpress.com.cn
北京天宇星印刷厂印刷

◆ 开本：787×1092　1/16
印张：17　　　　　　2018 年 12 月第 3 版
字数：393 千字　　　2025 年 2 月北京第 9 次印刷

定价：49.80 元

读者服务热线：(010)81055256　印装质量热线：(010)81055316
反盗版热线：(010)81055315

前 言 FOREWORD

早期的 HTML 版本几乎涵盖了网页设计的全部内容，在网页的设计中，网页的内容和排版都是通过 HTML 文档完成的。但是，实际上网页的排版布局千变万化，因此，当需要改变网页的布局时，就必须大量地修改 HTML 文档，这给网页的设计开发带来了很多不便。

从 HTML 4.0 开始，为了简化程序的开发，HTML 已经尽量将“网页的内容结构”与“网页的排版布局”分开。它的主要原则：用标签元素描述网页的内容结构；用 CSS 描述网页的排版布局；用 JavaScript 描述网页的事件处理，即鼠标或键盘在网页元素上动作（如单击、双击、输入）后执行的程序。

由此可知，网页制作的基本语言是 HTML，网页排版布局的基本技术是 CSS，开发动态网页的关键是 JavaScript 技术的应用，全面掌握这 3 项技术是动态网页开发与设计的基础。

本书主要分为四大部分，具体如下所述。

第 1 部分主要介绍了 HTML 基础（第 1 章）。

第 2 部分主要介绍了 CSS 基础和实用技巧（第 2 章和第 3 章）。

第 3 部分主要介绍了 JavaScript 的基本编程方法和实用技巧（第 4 ~ 9 章）。

第 4 部分是 HTML、CSS 和 JavaScript 的综合实训项目（第 10 章）。

本书由浅入深，配有大量示例，所有示例都可用于当前最为流行的两大浏览器——Microsoft Internet Explorer 和 Mozilla 的 Firefox 浏览器的较高级版本。

本书不仅全面介绍了 HTML、CSS 和 JavaScript 的基本编程技术，而且还将网页设计的常用技巧，如网页两列/三列排版、菜单制作、图像叠加以及运用 JavaScript 动态改变网页内容等，也进行了介绍。

本书的大部分示例为编者在工作中的实际应用，所有示例均经过验证。本书计划学时为 54 小时，如果能增加实验室上机实训，将会取得更好的效果。读者通过本书内容的学习及大量示例和实训项目的练习，可以很快地运用 HTML、CSS 和 JavaScript 进行动态网页设计。

编者的电子邮箱地址是 syndia_wu@yahoo.com，欢迎读者提出建议和意见。

编 者

2018 年 2 月

目录 CONTENTS

第 1 章　HTML 基础 …… 1

1.1　HTML 简介 …… 1

1.1.1　网页与 HTML …… 1

1.1.2　编写及显示 HTML 文件 …… 2

1.1.3　标签、元素和属性 …… 4

1.2　HTML 常用元素 …… 7

1.2.1　基本结构元素 …… 7

1.2.2　常用块元素 …… 7

1.2.3　常用列表元素 …… 12

1.2.4　常用表格元素 …… 14

1.2.5　常用行元素 …… 16

1.2.6　表单元素 …… 22

1.2.7　多媒体元素及内嵌元素 …… 32

1.2.8　特殊说明 …… 35

第 2 章　CSS 基础 …… 38

2.1　CSS 简介 …… 38

2.2　CSS 的基本语法 …… 39

2.2.1　样式和样式表 …… 39

2.2.2　CSS 中的颜色和长度定义 …… 40

2.2.3　常用的样式属性 …… 41

2.2.4　定义样式表 …… 60

2.2.5　内部样式表和外部样式表 …… 67

2.2.6　层叠式应用规则 …… 68

第 3 章　CSS 实用技巧 …… 69

3.1　CSS 的常用技巧 …… 69

3.1.1　网页内容的居中对齐 …… 69

3.1.2　网页内容的隐藏与显示 …… 73

3.1.3　处理长表格 …… 74

3.1.4　图片 …… 77

3.1.5　鼠标指针移到元素上时的效果 …… 82

3.1.6　定义外部样式表的选项 …… 86

3.2　CSS 用于响应式网页布局设计 …… 87

3.3　CSS 用于菜单设计 …… 90

3.4　CSS 其他设计原则 …… 97

第 4 章　JavaScript 简介 …… 99

4.1　什么是 JavaScript …… 99

4.1.1　JavaScript 的发展历史 …… 99

4.1.2　JavaScript 的特点 …… 100

4.1.3　JavaScript 的作用 …… 101

4.2　编辑与调试 JavaScript …… 104

4.3　第一个 JavaScript 示例 …… 105

4.3.1　编写 JavaScript …… 105

4.3.2　运行 JavaScript 程序 …… 107

4.3.3　调试 JavaScript 程序 …… 107

第 5 章　JavaScript 编程基础 …… 110

5.1　数据类型及变量 …… 110

5.1.1　数据类型 …… 110

5.1.2　常量与变量 …… 111

5.2　表达式与运算符 …… 114

5.2.1　表达式 …… 114

5.2.2　运算符 …… 114

5.3　基本语句 …… 119

5.3.1　注释语句 …… 120

5.3.2　赋值语句 …… 120

5.3.3　流程控制语句 …… 120

5.4　函数 …… 125

5.4.1 定义函数 ······ 126
5.4.2 使用函数 ······ 127
5.4.3 函数的参数 ······ 127
5.5 对象 ······ 129
5.5.1 什么是对象 ······ 129
5.5.2 定义对象 ······ 130
5.5.3 使用对象 ······ 132
5.6 事件及事件处理程序 ······ 133
5.6.1 网页中的事件 ······ 133
5.6.2 用 JavaScript 处理事件 ······ 134
第 6 章 JavaScript 常用内置对象 ······ 136
6.1 数组对象 ······ 136
6.1.1 新建数组 ······ 136
6.1.2 数组中的序列号 ······ 136
6.1.3 引用数组元素 ······ 136
6.1.4 动态数组 ······ 137
6.1.5 数组对象的常用属性和方法 ······ 137
6.1.6 排序数组 ······ 138
6.1.7 关联数组 ······ 141
6.2 字符串对象 ······ 142
6.2.1 使用字符串对象 ······ 142
6.2.2 字符串相加 ······ 142
6.2.3 在字符串中使用单引号、双引号及其他特殊字符 ······ 143
6.2.4 比较字符串是否相等 ······ 143
6.2.5 字符串与整数、浮点数之间的转换 ······ 143
6.2.6 字符串对象的属性和方法 ······ 144
6.2.7 字符串对象的应用实例 ······ 145
6.3 数学对象 ······ 150
6.3.1 使用数学对象 ······ 150
6.3.2 数学对象的属性和方法 ······ 150
6.3.3 特殊的常数和函数 ······ 151
6.3.4 格式化数字 ······ 152
6.3.5 产生随机数 ······ 154
6.3.6 数学对象的应用实例 ······ 155
6.4 日期对象 ······ 157
6.4.1 新建日期 ······ 157
6.4.2 日期对象的属性和方法 ······ 157
6.4.3 日期对象的应用实例 ······ 159
第 7 章 JavaScript 常用文档对象 ······ 163
7.1 HTML 文档对象结构 ······ 163
7.1.1 文档对象的结点树 ······ 164
7.1.2 得到文档对象中元素对象的一般方法 ······ 166
7.2 HTML 文档对象 ······ 167
7.2.1 文档对象的属性和方法 ······ 167
7.2.2 文档对象的 cookie 属性 ······ 169
7.2.3 表单及其控件元素对象 ······ 171
7.2.4 链接对象 ······ 182
7.2.5 图像对象 ······ 183
7.3 动态改变网页内容和样式 ······ 187
7.3.1 动态改变网页内容 ······ 187
7.3.2 动态改变网页样式 ······ 189
第 8 章 JavaScript 常用浏览器对象 ······ 193
8.1 屏幕对象 ······ 193
8.2 浏览器信息对象 ······ 194
8.3 窗口对象 ······ 196
8.3.1 窗口对象的常用属性和方法 ······ 197
8.3.2 多窗口控制 ······ 198
8.3.3 输入/输出信息 ······ 203
8.4 网址对象 ······ 204
8.4.1 网址对象的常用属性和方法 ······ 205
8.4.2 网址对象的应用实例 ······ 206
8.5 历史记录对象 ······ 206
8.5.1 历史记录对象的常用属性和方法 ······ 206
8.5.2 历史记录对象的应用实例 ······ 207
8.6 框架对象 ······ 208
8.6.1 框架对象的常用属性和方法 ······ 208

8.6.2 框架对象的应用实例…………209

第 9 章 JavaScript 实用技巧…………212

9.1 建立函数库…………212

9.2 读取与储存数据…………217

9.2.1 页面上数据的读取与储存…………217

9.2.2 浏览器上数据的读取与储存…………219

9.3 校验用户输入…………221

9.4 设置弹出窗口…………228

9.4.1 一般的弹出窗口…………228

9.4.2 窗口中的“窗口”…………228

9.5 设置下拉菜单…………230

9.6 事件冒泡处理…………232

9.7 动画技术…………233

9.7.1 动画网页对象的内容…………234

9.7.2 动画网页对象的尺寸…………234

9.7.3 动画网页对象的位置…………236

第 10 章 实训项目…………239

10.1 “第 1 章 HTML 基础”实训…………239

10.2 “第 2 章 CSS 基础”实训…………242

10.3 “第 3 章 CSS 实用技巧”实训…………244

10.4 “第 4 章 JavaScript 简介”实训…………247

10.5 “第 5 章 JavaScript 编程基础”实训…………248

10.6 “第 6 章 JavaScript 常用内置对象”实训…………253

10.7 “第 7 章 JavaScript 常用文档对象”实训…………258

10.8 “第 8 章 JavaScript 常用浏览器对象”实训…………261

10.9 “第 9 章 JavaScript 实用技巧”实训…………263

第 1 章 HTML 基础

本章主要内容：

- HTML 简介
- HTML 常用元素

1.1 HTML 简介

1.1.1 网页与 HTML

当通过浏览器浏览网页时，用户会看到文字信息、超链接、图表、图片等各种内容，如图 1-1 所示。浏览器是如何显示这些网页内容的呢？通过浏览器查看这些网页的源代码，如图 1-2 所示，可以发现这些源代码就是浏览器可以“理解”的一种计算机语言——HTML。

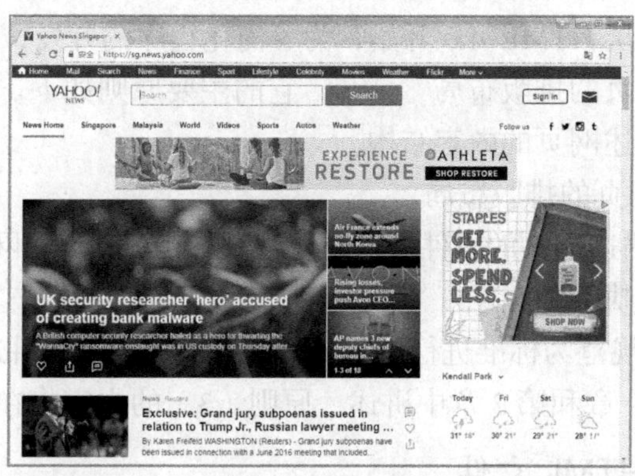

图 1-1 网页内容

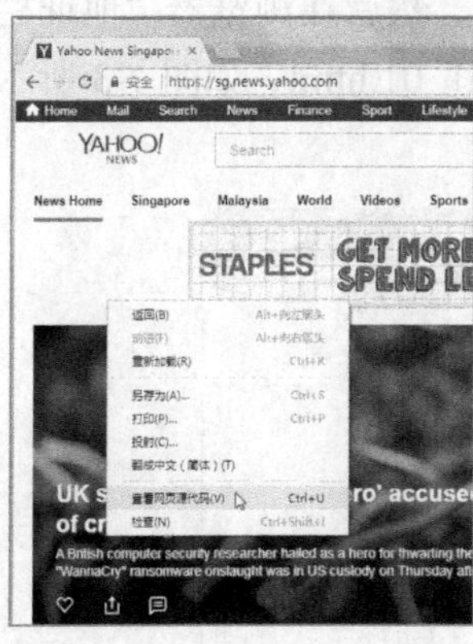

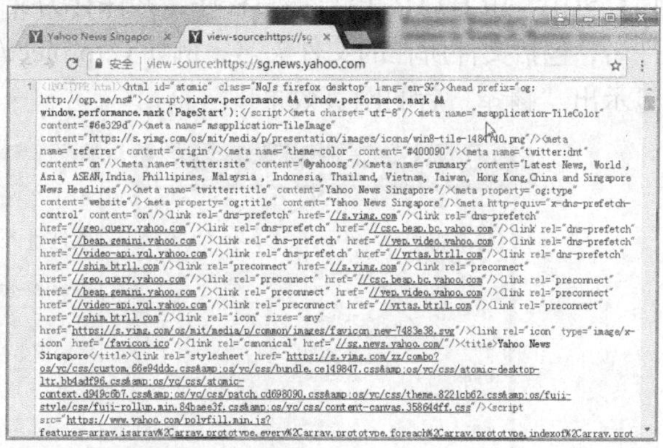

图 1-2 查看网页源代码

HTML 是 Hyper Text Markup Language 的缩写，中文翻译为“超文本标记语言”，是制

作网页的最基本语言，它的特点正如它的名称，具体如下。

- Hyper（超）："超（Hyper）"是相对于"线性（Linear）"而言的，HTML 之前的计算机程序大多是线性的，即必须由上至下顺序运行，而用 HTML 制作的网页可以通过其中的超链接从一个网页"跳转"至另一个网页。
- Text（文本）：不同于一些编译性的程序语言，如 C、C++或 Java 等，HTML 是一种文本解释性的程序语言，即它的源代码不经过编译，在浏览器中运行时直接被"翻译"。
- Markup（标记）：HTML 的基本规则就是用"标记语言"——成对尖括号组成的标签元素来描述网页内容的，进而在浏览器中显示。

HTML 最早作为一种标准的网页制作语言是在 20 世纪 80 年代末由科学家蒂姆·伯纳斯李（Tim Berners-Lee）提出的，当时他定义了 22 种标签元素。发展至 1999 年 12 月，由万维网联盟（W3C）出版的 HTML 4.01 规范中还保留着其中的 13 种标签元素。2000 年 5 月，HTML 已成为一项国际标准（ISO/IEC 15445:2000）。2014 年 10 月，万维网联盟正式发布了 HTML5 规范的推荐版，包含大约 107 种标签元素，以满足现代网络发展的需要。目前，大多数最新版本的浏览器都已经支持 HTML5 规范。

早期的 HTML 版本不仅用标签元素描述网页的内容结构，而且还用标签元素描述网页的排版布局。在网页设计中，网页的内容结构一般变化较小，但是网页的排版布局可能千变万化，当需要改变网页的布局时，就必须大量地修改 HTML 文档，这给网页的设计开发工作带来了很多不便。从 HTML 4.0 开始，为了简化程序的开发，HTML 已经尽量将"网页的内容结构"与"网页的排版布局"分开，它的主要原则如下。

（1）用标签元素描述网页的内容结构。

（2）用 CSS 描述网页的排版布局。

（3）用 JavaScript 描述网页的事件处理，即通过鼠标或键盘在网页元素上进行动作（如单击、双击、输入）后执行的程序。

本书将以 HTML5 规范为标准进行讲解，因此，本章将主要讲述原则（1）的内容，原则（2）的内容将在第 2 章和第 3 章中讲述，原则（3）的内容将在第 4 ~ 9 章中讲述。

1.1.2 编写及显示 HTML 文件

在计算机中，用 HTML 语言编写程序，并保存为文件，然后在浏览器"地址栏"中输入该文件名，包括文件所在的文件夹名，例如 C:/project/ch1_01.html，如图 1-3 所示，浏览器就会显示出"翻译"后的网页效果。

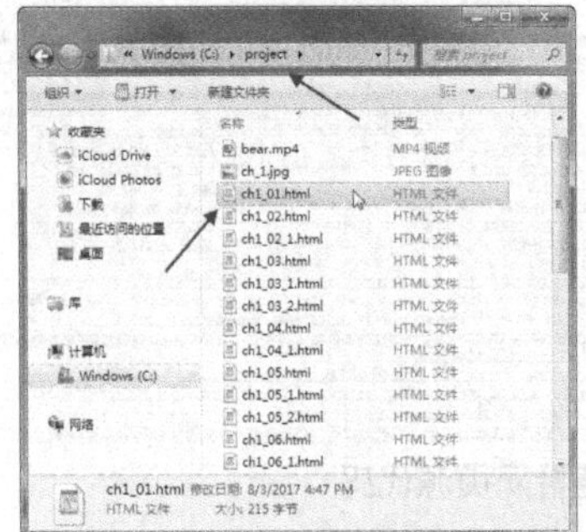

图 1-3 在浏览器中查看计算机中的 HTML 文件

如果将该文件放在一个网页服务器上，并在浏览器“地址”栏中输入该服务器的地址或指向该服务器的域名及该文件名，如图 1-4 所示，就可以通过 Internet 浏览这个网页的内容。这也就是当初科学家蒂姆·伯纳斯李发明 HTML 的目的——大家共享文件内容。

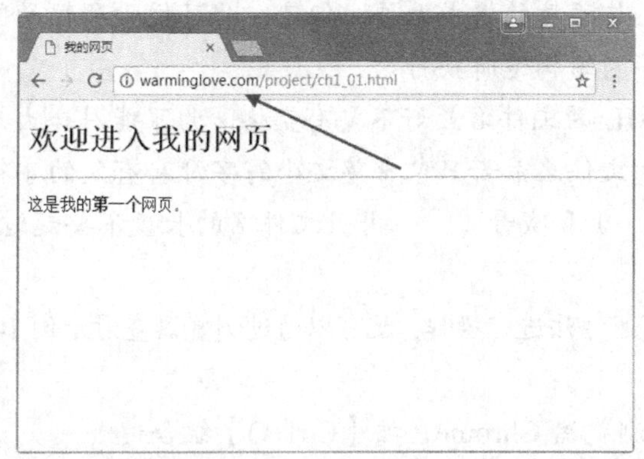

图 1-4　在浏览器中查看网页服务器上的 HTML 文件

HTML 文件具有以下特点。

- HTML 文件是一种包含成对标签元素的普通文本文件。因此，可以用任意一种文本编辑器来编写，如 Windows 中的记事本、写字板等应用软件；也可以使用任何一种工具软件编辑 HTML 文件，如 Macromedia 的 Dreamweaver 和 Microsoft 的 FrontPage 等。
- HTML 文件必须以.htm 或.html 作为扩展名，两者并没有太大的区别。本书示例中统一使用.html 作为扩展名。
- HTML 文件可以在大多数流行的浏览器上显示，例如 Microsoft 的 Internet Explorer（以下简称 IE）以及 Google 的 Chrome（以下简称 Chrome）等。本书将在 Windows 操作系统中使用 Chrome 浏览器显示示例。如果计算机中没有 Chrome 浏览器软件，可以到 Google 网站下载。

示例 1-1 是一个最简单的 HTML 程序，首先在文本编辑器中输入该程序（注意，其中的行号用于本书的讲解之便，程序中不要输入行号），然后保存文件名为 ch1_01.html。

示例 1-1　第一个 HTML 程序。

目的：初步了解 HTML 程序。

程序文件名：ch1_01.html。

```
<!DOCTYPE HTML>
<html>
  <head>
    <title>我的网页</title>
  </head>
  <body>
    <h1>欢迎进入我的网页</h1>
    <hr>
    <p>这是我的<b>第一个</b>网页。</p>
  </body>
</html>
```

（1）编写 HTML 程序时，格式上没有要求，例如，示例中的 11 行程序也可以写成一行，这是因为浏览器“翻译”HTML 程序时是通过其中的标签内容进行识别的，与程序的格式无关。但是，为了便于程序的阅读和维护，编程时应该根据标签的结构适时换行。

（2）HTML 的文件名最好不要有空格，为了能符合大多数网页服务器的要求，HTML 的文件名最好只包含英文小写字母和有效的字符，例如 a～z、0～9 以及下画线（_）和减号（-），并且文件名的长度不要超过 31 个字符（包括扩展名）。

（3）按下述方法进行操作，就可以通过浏览器查看示例 1-1 所编写的 HTML 程序效果。

① 打开浏览器 Chrome，按【Ctrl+O】组合键。

② 在打开的对话框中单击“浏览”按钮，然后在打开的对话框中选择示例 1-1 中保存的文件 ch1_01.html。

③ 单击“确定”按钮，就会得到图 1-3 右图所示的效果。

（4）按下述方法进行操作，可以调试 HTML 程序。

① 在计算机中同时打开文本编辑器和浏览器 Chrome，并且在文本编辑器中打开 HTML 程序，如 ch1_01.html，然后按（3）介绍的内容进行操作，在浏览器中显示该网页内容。

② 在文本编辑器中修改程序内容，例如，将示例 1-1 中的“第一个”修改为“第二个”，并保存该文件，然后反复按【Alt+Tab】组合键直到切换到浏览器窗口，再按【F5】键或【Ctrl+R】组合键刷新浏览器窗口。

③ 不断重复步骤②直到调试结束。

1.1.3 标签、元素和属性

从示例 1-1 中可以看出，HTML 文档是由各种 HTML 元素组成的，如 html（HTML 文档）元素、head（头）元素、body（主体）元素、title（题目）元素和 p（段落）元素等，这些元素都采用了尖括号组成的标签形式。实际上，HTML 程序的内容就是标签、元素和属性。

1. 标签

HTML 标签是由一对尖括号< >及标签名称组成的。标签分为“起始标签”和“结束标签”两种，两者的标签名称是相同的，只是结束标签多了一个斜杠“/”。如图 1-5 所示，<b>为起始标签，</b>为结束标签，它是英文 bold（粗体）的缩写。标签名称对大小写是不敏感的，即<html>…</html>和<HTML>…</HTML>的效果是一样的，但是为了便于程序的阅读和维护，万维网联盟推荐使用小写字母书写标签。

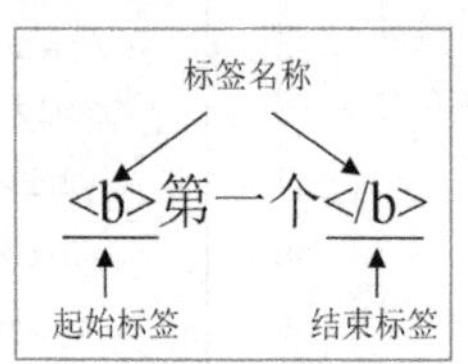

图 1-5　HTML 标签

2. 元素

HTML 元素是组成 HTML 文档的最基本的部件，它是用标签来表现的，一般情况下，“起始标签”表示元素的开始，“结束标签”表示元素的结束。

HTML 元素分为“有内容的元素”和“空元素”两种。“有内容的元素”是由起始标签、结束标签以及两者之间的元素内容组成的，其中，元素内容既可以是需要显示在网页中的文字内容，也可以是其他元素。例如，示例 1-1 中起始标签<b>与结束标签</b>组成的元素的内容是文字“第一个”；而起始标签<head>与结束标签</head>组成的元素的内容是另外一个元素——title 元素。“空元素”则只有起始标签，而没有结束标签和元素内容，如示例 1-1 中的 hr（分隔线）元素就是空元素。

HTML 元素还可以分为“块元素”和“行元素”。“块元素”在网页中的效果是该元素中的内容相对于其前后元素的内容另起一行，图 1-6 左侧所示的 p 元素就是块元素，图 1-6 右侧所示为 p 元素的网页显示效果。而“行元素”的网页效果则是，行元素中的内容与其前后元素的内容在同一行中，图 1-7 左侧所示的 a 元素就是行元素，图 1-7 右侧所示为 a 元素的网页显示效果。

HTML 程序：

```
…
<p>第一段落的内容</p>
<p>第二段落的内容</p>
…
```

网页显示效果：

第一段落的内容
第二段落的内容

图 1-6　块元素程序及其网页显示效果

HTML 程序：

```
…
<a href="a.html">链接 1 的内容</a>
<a href="b.html">链接 2 的内容</a>
…
```

网页显示效果：

链接 1 的内容　链接 2 的内容

图 1-7　行元素程序及其网页显示效果

3. 属性

在元素的起始标签中，还可以包含“属性”，用来表示元素的其他特性，它的格式如下。

```
<标签名称 属性名="属性值">
```

例如，下述代码中 img（图像）元素中的 src="my_picture.jpg"就是 img 元素的属性，表示“该图像元素的图像源文件是 my_picture.jpg”。

```
<img src="my_picture.jpg">
```

像标签名称一样，属性名对大小写也是不敏感的，但是为了便于程序的阅读和维护，编程时建议使用小写字母。另外值得注意的是，虽然 HTML5 并没有要求属性值一定要有双引号，但是，为了养成良好的编程习惯，还是应该统一地在属性值外面加上双引号（英文输入模式下的双引号）。

4. 元素的嵌套性

除了 HTML 文档元素 html 外，其他 HTML 元素都是被嵌套在另一个元素之内的。例如示例 1-1 中，head 元素和 body 元素是嵌套在 html 元素中的，而 title 元素是嵌套在 head 元素中的。值得注意的是，HTML 中的元素可以多级嵌套，但是不可以互相交叉。

如下代码为不正确的写法，因为 p 元素的起始标签在 b 元素的外层，而它的结束标签却放在了 b 元素结束标签的里面。

```
<p>这是我的<b>第一个</p>网页。</b>
```

如下代码为正确的写法。

```
<p>这是我的<b>第一个</b>网页。</p>
```

由于元素的嵌套性，编写 HTML 程序时一般先写外层的一对标签，然后逐渐往里写，这样既不容易忘记结束标签，也可以减少交叉标签的错误。例如，示例 1-1 应该按下列步骤完成。

① 编写最外层标签，示例如下。

```
<html>
</html>
```

② 添加内层标签，示例如下。

```
<html>
  <head>
  </head>
  <body>
  </body>
</html>
```

③ 继续添加内层标签，示例如下。

```
<html>
  <head>
    <title></title>
  </head>
  <body>
  </body>
</html>
```

④ 添加元素内容，示例如下。

```
<html>
  <head>
    <title>我的网页</title>
  </head>
  <body>
  </body>
</html>
…
```

以此类推。

1.2 HTML 常用元素

HTML5 相对于旧版本新增加了 32 种元素，去掉了 12 种元素，一共包含 107 种元素。本节将主要介绍其中一些最常用的元素。

1.2.1 基本结构元素

HTML 的基本结构元素主要有 3 种，它们分别是 html（HTML 文档）元素、head（头）元素和 body（主体）元素。每个网页文件中一般都包含这 3 种元素，而且它们只能出现一次。

1. html 元素

html 元素是网页文件中最外围的、紧接着文档元素的一对标签，它告诉浏览器整个文件是 HTML 格式，并且从<html>开始，至</html>结束。

2. head 元素

head 元素包含的是网页的头部信息，它的内容被浏览器所用，而不会显示在网页正文中。head 元素中可以包含下述元素。

- title 元素，它的内容将在浏览器的标题中出现。例如，示例 1-1 中的 title 元素内容是"我的网页"，如图 1-3 右图所示，它显示在浏览器的标题栏。
- link 元素和 style 元素，常用于 CSS，将在第 2 章和第 3 章中讲解。
- script 元素，常用于 JavaScript，将在第 4 章中讲解。
- meta 元素，特殊元素将在"1.2.8 特殊说明"小节中讲解。

3. body 元素

body 元素是 HTML 文件的主体元素，它包含所有要在网页上显示的各种元素。下面几小节内容中讨论的元素，都是 body 元素可以包含的内容。

1.2.2 常用块元素

块元素的内容总是沿网页垂直方向另起一行显示。HTML5 中的常用块元素有以下几种。

1. 标题块元素

标题块元素主要有 h1、h2、h3、h4、h5 和 h6。h 是 header（标题）的简写，数字 1～6 表示标题的级别，h1 的标题级别最大，h6 的标题级别最小，如图 1-8 所示。

HTML 程序：

```
…
<h1>第一级标题</h1>
<h2>第二级标题</h2>
<h3>第三级标题</h3>
<h4>第四级标题</h4>
<h5>第五级标题</h5>
<h6>第六级标题</h6>
…
```

网页显示效果：

第一级标题
第二级标题
第三级标题
第四级标题
第五级标题
第六级标题

图 1-8 标题块元素程序及其网页显示效果

2. 段落块元素

最常用的段落块元素有 p（段落）元素和 pre（原样显示文字）元素。

（1）p 元素

p 是 paragraph（段落）的简写，p 元素内一般包含段落文字，浏览器将自动在 p 元素前后加一行空行，如图 1-6 右图所示。值得注意的是，HTML 元素内的文字内容都不要用空格来排版（pre 元素除外），因为浏览器会将标签内的所有空格或换行符看作一个空格。下面的示例 1-2 要说明的就是这个问题。

示例 1-2　将李白的诗《静夜思》显示在网页上。

目的：了解 p 元素及 HTML 程序中的空格特点。

程序文件名：ch1_02.html。

```
1   <!DOCTYPE HTML>
2   <html>
3     <head>
4       <title>静夜思</title>
5     </head>
6     <body>
7       <h1>静夜思</h1>
8       <hr>
9       <p>
10        床前明月光，
11        疑是地上霜。
12        举头望明月，
13        低头思故乡。
14      </p>
15    </body>
16  </html>
```

在浏览器中打开 ch1_02.html，得到的效果如图 1-9 所示，可以看到，虽然在程序中的每行诗句后面都有换行符，但显示结果中的所有诗句都在一行中，只是每个句子之间有一个空格。

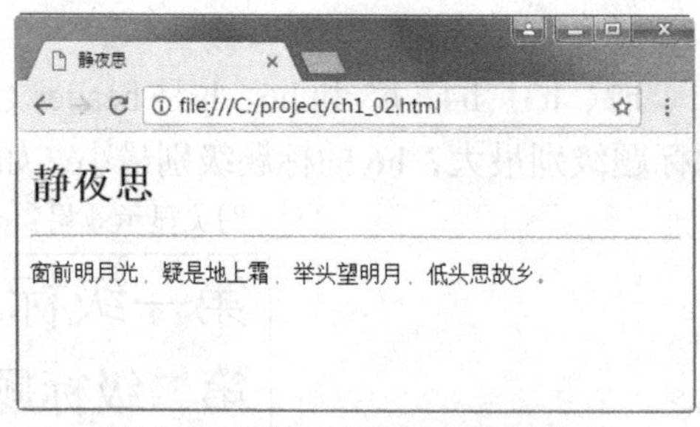

图 1-9　示例 1-2 的网页显示效果

如果将第 9～14 行代码改为如下格式，刷新浏览器后，将得到同样的效果。由此可以看出，在元素内容中用空格或换行符进行排版都是无效的。

```
<p>床前明月光，    疑是地上霜。    举头望明月，    低头思故乡。 </p>
```

（2）pre 元素

pre 是 preformatted 的简写，pre 元素与 p 元素的作用基本相同，唯一区别是，该元素中的文字内容将保留空格和换行符，并且元素中的英文字符都将统一用等宽字体，以便对齐。例如，将示例 1-2 中的第 9 ~ 14 行改为如下格式，刷新浏览器后，将得到图 1-10 所示的效果。

```
<pre>
  床前明月光，
  疑是地上霜。
  举头望明月，
  低头思故乡。
</pre>
```

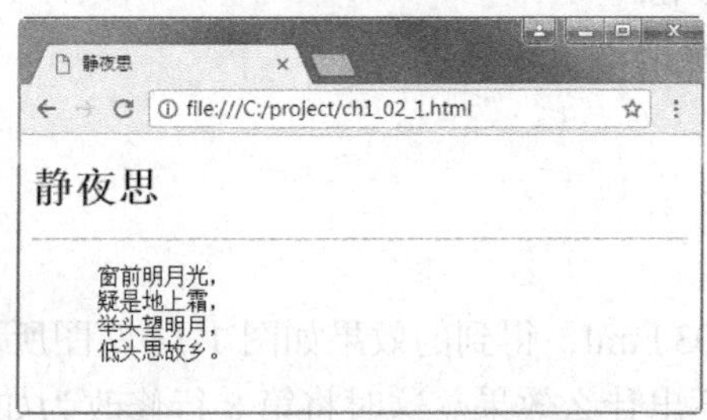

图 1-10　使用 pre 元素改写示例 1-2 中的网页效果

值得注意的是，pre 元素一般只用于在网页中显示诗句、计算机程序等需要使用空格和换行来排版的文字内容。根据 HTML5 的规范设计原则，网页的排版布局应尽可能地使用 CSS，详见“第 2 章 CSS 基础”和“第 3 章 CSS 实用技巧”。

3. 通用块元素

div 元素是最常用的通用块元素，它用于包住一些元素和文字内容，以便进一步用 CSS 进行排版处理。下面通过示例 1-3 介绍 div 元素的用途。

示例 1-3　修改示例 1-2 的 ch1_02.html 代码如下，并保存为 ch1_03.html。

目的：了解 div 元素的用途。

程序文件名：ch1_03.html。

```
<!DOCTYPE HTML>
<html>
  <head>
    <title>我喜爱的李白诗</title>
  </head>
  <body>
    <h1>我喜爱的李白诗</h1>
    <div>
      <h2>静夜思</h2>
      <hr>
   <pre>
     床前明月光，
     疑是地上霜。
     举头望明月，
```

```
15       低头思故乡。
16     </pre>
17   </div>
18   <div>
19     <h2>下江陵</h2>
20     <hr>
21     <pre>
22       朝辞白帝彩云间，
23       千里江陵一日还。
24       两岸猿声啼不住，
25       轻舟已过万重山。
26     </pre>
27   </div>
28 </body>
29 </html>
```

在浏览器中打开 ch1_03.html，得到的效果如图 1-11 左图所示，第 8、17、18 及 27 行的 div 元素在浏览器中看不出什么效果。这时将第 8 行修改为如下格式。

```
<div style="float:left;width:200px;margin-right:10px">
```

将第 18 行修改为如下格式。

```
<div style="float:left;width:200px">
```

然后将文件保存为 ch1_03_1.html，在浏览器中打开该文件，就会得到图 1-11 右图所示的效果。修改上述两行代码的目的是通过 CSS 语句将 div 元素所包含的内容由纵向排版变为横向排版。

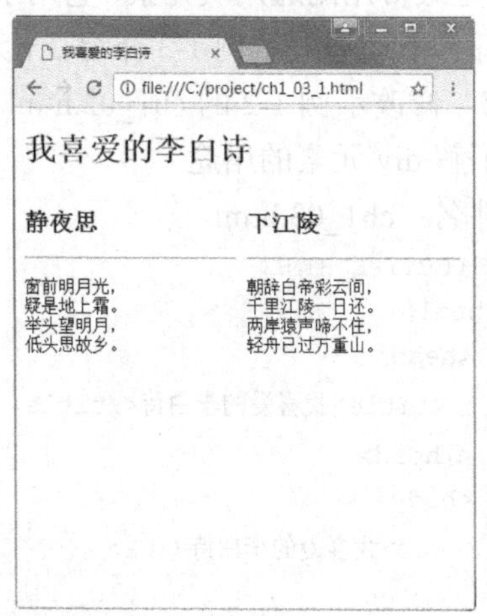

图 1-11　示例 1-3 及对其修改后的显示效果

4. 语义块元素

HTML5 新增了一系列语义块元素，也就是说，这些元素的标签名定义了应用的意义，例如，header（顶部）元素一般用于一个区域或整个页面的顶部，footer（底部）元素一般用于一个区域或整个页面的底部，等等。语义块元素的使用，主要是为了搜索引擎读取页面内容时更容易根据标签名分解页面的内容。它们应用的效果好像与上述通用块元素 div 一样，但是，其应用原则是不一样的，div 元素主要用于排版，而语义块元素主要用于网页内容的分类。表 1-1 中列出了常用语义块元素的应用原则；图 1-12 所示为常用语义块元素的应用示意图，其中左边是 HTML 基本程序代码。

表 1-1 常用语义块元素的应用原则

标签名	意义	应用原则
header	顶部元素	一般用在一个区域或整个页面的顶部，包含有 h1 ~ h6（标题）元素、商标图像等
footer	底部元素	一般用在一个区域或整个页面的底部，可以包含版权信息、联系方式等内容
nav	导航元素	包含区域或网页中主要的导航链接
article	文章元素	一般用于具有独立内容的区域，例如论坛帖子、报纸文章、博客条目及用户评论等
aside	侧栏元素	一般包含主要内容以外的但与主要内容相关的内容
section	局部区域元素	一般用于包含标题和内容的局部区域
main	主要内容元素	一般包含主要内容。一个文档中只能有一个 main 元素
figure	图块元素	一般包含 img 元素和 figcaption 元素
figcaption	图标题元素	一般置于 figure 元素内，并且是第一个或最后一个元素

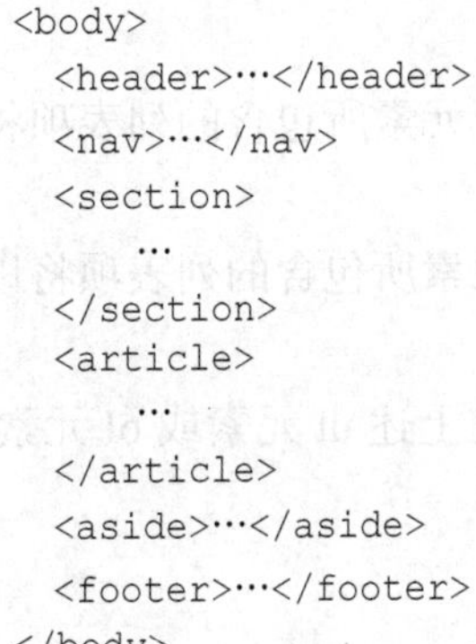

```
<body>
  <header>…</header>
  <nav>…</nav>
  <section>
    …
  </section>
  <article>
    …
  </article>
  <aside>…</aside>
  <footer>…</footer>
</body>
```

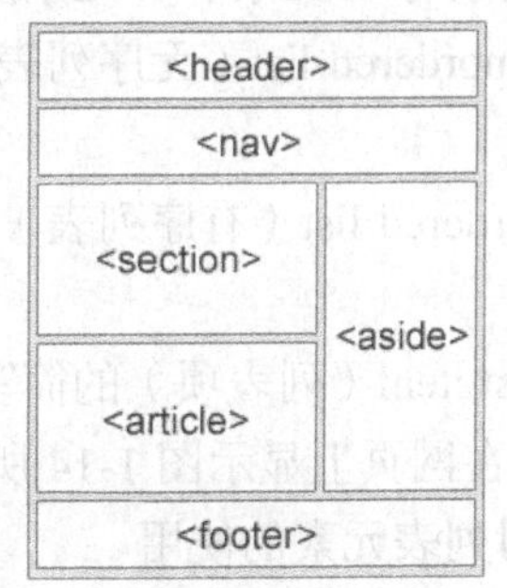

图 1-12 常用语义块元素的应用示意图

HTML 元素的许多属性不仅可以用于块元素，而且可以用于大多数 HTML 元素，因此称其为 HTML 元素的“通用属性”。这里先介绍 id（元素标识）属性和 title（提示）属性两种通用属性，在后面的章节中，还会继续介绍其他通用属性。

（1）id（元素标识）属性

在 HTML 文档中，每个元素都可以有一个标识，但是每个标识名（即 id 的属性值）在整个 HTML 文档中必须是唯一的。标识名的第一个字母只能是 A ~ Z 或 a ~ z，标识名可以由 A ~ Z、a ~ z、0 ~ 9、-（减号）、_（下画线）等组成。例如如下示例代码。

```
<div id="myId1">…</div>
<p id="myId2">…</p>
```

标识名对大小写是敏感的，即“myId”和“myid”是不一样的。

HTML 的 id 属性在 CSS 和 JavaScript 的应用中起到了很重要的作用，具体将在后续相关章节内容中介绍。

（2）title（提示）属性

元素的 title 属性在 HTML 的网页中起到了提示的作用。如果元素设置了 title 属性，当将鼠标指针移动到该内容上时，就可以看到 title 值的内容。例如，将 ch1_03_1.html 中的第 8 行修改为如下代码。

```
<div style="float:left;width:200px;margin-right:10px"  title="静夜思">
```

保存该文件后在浏览器中打开该文件，如果将鼠标指针移动到该 div 元素所包含的内容上，就可以看到 title 的属性值，如图 1-13 所示。

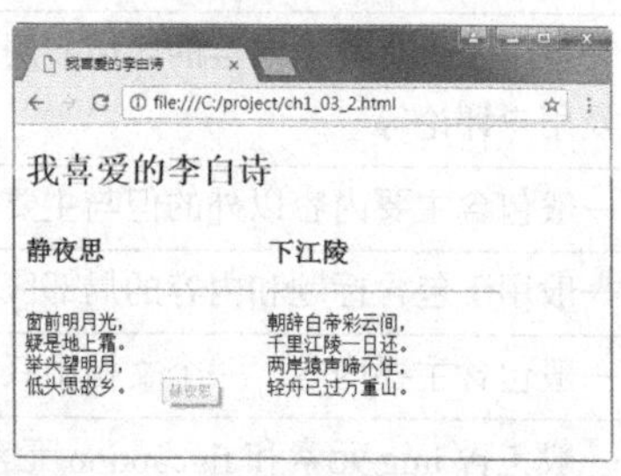

图 1-13　title 属性的网页显示效果

1.2.3　常用列表元素

常用列表元素有 ul 元素、ol 元素及 li 元素 3 种。

- ul 是 unordered list（无序列表）的简写，因此 ul 元素所包含的列表项将以粗点的方式显示。
- ol 是 ordered list（有序列表）的简写，因此 ol 元素所包含的列表项将以顺序数字的方式显示。
- li 是 list item（列表项）的简写，li 元素被包括在上述 ul 元素或 ol 元素中。

示例 1-4　在网页上显示图 1-14 所示的内容。

目的：学习列表元素的使用。

程序文件名：ch1_04.html。

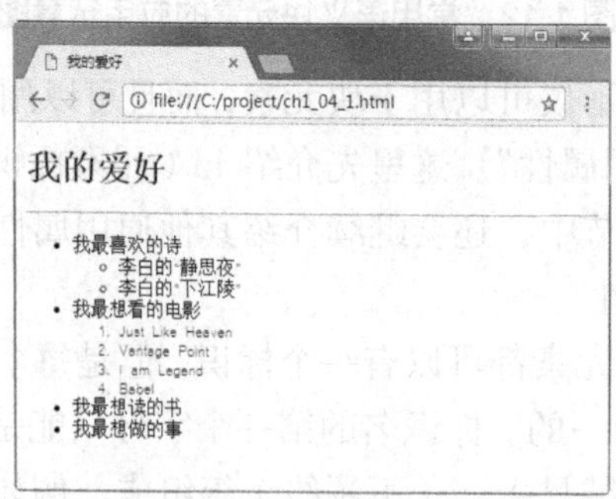

图 1-14　示例 1-4 的网页显示效果

```
1  <!DOCTYPE HTML>
2  <html>
3  <head>
4    <title>我的爱好</title>
5  </head>
6  <body>
7    <h1>我的爱好</h1>
8    <hr>
9    <ul>
10     <li>我最喜欢的诗</li>
11     <li>我最想看的电影</li>
12     <li>我最想读的书</li>
13     <li>我最想做的事</li>
14   </ul>
15 </body>
16 </html>
```

操作步骤如下。

① 在浏览器中打开 ch1_04.html，首先会得到图 1-15 所示的初步列表效果。

② 修改 ch1_04.html 中的第 10 行为下述程序。

```
<li>我最喜欢的诗
  <ul>
    <li>李白的“静思夜”</li>
    <li>李白的“下江陵”</li>
  </ul>
</li>
```

③ 将第 11 行修改为下述程序，保存文件后刷新浏览器就可以得到图 1-14 所示的列表元素的嵌套使用效果。

```
<li>我最想看的电影
  <ol>
    <li>Just Like Heaven</li>
    <li>Vantage Point</li>
    <li>I am Legend</li>
    <li>Babel</li>
  </ol>
</li>
```

通过 CSS 设置还可以改变列表项的符号，如图 1-16 所示，可以用小图像作为列表项符号，应用示例代码详见“2.2.3 常用的样式属性”小节。

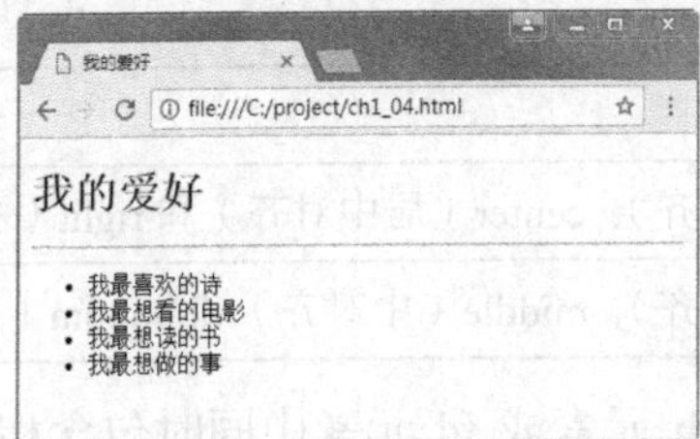

图 1-15　示例 1-4 的初步网页显示效果

图 1-16　用小图像作为列表项符号

1.2.4 常用表格元素

常用表格元素包括 table（表格）元素、tr（表格行）元素、th（表头）元素和 td（表格单元格）元素，它们组成了 HTML 的基本表格结构。

table 元素由 tr 元素组成，tr 元素又由 th 元素或 td 元素组成。如图 1-17 所示，左侧为基本表格的代码，右侧为该程序的网页显示效果。值得注意的是，HTML 的基本表格元素并没有排版功能，因此在没有应用 CSS 的情况下，在浏览器中是看不到表格线的。

```
<table>
  <tr>
    <th>表头 1</th>
    <th>表头 2</th>
  </tr>
  <tr>
    <td>单元格 1_1</td>
    <td>单元格 1_2</td>
  </tr>
  <tr>
    <td>单元格 2_1</td>
    <td>单元格 2_2</td>
  </tr>
</table>
```

表头1	表头2
单元格1_1	单元格1_2
单元格2_1	单元格2_2

图 1-17 HTML 的基本表格元素

tr 元素的常用属性如表 1-2 所示，th 元素和 td 元素的常用属性如表 1-3 所示。这些元素的属性中都有 align 和 valign 属性，如果在 th 元素和 td 元素中都不设置 align 和 valign 属性，那么默认情况下，th 元素在水平和垂直方向上都为居中对齐；td 元素在水平方向上左对齐，在垂直方向上居中对齐。

表 1-2 tr 元素的常用属性

属 性 名	意 义
align	行元素中所包含元素的水平对齐方式，常用值为 left（左对齐）、center（居中对齐）和 right（右对齐）等
valign	行元素中所包含元素的垂直对齐方式，常用值为 top（上对齐）、middle（中对齐）和 bottom（底对齐）等

表 1-3 th 元素和 td 元素的常用属性

属 性 名	意 义
colspan	列方向合并
rowspan	行方向合并
align	水平对齐方式，常用值为 left（左对齐）、center（居中对齐）和 right（右对齐）等
valign	垂直对齐方式，常用值为 top（上对齐）、middle（中对齐）和 bottom（底对齐）等

值得注意的是，如果一个表格的 tr 元素和 th 元素或 td 元素中同时包含相同的属性名

但属性值不同，则嵌套在内部的元素属性值将起作用，即 th 元素或 td 元素中的属性值将起作用。另外，align 属性和 valign 属性是用于表格排版的，因此，按照 HTML5 设计原则，表格的排版功能应尽量通过 CSS 来实现，而不是通过元素的属性设置来实现。

示例 1-5 在网页上显示图 1-18 所示的表格内容。

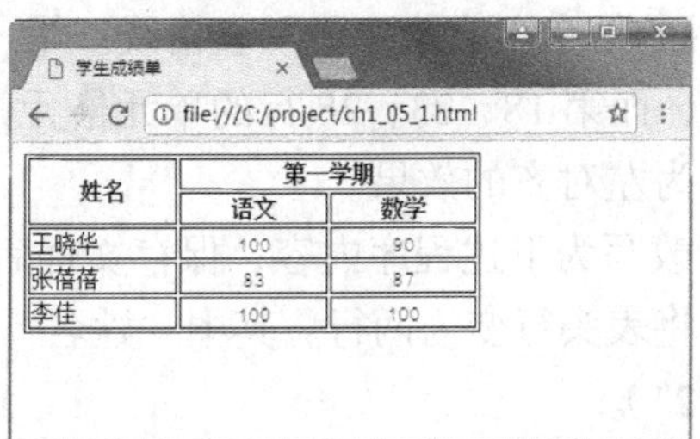

图 1-18 示例 1-5 的网页显示效果

目的：学习表格元素的使用。

程序文件名：ch1_05.html。

```
<!DOCTYPE HTML>
<html>
<head>
  <title>学生成绩单</title>
  <style>
    table, th, td {border: 1px solid black;}
    td,th {width:100px;}
  </style>
</head>
<body>
  <table>
    <tr>
     <th>姓名</th>
     <th>语文</th>
     <th>数学</th>
    </tr>
    <tr align="center">
     <td align="left">王晓华</td>
     <td>100</td>
     <td>90</td>
    </tr>
    <tr align="center">
     <td align="left">张蓓蓓</td>
     <td>83</td>
     <td>87</td>
    </tr>
    <tr align="center">
     <td align="left">李佳</td>
     <td>100</td>
     <td>100</td>
    </tr>
```

```
32     </table>
33   </body>
34   </html>
```

操作步骤如下。

① 在浏览器中打开 ch1_05.html，得到的初步表格效果如图 1-19 所示。其中第 5 ~ 8 行代码应用了 CSS 语句，目的是在浏览器中显示表格线。第 17、22、27 行中的行元素都设置了水平方向为居中对齐，而第 18、23、28 行的单元格元素都设置了水平方向左对齐，因此得到了第一列表格内容为左对齐的效果。

② 如果将第 12 ~ 16 行改写为下述程序内容，保存文件后刷新浏览器，就可以得到图 1-18 所示的效果。下述程序将表头行变为两行，其中“姓名”占两行（rowspan="2"），“第一学期”占两列（colspan="2"）。

```
<tr>
  <th rowspan="2">姓名</th>
  <th colspan="2">第一学期</th>
</tr>
<tr>
  <th>语文</th>
  <th>数学</th>
</tr>
```

除上述基本元素外，还有一些表格元素，若与 CSS 一起使用，可以形成一些特殊的表格显示效果。例如，thead（表头）元素、tbody（表主体）元素、tfoot（表尾）元素与 CSS 一起用于长表格，可以制作固定表头和表尾、滚动表体内容的效果，如图 1-20 所示，具体制作方法将在“3.1.3 处理长表格”小节中讲解。

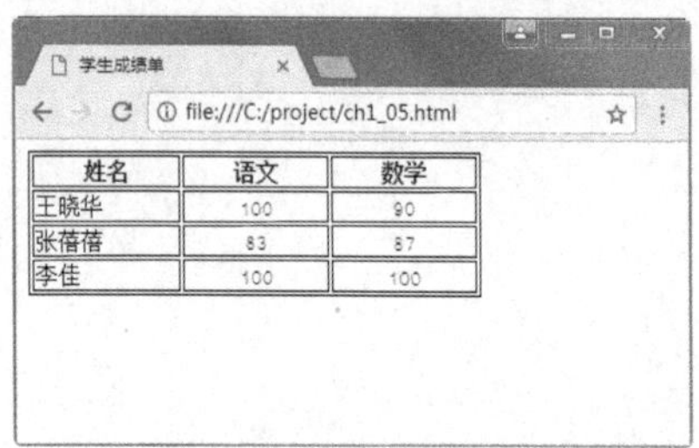

图 1-19　示例 1-5 的初步表格效果

姓名	语文	数学
李佳	85	90
江华一	100	100
程兰兰	98	95
李北钢	92	75
童欣	88	71
平均	92	90

图 1-20　固定表头和表尾，滚动表体内容的效果

1.2.5　常用行元素

行元素总是与其前后的其他元素保持在同一行中。常用的行元素有图像图片元素、a（链接）元素、span（通用行）元素和文字格式元素等。

1. 图像图片元素

（1）img（图像）元素

img 元素用于在网页中插入图像，它是“空元素”，即没有结束标签。除了 HTML 的通用属性外，img 元素的其他常用属性如表 1-4 所示，其中 src（图像文件名及其路径）和 alt（替代文字）是必须有的属性。示例 1-6 实现了一个最简单的图像显示网页。

表 1-4 img 元素通用属性外的其他常用属性

属 性 名	意 义
src	图像文件名及其路径
alt	替代文字，当浏览器不能显示该图像文件时所显示的文字
width	图像显示宽度（像素）
height	图像显示高度（像素）

示例 1-6 在网页上显示图 1-21 所示的图像内容。

图 1-21 示例 1-6 的网页显示效果

目的：学习图像元素的使用。

程序文件名：ch1_06.html。

```
1  <!DOCTYPE HTML>
2  <html>
3    <head>
4      <title>图像</title>
5    </head>
6    <body>
       <img
7  src="http://animals.nationalgeographic.com/staticfiles/NGS/Shared/
   StaticFiles/animals/images/primary/harp-seal-baby.jpg" alt="小海豹">
8    </body>
9  </html>
```

在浏览器中打开 ch1_06.html，就可以得到图 1-21 所示的效果。

HTML 的图像文件类型有 GIF（Graphics Interchange Format，图形交换格式）、JPG 或 JPEG（Joint Photographic Experts Group，联合图像专家组）、PNG（Portable Network Graphics，可移植网络图像）3 种。GIF 是图像和图片的最佳格式，适用于透明或动画图形；而 JPEG 格式则更适合存放照片；PNG 格式拥有许多 JPEG 与 GIF 的共同优点，如支持数百万色且压缩效果好，所以最近越来越流行这种格式。

HTML 图像文件可以通过图像处理软件产生，常用的图像处理软件有 Windows 的 Paint（画图）、Adobe 的 Photoshop 等。图像文件也可以在版权许可的情况下从 Internet 上下载，图 1-22 所示为下载示例 1-6 所用图像的操作，具体如下如述。

① 在浏览器的"地址栏"中输入示例 1-6 中第 7 行的 src 属性值，在网页中打开图像。

② 右击网页中的图，在打开的快捷菜单中选择“图片另存为”命令。

③ 将图像保存到 ch1_06.html 文件所在的文件夹中，图像文件名为 harp-seal-baby.jpg，如图 1-23 所示，即完成了图像文件的下载操作。

图 1-22　从网页下载图像的操作

图 1-23　图像文件与 HTML 文件在同一个文件夹中

图像文件名的路径分为绝对路径和相对路径两种。绝对路径指的是将图像文件的全部路径都写出来，一般用于显示其他网站上的图像文件，如示例 1-6 中第 7 行的 src 属性值就是包含了绝对路径的图像文件名。相对路径就是写出相对于当前 HTML 文件所在的目录，一般用于图像文件在本网站中的情况。相对路径名的使用规则如下。

- 没有路径名表示图像文件与当前的 HTML 文件在同一目录中，如 src="harp-seal-baby.jpg"表示文件 harp-seal-baby.jpg 与文件 ch1_06.html 在同一个目录中。
- “路径名/”表示下一级的目录名，如 src="images/harp-seal-baby.jpg" 表示 harp-seal-baby.jpg 在 ch1_06.html 所在目录的下一级目录 images 中。
- “../”表示上一级的目录，如 src="../ harp-seal-baby.jpg"表示 harp-seal-baby.jpg 在 ch1_06.html 所在目录的上一级目录中。
- src 属性值以 / 开始，表示从根目录开始。

因此，在示例 1-6 中，只要将第 7 行的 src 属性值改写为如下值，就可以在网页中显示已经下载了的图像文件。

```
<img src="harp-seal-baby.jpg" alt="小海豹">
```

又如，在 ch1_06.html 文件所在的文件夹中创建一个文件夹 images，然后将上述图像文件移动到该文件夹中，如图 1-24 所示，这时示例 1-6 中第 7 行的 src 属性值就可以改写为如下表述。

```
<img src="images/harp-seal-baby.jpg" alt="小海豹">
```

另外，通过设置 width 属性和 height 属性可以控制图像的显示宽度和高度，它们的单位都是像素（px）。值得注意的是，width 属性和 height 属性的设置只是改变了图像的显示尺寸，图像文件的实际大小不会因此而发生变化。如果 width 和 height 的值与图像实际尺寸不一致，会影响图像的显示效果。例如，按下述语句修改示例 1-6 中第 7 行的 src 属性值，就可以得到图 1-25 所示的效果。

```
<img src="images/harp-seal-baby.jpg" alt="小海豹" width="100" height="50">
```

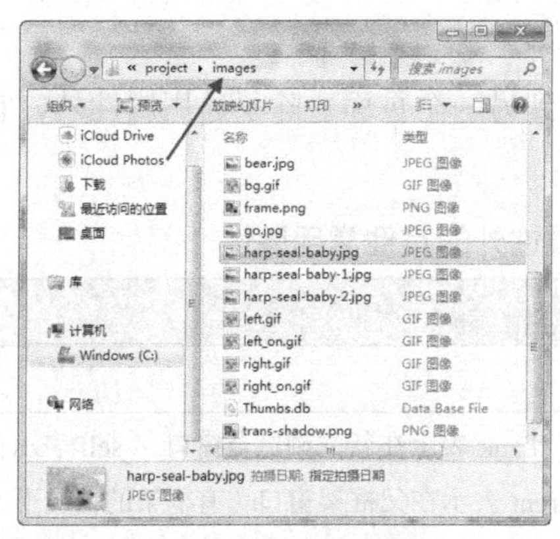

图 1-24　图像文件在 HTML 文件所在目录的下一级目录中

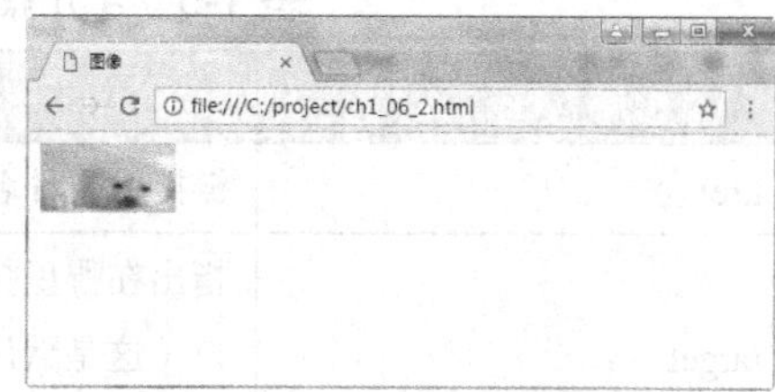

图 1-25　设置图像的宽度和高度

所以，图像的大小应该在图像处理软件中进行调整。设置 width 和 height 属性的另一个好处是，它们可以在图像被完全下载之前让浏览器知道该用多大的空间来显示图片，这样浏览器可以更快地显示出美观的页面。

在网页中显示图像还应该注意，图像的显示相对于文字所占的字节数较多，比如一个全屏的图像，即使经过压缩，也要占去大约 50KB 的空间，这相当于 25000 字的文本，因此，浏览器载入图像会比较费时。当一个页面中包含许多图像时，就会影响网页的显示速度。

（2）picture（图片）元素

picture 元素与 source（源）元素和 img（图像）元素一起使用，可以为不同的浏览器指定不同尺寸的图像文件。

以示例 1-6 为例，在 images 文件夹中，除了小海豹图像文件 harp-seal-baby.jpg 外，还有另外两个图像文件 harp-seal-baby-1.jpg、harp-seal-baby-2.jpg。如果将示例 1-6 中的第 7 行改写为下述代码，那么，当改变浏览器窗口宽度尺寸时，就会显示不同的图像效果，如图 1-26 所示。修改后的代码表示，当屏幕宽度大于 900px 时，显示图像文件 harp-seal-baby.jpg；当屏幕宽度在 600 ~ 900px 时，显示图像文件 harp-seal-baby-1.jpg；当屏幕宽度小于 600px 时，显示图像文件 harp-seal-baby-2.jpg。

```
<picture>
  <source media="(min-width:900px" srcset="images/harp-seal-baby.jpg">
  <source media="(min-width:600px" srcset="images/harp-seal-baby-1.jpg">
  <img src="images/harp-seal-baby-2.jpg" alt="小海豹">
</picture>
```

图 1-26　不同图像尺寸的图像文件

2. a 元素

a 元素用于产生链接，即从一个页面链接到另一个页面。除了通用属性外，它所包含的其他常用属性如表 1-5 所示。

表 1-5　a 元素除通用属性外的其他常用属性

属 性 名	意　义
href	链接的文件名及路径
target	指出在哪里打开链接：_blank 表示在新的浏览器窗口，_self 表示在当前窗口（这是默认值），_parent 表示在父框架窗口（有框架的情况下，跳出所有的框架到最外的窗口中）。有关框架，详见“8.6 框架对象”内容
download	如果该元素用于下载，它需要指出下载文件名

通过设置 a 元素的 href 属性值，可以在网页中产生链接，例如网页、图片的链接和电子邮件的链接；如果加上 download 属性，也可以直接下载链接文件。它们的 a 元素格式分别如下。

```
<a href="链接至另一个网页或图片的文件名">链接名称</a>
<a href="mailto:电子邮件地址">链接名称</a>
<a href="链接至图片的文件名" download>链接名称</a>
```

例如如下示例代码。

```
<a href="http://www.yahoo.com">Yahoo</a>
<a href="ch1_02.html">静夜思</a>
<a href="images/harp-seal-baby.jpg">小海豹</a>
<a href="mailto:abc@yahoo.com">请与我联系</a>
<a href="images/harp-seal-baby.jpg" download>请下载小海豹图片</a>
```

用 a 元素产生的链接在网页上一般显示为蓝色带有下画线的格式，如图 1-27 所示。通过 CSS 设置可以改变链接的显示格式，详见“2.2.4 定义样式表”中对状态对象的介绍。与 img 元素的 src 属性一样，href 属性也可以设置链接文件名的绝对路径或相对路径。在上述示例中，href="http://www.yahoo.com"表示的就是链接至另一个网页的绝对路径地址，而 href="ch1_02.html" 和 href="images/harp-seal-baby.jpg" 则表示的是链接至本网站中另一个网页的相对路径地址。

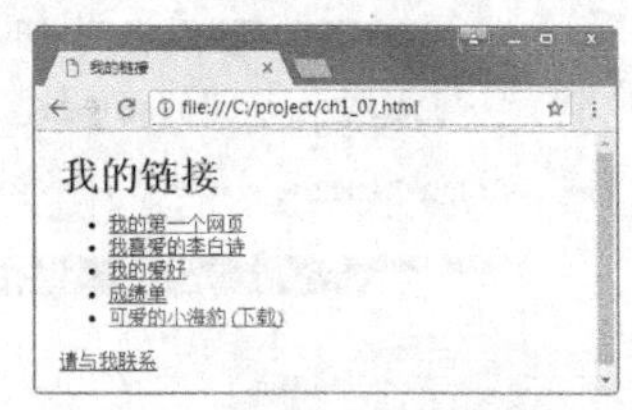

图 1-27　示例 1-7 的网页效果

示例 1-7　在浏览器中打开 ch1_07.html，得到图 1-27 所示的链接内容。

目的：学习 a 元素的使用。

程序文件名：ch1_07.html。

```
<!DOCTYPE HTML>
<html>
  <head>
    <title>我的链接</title>
  </head>
  <body>
```

```
7     <h1>我的链接</h1>
8     <ul>
9       <li><a href="ch1_01.html">我的第一个网页</a></li>
10      <li><a href="ch1_03.html">我喜爱的李白诗</a></li>
11      <li><a href="ch1_04.html">我的爱好</a></li>
12      <li><a href="ch1_05.html">成绩单</a></li>
13      <li><a href="images/harp-seal-baby.jpg">可爱的小海豹</a>
            <a href="images/harp-seal-baby.jpg" download>(下载)</a>
        </li>
14    </ul>
15    <p><a href="mailto:abc@yahoo.com">请与我联系</a></p>
16  </body>
17 </html>
```

3. span 元素

span 元素与 div 元素类似，也是用于包住一些元素和文字内容，以便进一步用 CSS 进行排版处理；区别在于，span 元素表示的是行元素，而 div 元素表示的是块元素。它的作用在网页的效果上看不出，好像只是在所需要显示的文字外面加了一对 span 标签而已，但是通过 id 属性、style 属性、class 属性和 JavaScript 可以改变 span 元素内容的排版布局。例如，将示例 1-7 的第 15 行修改如下，网页的最后一行就会变为图 1-28 所示的效果。

```
<p>
  <a href="mailto:abc@yahoo.com">请与我联系</a>
  <span style="margin-left:50px">版权所有 复制必究</span>
</p>
```

4. 文字格式元素

文字格式元素包括 sup 元素、sub 元素、b 元素、i 元素、em 元素、strong 元素、mark 元素和 br 元素等，它们用于网页中的文字格式效果。其中，b 元素和 strong 元素都是粗体的效果；em 元素和 i 元素都是斜体的效果；mark 元素起到突出显示的效果。通过示例 1-8 可以看到上述元素的效果，它们一般都可以用 CSS 替代。另外，br 元素是一个空元素，即没有结束标签，它虽然可以达到换行的效果，但不应该大量使用它进行网页的格式排版。

示例 1-8　在浏览器中打开 ch1_08.html，得到图 1-29 所示的网页效果。

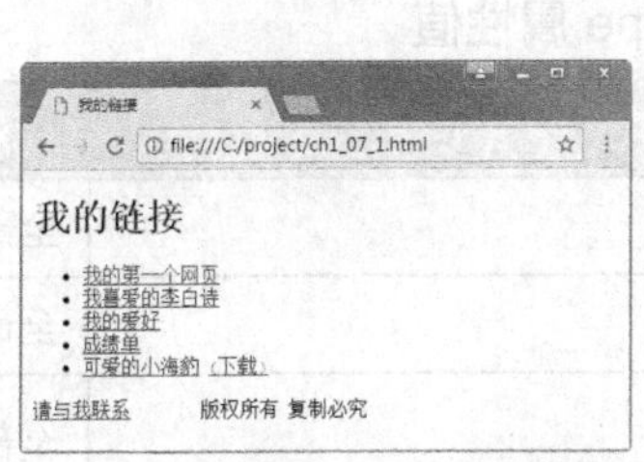

图 1-28　span 元素与 style 属性的使用效果

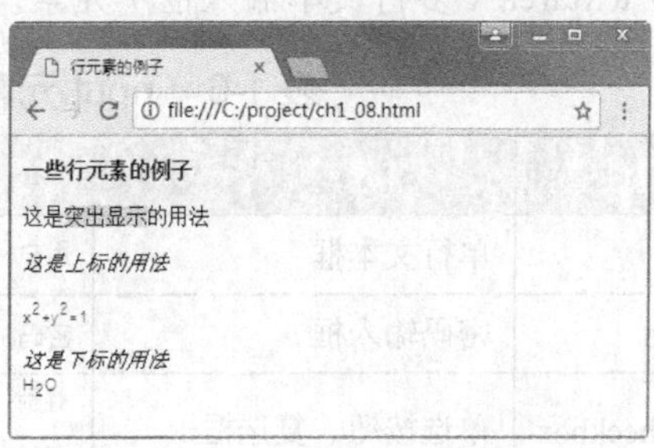

图 1-29　示例 1-8 的网页效果

目的：学习文字格式元素的使用。

```
<!DOCTYPE HTML>
<html>
  <head>
    <title>行元素的例子</title>
  </head>
  <body>
    <p><b>一些行元素的例子</b></p>
    <p>这是<mark>突出显示</mark>的用法</p>
    <p><i>这是上标的用法</i></p>
    <p>
      x<sup>2</sup>+y<sup>2</sup>=1
    </p>
    <p><i>这是下标的用法</i><br>H<sub>2</sub>O</p>
  </body>
</html>
```

1.2.6 表单元素

HTML 的表单元素 form 用于收集用户输入的信息，然后将用户输入的信息送到其 action 属性所表示的程序文件中进行处理。表单元素 form 中可以包含如下内容。

1. 表单控件元素

表单控件元素用于收集用户输入的信息，包括 input 元素、select 元素、datalist 元素、textarea 元素。

（1）input（输入框）元素，根据 type 属性不同，其最多包含 22 种类型，但是，目前各种浏览器都支持的有 14 种（如表 1-6 所示），其中“浏览器”列包括了 IE、Firefox、Chrome、Safari 和 Opera 等浏览器的目前最新版本。从表 1-6 可以看出，Chrome 浏览器支持除 tel 类型外的所有 type 属性。

input 元素的基本格式如下。

<input type="××××">

其中，××××为表 1-6 所列的 type 属性值。

（2）select（列表框）元素和 datalist（预选列表框）元素，它们都包含 option（选项）元素。

（3）textarea（多行文本输入框）元素。

表 1-6　input 元素的常用 type 属性值

type 属性值	意　义	示　例	浏览器
text	单行文本框	用户名: 张大水	全部
password	密码输入框	密码: ••••••	全部
radio、checkbox	单选按钮、复选框	性别: ◉ 男 ○ 女 爱好: ☑ 电影 ☑ 音乐 ☐ 体育 ☐ 其他	全部

续表

type 属性值	意　义	示　例	浏览器
button、image、submit	文字按钮、图像按钮、提交按钮（单击后将提交表单）		全部
reset	重置按钮		全部
search	用于搜索	搜索用户：李倩	全部
number、range	数字、数字范围（用于不需要知道精确数值的范围），对于 iPhone 和 iPad，它会出现不同的键盘	专业级别：2 喜欢程度：	全部
color	颜色，单击选择颜色	最喜欢的颜色：	全部
hidden	隐藏，用于服务器端需要的变量		全部
file	文件，用于上传文件		全部
date、datetime-local、time	日期（年、月、日，不包括时间）、日期和时间、时间	出生日期：mm/dd/yyyy 出生日期：mm/dd/yyyy 11:02 AM 到达时间：01:02 PM	Firefox 除外
month、week	年和月、年和星期	出生日期：July, 2017 旅游日期：Week 02, 2017	Firefox 除外
email	电子邮件，对于 iPhone 和 iPad，它会出现不同的键盘。当提交表单时，会自动进行校验		Safari 除外
url	网页地址。当提交表单时会自动进行校验		Safari 除外
tel	电话号码		只有 Safari 支持

2. label 元素

label（标签）元素与表单控件元素一起使用，其 for 属性值必须与表单控件元素的 id 属性值相对应，详见示例 1-9 的说明。

3. fieldset 元素

fieldset（表单控件组）元素用于将表单控件元素分组，其中，legend（表单控件组标题）元素可以显示分组的标题。

4. 通用属性

“1.2.2 常用块元素中”小节中介绍了 HTML 元素的两个通用属性 id 和 title，下面介绍 HTML 元素的另外两个通用属性。

（1）accesskey（快捷键）属性

accesskey 属性用于指定快捷键。在 Windows 系统中，当用户按【Alt】键和与这个快捷键组合的组合键时，光标就会定位到该元素上或激活该元素。例如下列代码，当用户按【Alt+U】组合键时，光标就会定位到这个文本框元素上。

```
<input type="text" accesskey="U">
```

又如下列代码，当用户按【Alt+T】组合键时，就等于单击了这个链接。

```
<a href="http://www.yahoo.com" accesskey="T">Yahoo</a>
```

（2）tabindex（按【Tab】键的顺序值）属性

tabindex 属性设置的是按【Tab】键的顺序值，例如下列代码，当用户第一次按【Tab】键时，光标会定位在链接 2 上；第二次按【Tab】键时，光标会定位在链接 3 上；第三次按【Tab】键时，光标会定位在链接 1 上。

```
<a href="http://www.yahoo.com" tabindex="3">链接 1</a>
<a href="http://www.google.com" tabindex="1">链接 2</a>
<a href="http://www.cnn.com" tabindex="2">链接 3</a>
```

5. 其他常用属性

除了通用属性外，表单及其控件元素还有一些用于 JavaScript 的事件属性，其他常用属性分别如表 1-7、表 1-8 和表 1-9 所示。

表 1-7　form 元素的常用属性

属 性 名	意　义
action	提交表单的程序文件名
name	表单名
method	提交表单的方式，其值为 post 或 get
novalidate	提交表单时不需要校验
autocomplete	填写表单时是否有“自动完成填写”的功能，其值为 true 或 false

表 1-8 input 元素的常用属性

属性名	意义
type	表单控件类型，其值见表 1-6
name	控件变量名
value	控件变量值
disabled	禁止使用，其值为 true 或 false
readonly	只读，其值为 true 或 false
checked	用于单选按钮和复选框，表示选项是否被选择了，其值为 true 或 false
size、maxlength	用于单行文本输入框，分别表示单行文本输入框的长度和最大输入长度，单位为字符
required	表示必须填写，用于校验表单
min、max、step	用于数字输入，分别表示允许数字的最小值、最大值以及间隔值
pattern	用 regexp 规定输入值的模式或格式，用于 text、date、search、url、tel、email、password 等类型（regexp 是用于匹配字符串中的字符组合的模式）
placeholder	帮助用户输入的提示
autofocus	当显示网页时，首先定位到该元素
autocomplete	填写表单时是否有“自动完成填写”的功能，值为 true 或 false
height、width、src、alt	用于 image 类型，表示图像显示的高度、宽度、图像文件名以及替代文字（当浏览器不能显示该图像文件时所显示的文字）
list	指出对应 datalist 的 id 值
multiple	允许多个输入或选择

表 1-9 select 元素的常用属性

属性名	意义
multiple	允许多个选项
size	列表框显示的长度，单位为行
disabled	禁止使用，其值为 true 或 false

从这些属性列表中可以看出，表单控件元素都包含 name 属性和 value 属性，分别表示变量名和变量值，它们是收集用户输入信息必须要有的属性。值得注意的是，name 属性与标签通用属性 id 的作用是不一样的，前者主要用于 form 元素中 action 属性所表示的服务器端的程序，而后者主要用于网页排版的 CSS 设置和网页事件处理的 JavaScript 程序。

另外，网页中的列表框包括下拉列表框和选项列表框两种，在 HTML 文档中都是用 select 元素表示的。当 select 元素中没有 size 属性时，就是下拉列表框，如图 1-30（a）所示。如果 select 元素中含有 size 属性，就是选项列表框。在选项列表框的情况下，当 select

元素中没有 multiple 属性时，为单选列表框，如图 1-30（b）所示；当 select 元素中带有 multiple 属性时，就是多选列表框，如图 1-30（c）所示，这时允许用户按【Ctrl+Shift】组合键来同时选择多个选项。

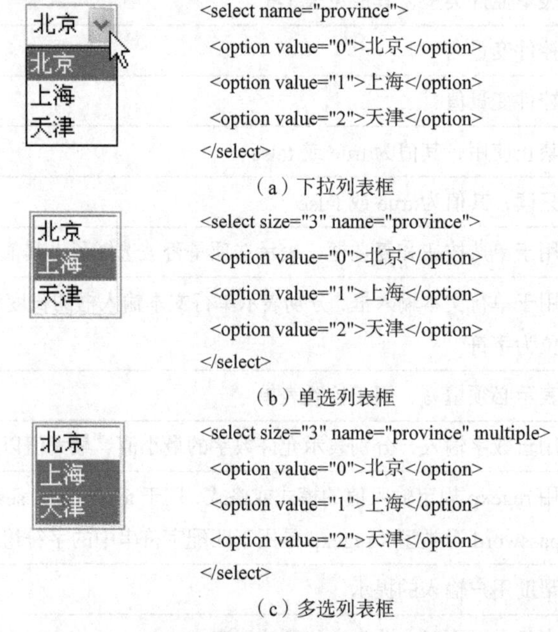

（a）下拉列表框

（b）单选列表框

（c）多选列表框

图 1-30　网页中的各种列表框

无论是哪一种类型的列表框，select 元素中都需要包含标记<option>和</option>来指定列表中的选项内容。

示例 1-9　在网页上显示图 1-31 左图所示的表单及其控件元素的内容。

目的：学习基本表单及 input 控件元素的使用。

程序文件名：ch1_09.html。

```
<!DOCTYPE HTML>
<html>
  <head>
    <title>用户注册</title>
  </head>
  <body>
    <h1>请填写下列用户注册表</h1>
    <form action="ch1_09_action.html">
      <p>
        <label for="username">用户名:</label>
        <input type="text" name="username" id="username" value="" autofocus>
      </p>
      <p>
        <label for="password">密码:</label>
        <input type="password" name="password" id="password" value="">
      </p>
      <p>
```

```
18          <label for="email">电子邮件:</label>
19          <input type="email" name="email" id="email" value="">
20        </p>
21        <p>
22          <input type="submit" value="提交">
23        </p>
24      </form>
25    </body>
26  </html>
```

在浏览器中打开程序文件 ch1_09.html，填写各个表单项，即可得到图 1-31 左图所示的效果。

（1）程序文件 ch1_09.html 第 8 行中 form 元素的 action 属性值为“ch1_09_action.html”，表示该表单提交后将调用程序文件 ch1_09_action.html，如果按图 1-31 左图所示填写信息后单击“提交”按钮，就会得到图 1-31 右图所示的效果。值得注意的是，这里的 form 元素中没有设置 method 属性时，默认的表单提交方式为 get，表示用户输入的信息，包括密码，都将会显示在地址栏中，如图 1-31 右图地址栏所示。如果要更安全地提交表单，应该设置 method 属性值为 post。

（2）label 元素的作用是，当用户单击 label 的内容时，光标会落到 for 属性所表示的元素上，即相当于单击了 for 属性所指向的元素。例如，在网页中单击“用户名”，光标就会落到其右侧的文本框中，这是因为第 10 行 label 元素中的 for="username"设定了这个控件名称对应于 id 属性值为“username”的元素，即第 11 行的 input 元素。

（3）由于第 11 行 input 元素中设置了 autofocus 属性，所以，当显示网页时，光标会自动出现在“用户名”文本框中。

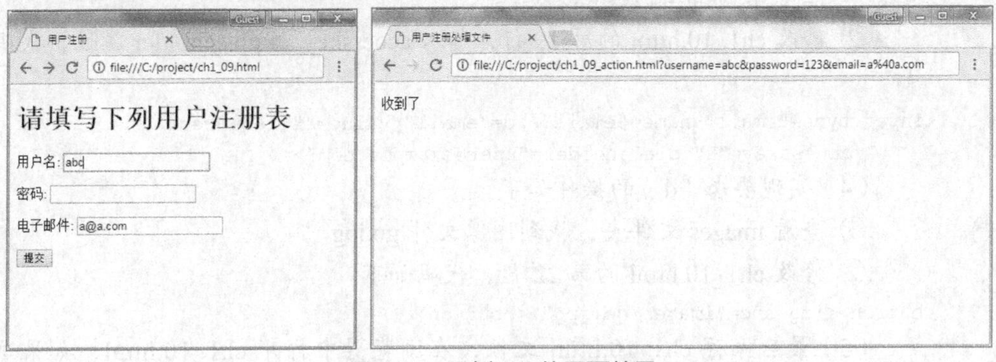

图 1-31　示例 1-9 的网页效果

程序文件名：ch1_09_action.html。

```
<!DOCTYPE HTML>
<html>
```

```
  <head>
    <title>用户注册处理文件</title>
  </head>
  <body>
    <p>收到了</p>
  </body>
</html>
```

示例 1-10 按下述要求修改示例 1-9，增加表单校验功能，以实现图 1-32 所示的效果。

（a）3 个输入框必须填写。

（b）密码最多为 10 个字符。

（c）按【Alt+E】组合键，使光标落到“电子邮件”的输入框中，并且在“电子邮件”输入框中显示样板文字“user@example.com”。

（d）将“提交”按钮修改为图像按钮。

目的：学习表单控件元素的一些属性设置。

程序文件名：ch1_10.html。

图 1-32 示例 1-10 的网页效果

（1）实现要求（a）的操作如下。

① 复制 ch1_09.html，并另存为 ch1_10.html。

② 修改 ch1_10.html 的第 11、15、19 行，分别加入 required 属性，代码如下。

```
<input type="text" name="username" id="username" value="" autofocus required>
<input type="password" name="password" id="password" value="" required>
<input type="email" name=" email " id=" email" value="" required>
```

（2）实现要求（b）的操作如下。

修改 ch1_10.html 的第 15 行，加入 maxlength 属性，代码如下。

```
<input type="password" name="password" id="password" value="" required
    maxlength="10">
```

（3）实现要求（c）的操作如下。

① 修改 ch1_10.html 的第 18 行，代码如下。

```
<label for="email">电子邮件(E):</label>
```

② 修改 ch1_10.html 的第 19 行，加入 accesskey 和 placeholder 属性，代码如下。

```
<input type="email" name="email" id="email" value="" required
     accesskey="E" placeholder="user@example.com">
```

（4）实现要求（d）的操作如下。

① 查看 images 文件夹，找到图像文件 go.jpg。

② 修改 ch1_10.html 的第 22 行，代码如下。

```
<button><img src="images/go.jpg"></button>
```

（5）最后保存 ch1_10.html 文件，在浏览器中打开 ch1_10.html，如果这时直接单击图像按钮，就会得到图 1-32 所示的效果，提示表单检验失败。值得注意的是，从用户界面上看，email 输入框似乎与 text 输入框是一样的，然而不同的是，使用 email 输入框可以更方便地使用表单验证功能。

示例 1-11 在网页上显示图 1-33 所示的表单及其控件元素的内容。

目的：学习表单及选项、列表等控件元素的使用。

程序文件名：ch1_11.html。

```
<!DOCTYPE HTML>
<html>
 <head>
  <title>用户注册</title>
 </head>
 <body>
  <h1>请填写下列用户注册表详细信息</h1>
  <form action="ch1_09_action.html">
   <p>
    性别:
    <input type="radio" name="gender" id="male" value="1">
    <label for="male">男</label>
    <input type="radio" name="gender" id="female" value="2">
    <label for="female">女</label>
   </p>
   <p>
    爱好:
    <input type="checkbox" name="favorite" id="movie" value="1">
    <label for="movie">电影</label>
    <input type="checkbox" name="favorite" id="music" value="2">
    <label for="music">音乐</label>
    <input type="checkbox" name="favorite" id="sport" value="3">
    <label for="sport">体育</label>
    <input type="checkbox" name="favorite" id="other" value="4">
    <label for="other">其他</label>
  </p>
   <p>
    <label for="favorite">喜欢程度:</label>
    <input type="range" min="1" max="10" id="favorite" name="favorite">
   </p>
   <p>
    <label for="professional">专业级别:</label>
    <input type="number" min="1" max="5" id="professional" name="professional">
   </p>
   <p>
    <label for="myColor">最喜欢的颜色:</label>
    <input type="color" name="myColor" id="myColor">
   </p>
   <p>
    <label for="birthday">出生日期:</label>
```

```
41          <input type="date" name="birthday" id="birthday" required
    tabindex="1">
42        </p>
43        <p>
44          <label for="birthCountry">出生国家:</label>
45          <select name="birthCountry" id="birthCountry">
46            <option value="1">中国</option>
47            <option value="2">日本</option>
48            <option value="3">美国</option>
49            <option value="4">英国</option>
50            <option value="5">其他国家</option>
51          </select>
52        </p>
53        <p>
54          <label for="note">备注:</label>
55          <textarea name="note" id="note" value=""></textarea>
56        </p>
57        <p>
58          <input type="submit" value="提交">
59        </p>
60      </form>
61    </body>
62  </html>
```

在浏览器中打开程序文件 ch1_11.html，填写各个表单项，即可得到图 1-33 所示的效果。

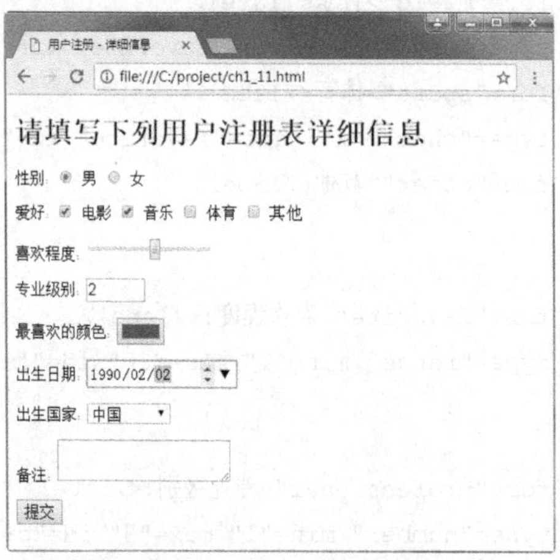

图 1-33 示例 1-11 的网页效果

（1）第 11 行和第 13 行都表示了 name 为“gender”的单选按钮，值得注意的是，这两行中元素的 name 值相同，但 id 值不同。与其类似的是，复选框的各个选项也是 name 值相同，id 值不同。

（2）当在浏览器中显示该网页后，按【Tab】键，光标就会定位到“出生日期”输入框，这是因为第 41 行设置了 tabindex 属性值为 1。

示例 1-12 按下述要求修改示例 1-11 的代码，以实现图 1-34 所示的效果。

（a）将表单分为两个区域，分别为“基本信息”区域和“其他信息”区域。

（b）“性别”默认选项设置为“男”。

（c）将“爱好”修改为 datalist（预选下拉框）元素。

（d）“出生国家”默认选项设置为“其他国家”，显示长度为 4 行。

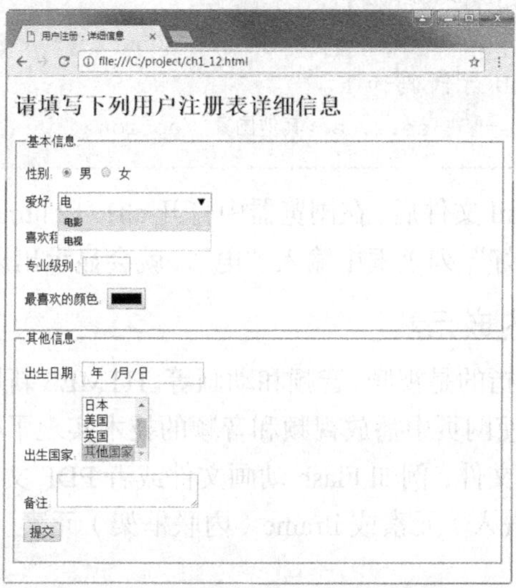

图 1-34 示例 1-12 的网页效果

目的：学习表单控件元素的一些属性设置。

程序文件名：ch1_12.html。

说明

（1）实现要求（a）的操作如下。

① 复制 ch1_11.html 并另存为 ch1_12.html。

② 在第 8 行和第 9 行之间插入下述语句。

```
<fieldset>
<legend>基本信息</legend>
```

③ 在第 38 行和第 39 行之间插入下述语句。

```
</fieldset>
<fieldset>
<legend>其他信息</legend>
```

④ 在第 59 行和第 60 行之间插入下述语句。

```
</fieldset>
```

（2）实现要求（b）的操作如下。

修改第 11 行代码如下。

```
<input type="radio" name="gender" id="male" value="1" checked>
```

（3）实现要求（c）的操作如下。

修改第 18～25 行代码如下。

```
<input type="text" list="favoriteList">
<datalist id="favoriteList">
    <option value="电影">
```

```
        <option value="电视">
        <option value="音乐">
        <option value="体育">
        <option value="其他">
</datalist>
```

（4）实现要求（d）的操作如下。

① 修改第 45 行代码如下。

```
<select name="birthCountry" id="birthCountry" size="4">
```

② 修改第 50 行代码如下。

```
<option value="5" selected>其他国家</option>
```

最后，保存 ch1_12.html 文件后，在浏览器中打开 ch1_12.html 文件，就可以得到图 1-34 所示的效果。如果在“爱好”列表框中输入“电”，就会显示出以“电”开始的选项列表。

1.2.7 多媒体元素及内嵌元素

网页上的多媒体一般指的是视频、音频和动画等。HTML5 新增的两个多媒体元素 video（视频）和 audio（音频）使网页中播放视频和音频的技术实现了标准化，从而更容易实现。如果网页中需要嵌入其他文件，例如 Flash 动画文件或者 PDF 文件等，可以使用 object（内嵌对象）元素、embed（嵌入）元素或 iframe（内联框架）元素。值得注意的是，这些元素都是行元素。

1. video 元素和 audio 元素

HTML5 中支持表 1-10 所示的视频和音频文件格式，其中，MP4 和 MP3 是所有浏览器都支持的格式。

表 1-10 video 元素和 audio 元素的文件格式

文件格式	文件类型	范 围
MP4	video/mp4	视频
WebM	video/webm	视频
Ogg	video/ogg	视频
MP3	audio/mpeg	音频
Wav	audio/wav	音频
Ogg	video/ogg	音频

无论是 video 元素还是 audio 元素，都要和 source（源）元素一起使用，才能在网页中进行播放。video 元素和 audio 元素的常用属性如表 1-11 所示。

表 1-11 video 元素和 audio 元素的常用属性

属性名	意 义	范 围
src	视频的 URL	视频和音频
width	视频的宽度，单位为像素	视频

续表

属性名	意　义	范　围
height	视频的高度，单位为像素	视频
autoplay	视频/音频就绪后立即播放	视频和音频
controls	显示播放面板	视频和音频
loop	循环播放	视频和音频
muted	关闭声音	视频和音频
preload	页面加载时是否加载视频/音频文件，其值为 auto（自动加载）、metadata（仅加载 metadata）或 none（不加载）	视频和音频
poster	视频下载时显示的图像，或用户单击“播放”按钮前显示的图像	视频

示例 1-13　制作图 1-35 所示的包含视频和音频的网页。

目的：学习 video 元素、audio 元素和 source 元素的使用。

程序文件名：ch1_13.html。

图 1-35　示例 1-13 的网页效果

```
<!DOCTYPE HTML>
<html>
  <head>
    <title>视频和音频的例子</title>
  </head>
  <body>
    <h1>播放视频</h1>
    <div>
      <video width="500" height="300" controls>
        <source src="bear.mp4" type="video/mp4">
      </video>
    </div>
```

```
    <hr>
    <div>
      <h1>播放音频</h1>
      <audio controls>
        <source src="horse.mp3" type="audio/mp3">
      </audio>
    </div>
  </body>
</html>
```

2. 内嵌元素

object 元素和 embed 元素的功能非常相似，都可用于嵌入各种格式的文件，而 iframe 元素则常用于嵌入另一个 HTML 网页文件。它们常用的属性如表 1-12 所示。

表 1-12　object、embed 元素的常用属性

属性名	意　义	范　围
width	嵌入文件的宽度，单位为像素	iframe、object、embed
height	嵌入文件的高度，单位为像素	iframe、object、embed
type	嵌入文件的类型	object、embed
src	嵌入文件的 URL	iframe、embed
data	嵌入文件的 URL	object

值得注意的是，如果要在网页中插入图像、视频或音频文件，应该直接使用 img 元素、video 元素和 audio 元素。

示例 1-14　制作图 1-36 所示的包含 ch1_01.html 网页、Flash 动画文件和 PDF 文件的网页。

目的：学习 iframe 元素、embed 元素和 object 元素的使用。

程序文件名：ch1_14.html。

```
<!DOCTYPE HTML>
<html>
  <head>
    <title>iframe、embed 和 object 的例子</title>
  </head>
  <body>
    <div>
      <iframe src="ch1_01.html" width="800" height="600"></iframe>
    </div>
    <div>
     <embed src="flash.swf">
    </div>
    <div>
      <object data="mypdf.pdf" width="800" height="600"></object>
    </div>
  </body>
</html>
```

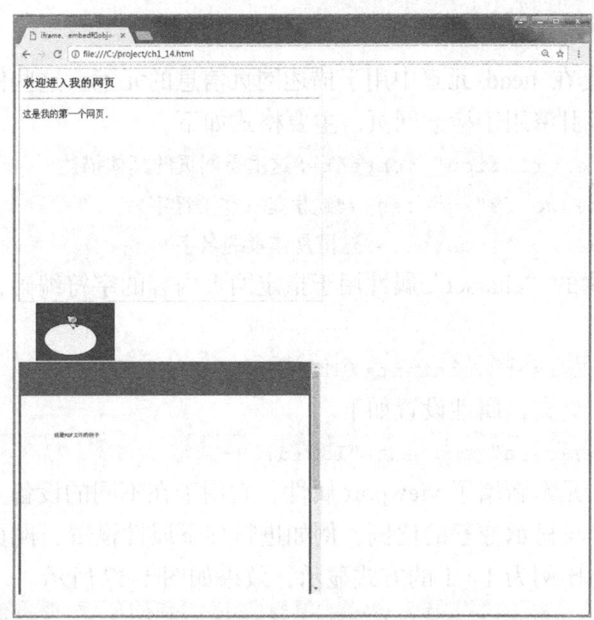

图 1-36　示例 1-14 的网页效果

1.2.8　特殊说明

1. 注释元素

HTML 的注释元素用于在 HTML 文档中解释 HTML 语句，便于读者更容易地理解这些语句。注释元素中所包含的注释内容被放在标签<!--和-->之间，它们不会在浏览器中显示。注释元素的格式如下。

```
<!--注释的内容-->
```

示例 1-15　在示例 1-1 的代码中加上注释语句。

目的：学习注释语句的使用。

程序文件名：ch1_15.html

```
1   <!DOCTYPE HTML>
2   <html>
3     <head>
4       <title>我的网页</title>
5     </head>
6     <body>
7       <h1>欢迎进入我的网页</h1> <!-- 这是大标题 -->
8       <hr>
9        <p>这是我的<b>第一个</b>网页。</p> <!-- 这是正文内容 -->
10    </body>
11  </html>
```

分别在第 7 行和第 9 行加上注释语句后，在浏览器中打开该网页，可以得到与图 1-4 所示的同样的页面效果。

2. meta（描述网页信息）元素

meta 元素是嵌套在 head 元素中用于描述网页信息的元素，这些信息不会显示在网页上，但它们常被搜索引擎用于检索网页，主要格式如下。

```
<meta name="description" content="这里是网页的具体描述">
<meta name="keywords" content="这里是一些关键字">
<meta name="author" content="这里是作者的名字">
```

另外，meta 元素的“charset”属性用于指定网页内容的字符编码，例如网页内容是中文，属性设置如下。

```
<meta name="charset" content="UTF-8">
```

如果网页内容是英文，属性设置如下。

```
<meta name="charset" content="ISO-8859-1">
```

HTML5 的 meta 元素新增了 viewport 属性，它用于在不同的设备上显示时控制网页的显示宽度和图像像素与显示像素的比例。例如进行如下属性设置，网页将以设备宽度、图像像素与显示像素的比例为 1：1 的方式显示，效果如图 1-37 所示。

```
<meta name="viewport" content="width=device-width, initial-scale=1.0">
```

（a）没有设置 viewport 属性时在 iPhone 上的效果

（b）设置 viewport 属性后在 iPhone 上的效果

图 1-37　meta 的 viewport 属性效果设置对比

3. DOCTYPE（文档类型的定义）与 HTML 文档的检验

DOCTYPE 并不是 HTML 的元素，它是对 HTML 文档的类型说明，因此，它必须写在 HTML 文档的开始处，即 HTML 元素之前。对于 HTML5，DOCTYPE 具有如下固定的格式。

<!DOCTYPE HTML>

它与一般的 HTML 元素稍有不同：以英文模式的感叹号（!）开始，并且全部是大写字母。它表示网页文件中的元素必须全部符合 HTML5 的规范。对于含有 DOCTYPE 的 HTML 文档，可以在万维网联盟提供的检验网站（https://validator.w3.org）上检验其是否“合格”，如果不合格，该网页会详细地罗列出问题语句及出错原因，如图 1-38 所示。

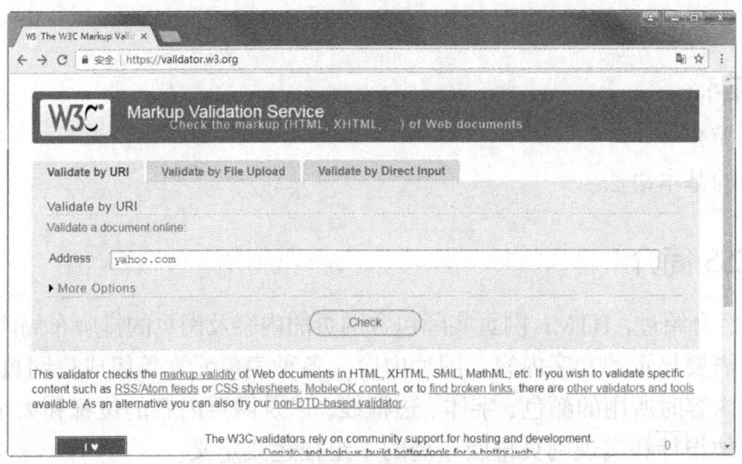

图 1-38 万维网联盟提供的检验网站

4. 特殊字符

如何在网页中表现一些特殊的字符呢？例如乘号（×）、除号（÷）、版权符号（©）及注册商标符号（®）等。在 HTML 文档中，这些符号都可以用“字符实体（Character Entity）”来表示。字符实体分成 3 部分：第 1 部分是一个&符号，英文叫 ampersand；第 2 部分是实体名字或者是#加上实体编号；第 3 部分是一个分号。表 1-13 列举了一些常用的字符实体。

表 1-13 常用的字符实体

网页效果	意　义	实体名字	实体编号
	非中断空格		
<	小于	<	<
>	大于	>	>
&	与	&	&
“	双引号	"	"
×	乘号	×	×
÷	除号	÷	÷
¥	人民币（元）	¥	¥
©	版权符	©	©
®	注册商标符	®	®

第 2 章 CSS 基础

本章主要内容：

- CSS 简介
- CSS 的基本语法

2.1 CSS 简介

第 1 章已经介绍过，HTML 网页实际包含网页的内容及网页的排版布局两个方面：网页的内容主要由需要显示的文字内容、图片内容、各种表单元素等组成；网页的排版布局则包括显示网页内容时所用的颜色、字体、边框线，以及网页内容的位置和大小尺寸等。CSS 就是用于有效地设计和实现网页排版布局的一组描述或定义。

如图 2-1 所示，3 个网页的内容完全一样，但是它们的排版布局不同，区别在于左边的网页是示例 1-9 没有应用 CSS 的效果，中间和右边的网页应用了两种不同 CSS 的效果。

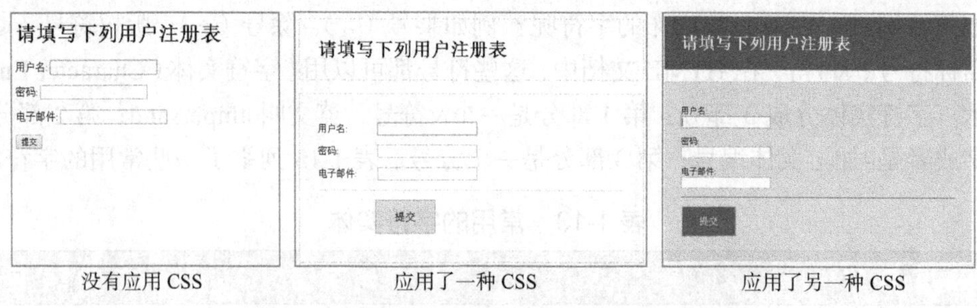

没有应用 CSS　　应用了一种 CSS　　应用了另一种 CSS

图 2-1　网页内容相同而排版布局不同的效果

CSS 是 Cascading Style Sheets 的缩写，中文翻译为“层叠样式表”。CSS 具有下述特点。

（1）CSS 通过“样式”来表示网页的颜色、字体、背景色、边框线以及网页内容的位置和大小尺寸等属性。

（2）一系列样式组成了“样式表”。

（3）定义“样式表”的方式有 3 种，为外部样式表文件、内部样式表及元素中的样式表。如图 2-2 所示，外部样式表文件（如 external.css）定义的是所有网页的排版规则，内部样式表（如 A、B、C 部分）定义的是所在网页的排版规则，而元素中的样式表定义的是所在标签元素的排版规则。其中，外部样式表文件可以有效地将网页内容和网页的排版布局分离，当多个网页使用了同一个外部样式表文件时，只要修改一个外部样式表文件，就可以方便地同时改变这些网页的排版布局。

（4）在网页的标记中应用“样式”时采用的是“层叠式”原则。

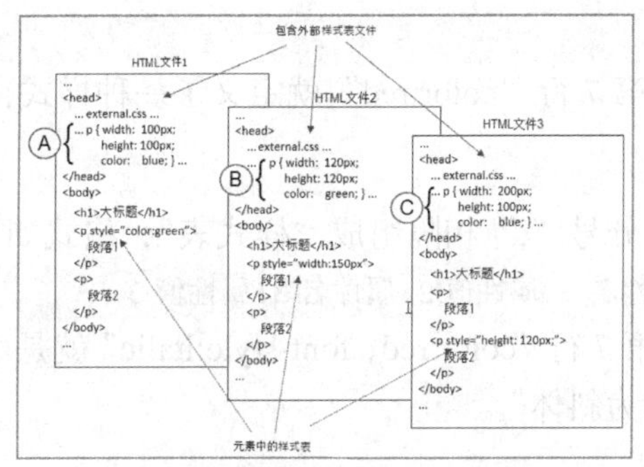

图 2-2　样式表的 3 种定义方式

CSS 是由 HTML 发展而来的，因此，与 HTML 文档相类似，CSS 在不同浏览器中的表现效果也会稍有不同。虽然最新版本的 CSS3 仍然在开发中，但是大多数浏览器都已经支持 CSS3 的大部分定义。本书将主要介绍适用于大多数浏览器的一些常用的 CSS3 样式内容，对于 CSS3 的详细规范内容，读者可以通过万维网联盟网站（https://www.w3.org/TR/CSS/）进行查询。

2.2　CSS 的基本语法

2.2.1　样式和样式表

CSS 的最基本的元素就是样式和样式表，下面以示例 2-1 为例对其进行说明。

示例 2-1　在 ch1_01.html 文档中加入 CSS，使其大标题为红色斜体。程序内容如下，其中粗体为修改了的内容，在浏览器中得到的效果如图 2-3 所示。

目的：初步了解样式及样式表。

程序文件名：ch2_01.html。

```
<!DOCTYPE HTML>
<html>
  <head>
    <title>我的网页</title>
  </head>
  <body>
    <h1 style="color:red;font-style:italic">欢迎进入我的网页</h1>
    <hr>
    <p>这是我的<b>第一个</b>网页。</p>
  </body>
</html>
```

欢迎进入我的网页

这是我的第一个网页。

图 2-3　网页中加入 CSS 后的效果

1. 样式

样式是由成对的属性名和属性值以冒号“:”相隔组成的，格式如下。

```
属性名:属性值
```

例如，示例 2-1 中的第 7 行“color:red”就定义了一种样式，表示“颜色为红色”。

2. 样式表

一系列的“样式”以分号“;”相隔组成“样式表”，格式如下。

```
属性名 1:属性值 1;属性名 2:属性值 2;属性名 3:属性值 3;…
```

例如，示例 2-1 中的第 7 行“color:red; font-style:italic”就是由两种样式组成的样式表，表示“颜色为红色；字体为斜体”。

3. 元素中的样式表

定义样式表最直接的方式是“元素中的样式表”，只要在 HTML 元素中应用样式属性就可以了，格式如下。

```
<元素标签名 style="属性名 1:属性值 1;属性名 2:属性值 2;…">…</元素标签名>
```

例如，示例 2-1 中的第 7 行就是在元素 h1 的标签中定义了样式表，表示“这个 h1 元素中的内容颜色为红色，字体为斜体”。

2.2.2 CSS 中的颜色和长度定义

在样式的应用中，最常用的是对于颜色和长度的描述，例如文字的颜色、背景的颜色、文字的间距、段落的间距等。

1. 颜色及透明度定义

（1）CSS 中的颜色可以用下列 4 种方式表示。

- 颜色名：万维网联盟（W3C）的 HTML 和 CSS 标准提供了 140 多种颜色名，如 black（黑色）、blue（蓝色）、gray（灰色）、green（暗绿色）、lime（绿色）、navy（海军蓝）、olive（橄榄色）、purple（紫色）、red（红色）、silver（银灰色）、white（白色）和 yellow（黄色）等。
- RGB 颜色：它是由红（Red）、蓝（Blue）、绿（Green）3 种颜色组合而成的，每种颜色用数字 0 ~ 255 表示，共可表示 255 × 255 × 255（超过 16 000 000）种颜色。其格式是 RGB（0 ~ 255,0 ~ 255,0 ~ 255），例如，RGB（255,0,0）表示红色，RGB（0,255,0）表示绿色，RGB（0,0,255）表示蓝色，等等；RGB 颜色也可以用百分数表示，其格式是 RGB（0 ~ 100%,0 ~ 100%,0 ~ 100%），例如，RGB（100%,0%,0%）表示红色，RGB（0%,100%,0%）表示绿色，RGB（0%,0%,100%）表示蓝色，等等。
- 十六进制：3 对十六进制数字（00 表示十进制的 0，ff 表示十进制的 255）或 3 个十六进制数字（0 表示十进制的 0，f 表示十进制的 255）依次代表红、蓝、绿，并以“#”开始。例如，#000000 和#000 都表示黑色，#ffffff 和#fff 都表示白色，#ff0000 和#f00 都表示红色，等等。
- HSL 颜色：它是由色调（Hue）、饱和度（Saturation）和亮度（Lightness）组合而成的，其中，色调用色轮上的度数表示，例如，0（或 360）表示红色，120 表示绿色，240 表示蓝色；饱和度和亮度都用百分数表示，例如，hsl（0,100%,30%）表示暗红色，hsl（120,100%,50%）表示绿色，等等。

（2）CSS 中的透明度是用 0～1 之间的值表示的，0 表示全部透明，1 表示没有透明。通常可以用颜色的 3 个参数和透明度值一起来描述透明度，例如 RGB（255,0,0,0.5）表示半透明的红色；也可以用透明度的属性 opacity 表示，例如，RGB（255,0,0）; opacity:0.5; 同样表示半透明的红色。

2. 长度定义

CSS 的长度可以用下述不同的单位来定义：in（英寸）、cm（厘米）、mm（毫米）、em（字高）、pt（点=1/72 英寸）、pc（pica 点=12 点）和 px（像素点）等。其中，em 和 px 的使用最为流行，因为 em 以字体的高度为标准，px 以屏幕的尺寸为标准。

2.2.3 常用的样式属性

在如下属性值描述中，所有“颜色定义”和“长度定义”的详细说明都请参见“2.2.2 CSS 中的颜色和长度定义”。

1. 文字

文字的样式属性可以用于改变文字的字体、粗细、斜体、大小、颜色、行距、对齐方式以及文字上的装饰等。常用的文字样式属性如表 2-1 所示。最常用的属性是 font，它的属性值必须按照规定的顺序（依次为 font-weight、font-style、font-variant、font-size/line-height、font-family）以空格相隔来设置，例如如下示例。

```
font-weight:bold;
font-style:italic;
font-variant:small-caps;
font-size:1em;
line-height:1.5em;
font-family:verdana,sans-serif
```

上述代码可以简写为以空格相隔的形式。

```
font:bold  italic  small-caps  1em/1.5em  verdana,sans-serif
```

font 的属性值中不一定全部包括上述各项，但是必须包括 font-size 和 font-family。例如，下述语句表示字体的大小为一个字高，字体名为 verdana,sans-serif，其他字体属性值均为浏览器的默认值。

```
font:1em verdana,sans-serif
```

另外，text-overflow 属性只有与 width、overflow、white-space 等属性一起使用时才有效果。例如，如果在示例 2-1 中的 p 标签中加入下述 CSS，就可以得到图 2-4 所示的效果。

```
<p     style="width:140px;     overflow:hidden;     white-space:nowrap;
text-overflow:ellipsis">这是我的<b>第一个</b>网页。</p>
```

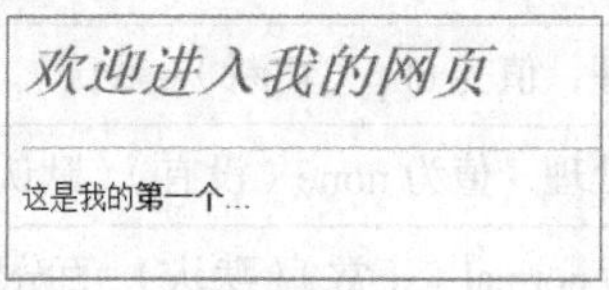

欢迎进入我的网页

这是我的**第一个**...

图 2-4 在 p 标签中加入 CSS 后的效果

表 2-1 常用的文字样式属性

属性名	意义
font-family	字体名，多个字体名以逗号相间。如 arial,verdana。当浏览器不支持第 1 种字体时，浏览器就会选择第 2 种字体，以此类推
font-size	字体大小，其值为 xx-small、x-small、small、medium、large、x-large、xx-large、smaller、larger、百分数或长度定义
font-style	字体样式，值为 normal（正常）（默认）或 italic（斜体）
font-weight	字体粗细，值为 normal（正常）（默认）、bold（粗）、bolder（更粗）、lighter（较细）或 100 ~ 900
font-variant	字体是否是小型的大写字母，其值为 normal（正常）（默认）、small-caps（小型大写字母）
font	上述 5 种属性的综合应用，顺序如下。 font-style font-variant font-weight font-size/line-height font-family
color	文字颜色
line-height	行距，值为 normal（正常）（默认）、数字（表示当前字体高度的倍数）、百分数或长度定义
letter-spacing	文字间距，值为 normal（正常）（默认）或长度定义
text-align	水平对齐，值为 left（左对齐）（默认）、right（右对齐）、center（居中对齐）或 justify（左右对齐）
text-decoration	文字的装饰，值为 none（没有）（默认）、underline（下画线）、overline（上画线）或 line-through（删除线）
text-indent	首行缩进，值为百分数或长度定义
text-transform	文字的大小写，值为 none（没有）（默认）、capitalize（第 1 个字母大写）、uppercase（大写）或 lowercase（小写）
text-shadow	文字阴影（各项以空格相隔），值为水平阴影距离（必须）垂直阴影距离（必须）模糊半径 颜色值或 none
text-overflow	超出文字的处理，值为 clip（切断）（默认）、ellipsis（显示...代表被切去的文字）
white-space	文字间空格的处理，值为 none（没有）（默认）、pre（保留）或 nowrap（不折行）
word-space	单词间距，值为 normal（正常）（默认）、百分数或长度定义

2. 背景

背景的样式属性可以用于改变指定元素的背景颜色、背景图像及其位置等。常用的背景样式属性如表 2-2 所示。

表 2-2 常用的背景样式属性

属性名	意义
background-color	背景颜色，值为 transparent（透明）或颜色定义
background-image	背景图像，值为 none（没有）（默认）或 url（图像路径及图像名）
background-repeat	背景图像重复的方式，值为 no-repeat（不重复）、repeat（重复）（默认）、repeat-x（水平方向重复）或 repeat-y（垂直方向重复）
background-position	背景图像位置，值为垂直位置（top、center、bottom）、水平位置（left、center、right）、水平百分数（x%）、垂直百分数（y%）或水平长度定义（xpos）、垂直长度定义（ypos）
background	上述 4 种属性的综合应用，顺序如下。 background-color background-image background-repeat background-position
background-size	背景图像大小，值为 auto （自动）（默认）、长度或百分数（第 1 个数为宽度，第 2 个数为高度，如果只有第 1 个数，表示高度为图像原高度）、cover（等比例变形图像尺寸以铺满元素）、contain（等比例变形图像尺寸，在元素中可看到全图像内容）
background-clip	背景颜色范围，值为 border-box（直到边框外端）（默认）、padding-box（直到内边距外端）、content-box（内容区域）
background-origin	背景图像范围，值为 border-box（直到边框外端）、padding-box（直到内边距外端）（默认），content-box（内容区域）

最常用的背景样式属性是 background，它的属性值必须按照规定的顺序（background-color、background-image、background-repeat、background-position）以空格相隔来设置，说明如下。

- background:green：表示背景色为绿色。
- background:green url（images/bg.gif）：表示如果没有找到背景图像 images/bg.gif，那么背景色为绿色，否则背景为重复出现的图像。
- background:url（images/bg.gif）repeat-x bottom：表示背景为水平重复出现的图像，并且垂直方向是以底边对齐的。

CSS3 还新增了渐变色背景样式，分为 linear-gradient（线性渐变）和 radial-gradient（径向渐变）。

线性渐变的基本用法如下。

```
background: linear-gradient(方向（默认为从上至下）,颜色 1 , 颜色 2, ...);
```

例如，下述语句表示从左至右颜色从红色至黄色渐变。

```
background: linear-gradient(to right,red,yellow);
```

径向渐变的基本用法如下。

```
background: radial-gradient(形状（默认为椭圆形），大小（默认为至最远角），位置（默认为中心），颜色 1 , 颜色 2, …);
```

例如，下述语句表示从中心至最远角，颜色从红色到黄色再到绿色的渐变。

```
background: radial-gradient(red,yellow,green);
```

示例 2-2 在示例 2-1 的基础上添加一个具有 background 属性的 div 元素。

目的：学习背景样式属性设置。

程序文件名：ch2_02.html。

操作步骤如下。

① 将示例 2-1 中的第 9 行改写为下述语句，得到图 2-5（b）所示的背景色效果，其中粗体字为 background 属性，其他属性将在后文中讲解。

```
<div style="background:green;width:300px;height:300px;border:1px solid #000">绿色背景</div>
```

② 如果将第 9 行再改写为下述语句，可得到图 2-5（c）所示的重复图像效果，其中背景图像如图 2-5（a）所示。

```
<div style="background:green url(images/bg.gif); width:300px;height:300px; border:1px solid #000">重复图像铺满的背景</div>
```

③ 如果将第 9 行再改写为下述语句，可得到图 2-5（d）所示的水平重复且底边对齐效果。

```
<div style=" background:url(images/bg.gif) repeat-x bottom; width:300px;height:300px; border:1px solid #000">水平重复图像的背景</div>
```

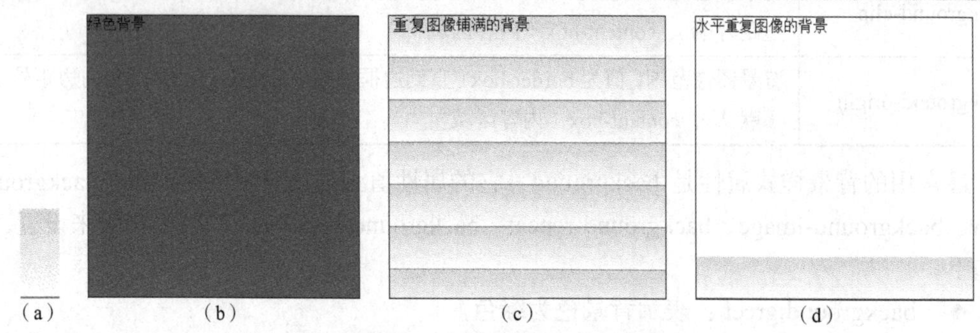

图 2-5 背景图片及背景属性的设置效果

④ 如果将第 9 行再改写为下述语句，可得到图 2-6（b）所示的图像铺满 div 元素的效果，其中背景图像如图 2-6（a）所示。

```
<div style="background:green url(images/bear.gif) no-repeat;background-size:cover; width:300px;height:300px; border:1px solid #000">图像铺满元素:cover</div>
```

⑤ 如果将第 9 行再改写为下述语句，可得到图 2-6（c）所示的全图像显示在 div 元素

中的效果。

```
<div style="background:green url(images/bear.gif) no-repeat; background-size:contain; width:300px; height:300px; border:1px solid #000">全图像显示在元素中:contain</div>
```

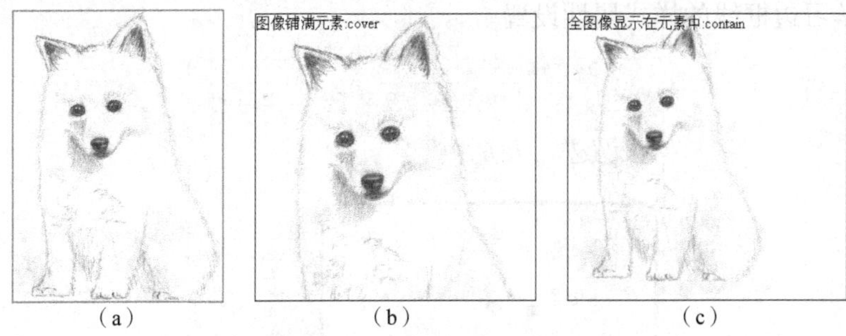

（a）　　（b）　　（c）

图 2-6　背景图片及背景尺寸属性的设置效果

3. 边框线

边框线的样式属性可以用于改变指定元素的边框线粗细、类型及颜色等。常用的边框线样式属性如表 2-3 所示。最常用的属性是 border，其属性值必须按照规定的顺序（border-width、border-style、border-color）以空格相隔来设置，例如，示例 2-2 步骤中的 CSS 语句 border:1px solid #000 表示宽度为 1px 的黑实线。

表 2-3　常用的边框线样式属性

属 性 名	意 义
border-color	边框线的颜色
border-style	边框线的类型，值为 none（无边框线）（默认）、dotted（点线）、dashed（虚线）、solid（实线）、double（双线）或立体效果线（groove、ridge、inset、outset）
border-width	边框线的粗细，值为 thin（细）、medium（中等）（默认）、thick（粗）或长度定义
border	上述 3 种属性的综合应用，顺序如下。 border-width border-style border-color
border-radius	边框线圆角半径：长度定义。如果 4 个值以空格相间，分别表示上边、右边、下边和左边的半径；如果两个值以空格相间，分别表示上下边和左右边的半径；如果是一个值，表示四边的半径都是一样的
box-shadow	方框阴影，值为 none（没有阴影）（默认）
border-image	图像边框：与 border 属性类似，可以用 5 个属性综合表述，包括 border-image-source（图像源）、border-image-slice（切割距离）、border-image-width（图像宽度）、border-image-outset（图像位置）及 border-image-repeat（图像重复方式）

也可以对 4 个边框线分别定义，如 border-top-color、border-top-style、border-top-width、border-right-color、border-right-style、border-right-width、border-bottom-color、border-bottom-style、border-bottom-width、border-left-color、border-left-style 及 border-left-width。

示例 2-3 在示例 2-2 的基础上制作图 2-7 所示的圆角边框线及其阴影效果。

目的：学习边框线的样式属性设置。

图 2-7 示例 2-3 的页面效果

程序文件名：ch2_03.html。

```
<!DOCTYPE HTML>
<html>
  <head>
    <title>我的网页</title>
  </head>
  <body>
    <h1 style="color:red; font-style:italic">欢迎进入我的网页</h1>
    <hr>
    <div style="background:url(images/bear.jpg) no-repeat center center;
background-size:contain; width:300px; height:300px;
border:4px solid red; border-radius:20px; box-shadow:40px 30px 20px 15px
#bbbbbb; padding:20px; color:red">欢迎</div>
  </body>
</html>
```

在浏览器中打开 ch2_03.html 文档，到如图 2-7 所示的效果，其中上述代码中的粗体语句表示边框线为宽度 4px 的红色实线，它的圆角半径为 20px，在方框向右 40px、向下 30px 的位置有一个模糊距离为 20px、模糊大小为 15px、颜色为#bbbbbb 的阴影。

4．高度和宽度

高度和宽度的样式属性用于改变指定元素的高度和宽度。常用的高度和宽度样式属性如表 2-4 所示。其中，属性值 auto 表示指定元素的高度或宽度将由浏览器自动计算。

表 2-4 常用的高度和宽度样式属性

属性名	意义
height	高度，值为 auto（自动）、百分数或长度定义
width	宽度，值为 auto（自动）、百分数或长度定义
min-height	最小高度，值为 none（没有）、百分数或长度定义
min-width	最小宽度，值为 none（没有）、百分数或长度定义
max-heigth	最大高度，值为 none（没有）、百分数或长度定义
max-width	最大宽度，值为 none（没有）、百分数或长度定义
box-sizing	设置高度 / 宽度的方式，值为 content-box（元素内容）（默认）、border-box（包含内边距和边框线宽度）

5. 内、外边距

如图 2-8 所示，内边距（padding）指的是元素中的内容与边框线间的距离，因此，这个值不可以是负数；外边距（margin）指的是元素之间的距离，这个值可以是负数。常用的内、外边距样式属性如表 2-5 所示。最常用的属性为 padding 和 margin，它们的属性值可以是 1 个、2 个、3 个或 4 个，当属性值包含 4 个时，它们代表的 4 边顺序是由上边开始顺时针转一圈，如图 2-9 所示。

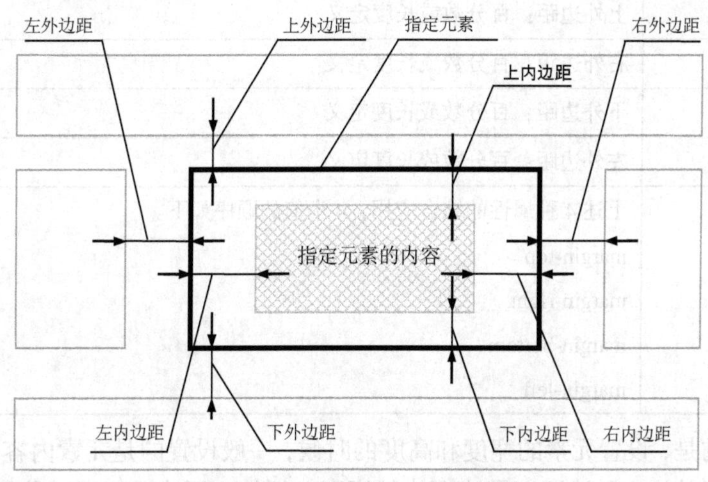

图 2-8 元素的内、外边距示意

（1）padding:10px：表示 4 边的内边距都是 10px。

（2）padding:10px 40px：表示上、下内边距是 10px，左、右内边距是 40px。

（3）padding:10px 40px 4px：表示上内边距是 10px，左、右内边距是 40px，下内边距是 4px。

（4）padding:10px 40px 4px 2px：表示上内边距是 10px，右内边距是 40px，下内边距是 4px，左内边距是 2px。

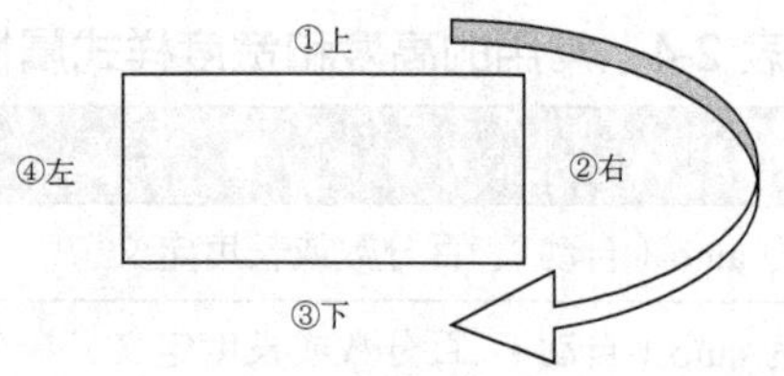

图 2-9　内、外边距属性值的顺序

表 2-5　常用的内、外边距样式属性

属 性 名	意 义
padding-top	上内边距：百分数或长度定义
padding-right	右内边距：百分数或长度定义
padding-bottom	下内边距：百分数或长度定义
padding-left	左内边距：百分数或长度定义
padding	上述 4 种属性的综合应用，4 个值的顺序如下。 padding-top padding-right padding-bottom padding-left
margin-top	上外边距：百分数或长度定义
margin-right	右外边距：百分数或长度定义
margin-bottom	下外边距：百分数或长度定义
margin-left	左外边距：百分数或长度定义
margin	上述 4 种属性的综合应用，4 个值的顺序如下。 margin-top margin-right margin-bottom margin-left

值得注意的是，设置元素的宽度和高度的时候，一般设置的是元素内容的宽度和高度，并没有包括元素的内、外边距以及边框线的宽度。例如，下述语句表示的是图 2-10 左图所示效果的样式设置。

```
<div style=" width:300px; padding:50px 50px; border:4px solid black; margin:
0; ">元素的内容</div>
```

其总宽度=408px=50px × 2（两个内边距）+ 4px × 2（两个边框宽度）+ 300px（元素内容宽度）

如果要设置的宽度包含内边距和边框线的宽度，只需设置 box-sizing:border-box 就可以了。例如，下述语句表示的是图 2-10 右图所示效果的样式设置。

```
<div style="width:300px; padding:30px 50px; border:4px solid black; margin:
```

```
0; box-sizing:border-box">元素的内容</div>
```

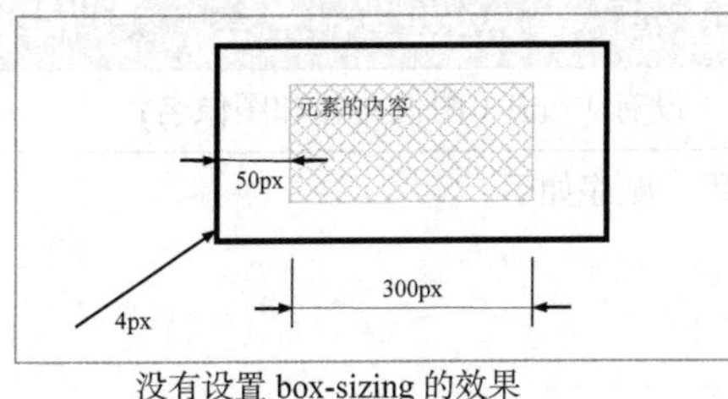

没有设置 box-sizing 的效果

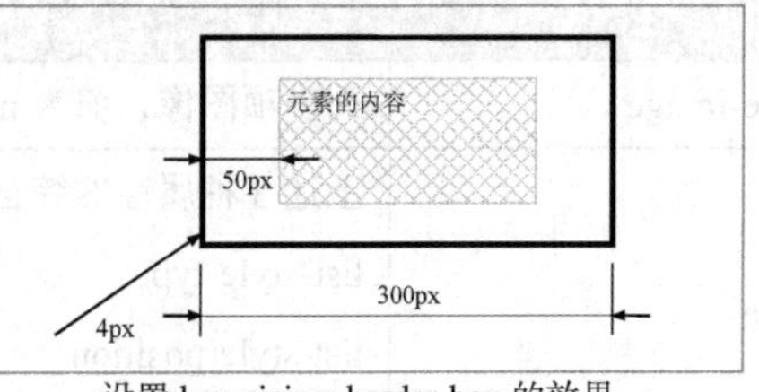

设置 box-sizing: border-box 的效果

图 2-10 元素的宽度和高度

6. 列表和表格

列表的样式属性用于改变指定列表项的类型、图像及位置等。

表格的样式属性用于改变指定表格的显示方式。

常用的列表和表格样式属性如表 2-6 所示。

表 2-6 常用的列表和表格样式属性

属 性 名	意 义
list-style-type	列表项符号包括如下类型，具体如下所述。 None：没有 Disc：实心圆点● Circle：空心圆点○ Square：方块■ Decimal：数字 1、2、3 等 decimal-leading-zero：以 0 开始的数字 01、02、03 等 lower-roman：小写罗马数 i、ii、iii 等 upper-roman：大写罗马数 I、II、III 等 lower-alpha：小写字母 a、b、c 等 upper-alpha：大写字母 A、B、C 等 lower-greek：小写希腊字母 α、β、γ 等 lower-latin：小写拉丁字母 a、b、c 等 upper-latin：大写拉丁字母 A、B、C 等 hebrew：希伯来字母ג、ב、א等 armenian：亚美尼亚字母 georgian：乔治亚字母 cjk-ideographic：中文数字一、二、三等 hiragana：日文あ、い、う等 katakana：日文ア、イ、ウ等
list-style-position	列表项符号的位置，值为 inside（内）、outside（外）

续表

属性名	意义
list-style-image	列表项图像，值为 none（没有）、url（图像路径和图像名)
list-style	上述 3 种属性的综合应用，顺序如下。 list-style-type list-style-position list-style-image
border-collapses	表格线的方式：separate（默认，每一个表格元素有自己的表格线）、collapse（表格元素之间只有一条表格线）
border-spacing	表格线之间的距离（在 border-collapses 设置为 separate 时使用）：百分数或长度定义。例如，border-spacing:10px 表示水平和垂直方向的表格线之间的距离都是 10px；border-spacing:10px 15px 表示水平方向表格线之间的距离是 10px，垂直方向表格线之间的距离是 15px
table-layout	表格布局方式：auto（默认，自动，每一列的宽度将根据内容自动调整）、fixed（设置列宽度，或按第一行各元素的宽度）

列表符号类型不仅可以从 list-style-type 中选取，还可以设置为图像。例如，下述样式表设置可以得到图 2-11 所示的效果。

```
<ol style="list-style:outside url(dot.jpg)">
   <li>item1</li>
   <li>item2</li>
   <li>item3</li>
   <li>item4</li>
</ol>
```

- item1
- item2
- item3
- item4

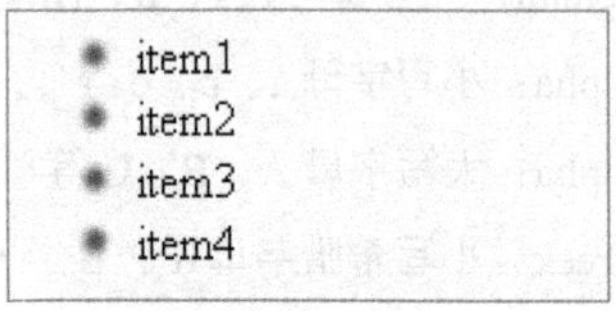

图 2-11　图像列表符

7. 位置和布局

位置和布局的样式属性用于改变指定元素与其他元素之间的排列方式、显示方式等。常用的位置和布局样式属性如表 2-7 所示。

表 2-7　常用的位置和布局样式属性

属性名	意义
display	指定元素的显示方式，值为 none（不显示）、inline（行显示）、block（块显示）、inline-block（行中的块显示）、list-item（列表显示）、table/table-row/table-cell（表格 / 表格行 / 表格元素）及 flex（弹性盒）

续表

属 性 名	意 义
visibility	指定元素的显示方式，值为 hidden（不显示）、visible（显示）
float	指定块元素与其他元素之间的排列方式，值为 left（左排列）、right（右排列）、none（正常方式）
clear	取消 float 方式，值为 left（取消左排列）、right（取消右排列）、both（取消左、右排列）、none（不取消 float 方式）
position	指定元素内的元素位置方式，值为 static（静态的）、relative （相对的）、absolute（绝对的）、fixed（固定的）
left、top、right、bottom	指定元素的位置坐标值，值为 auto（自动）、百分数或长度定义
cursor	光标显示图标，值为光标文件名或各种类型的光标符（auto、crosshair、default、pointer、move、e-resize、ne-resize、nw-resize、n-resize、se-resize、sw-resize、s-resize、w-resize、text、wait、help）
z-index	指定元素在 z 坐标（前后）方向的显示顺序，值为数字（数字小的在后面，数字大的在前面）
overflow	指定元素中的内容超出元素框范围的处理方式，值为 auto（当超出时滚动显示）、scroll（总是显示滚动条）、hidden（不显示超出部分）、visible（显示全部内容）
vertical-align	指定元素在垂直方向的对齐方式，值为 baseline（基准线）、sub（下标）、super（上标）、top（顶部）、text-top（文字顶部）、middle（中部）、bottom（底部）、text-bottom（文字底部）、百分数或长度定义
columns	多列，值为 auto（自动）(默认)、(宽度 列数)

（1）float 和 clear

float 属性专门用于将块状的元素进行横向排列。例如，下述 div 元素的 float 属性设置就会得到图 2-12 所示的效果。

```
<div id="box1" style="float:left;margin:10px;border:1px">BOX1</div>
<div id="box2" style="float:left;margin:10px;border:1px">BOX2</div>
<div id="box3" style="float:left;margin:10px;border:1px">BOX3</div>
```

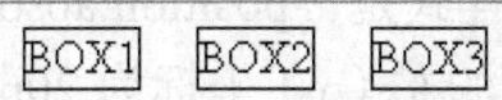

图 2-12 float 属性的效果

而 clear 属性则是用于清除 float 的设置，这样才能保证后面的元素会按正常的方式显示，常用的格式如下。

```
<div style="float:left"></div>
<div style="float:left"></div>
<div style="float:left"></div>
```

```
…
<div style="clear:both">
…
</div>
```

（2）overflow

overflow 属性常与 width 和 height 属性一起使用，当元素中的内容超出 width 或 height 属性的设置值时，就会按 overflow 的属性值决定显示方式。例如，在下列属性设置中，设置不同的 overflow 值，就会得到图 2-13 所示的不同效果。

```
<div style="width:100px; height:300px; overflow:visible; font-size:20px;
border:1px solid #000">
  <p>This is a test page. bla bla bla</p>
  <p>This is a test page. bla bla bla</p>
  <p>This is a test page. bla bla bla</p>
  <p>This is a test page. bla bla bla</p>
</div>
```

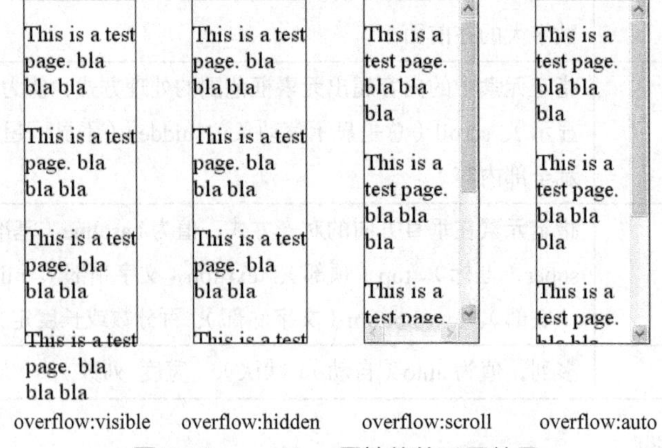

图 2-13　overflow 属性值的不同效果

（3）position、left、top、right、bottom 及 z-index

默认状态下，元素的 position 属性值是 static，这时显示元素的顺序是 HTML 文档中的元素顺序，而设置 position、left、top、right、bottom、z-index 等属性将会改变正常的元素显示方式，使元素按照设置的方式进行显示。

例如，当一个 div 元素设置的样式是“position:absolute; left:100px; top:50px;”时，表示它的显示方式为绝对位置，元素的左（*x*）坐标为 20px，顶部（*y*）坐标为 10px。默认状态下，坐标的计算原点（0,0）为屏幕的左上角，如图 2-14 左图所示。

```
 <div  style="position:absolute;  left:100px;  top:50px;  width:100px;
height:150px;
 background:#666"> </div>
```

如果上述元素外围有一个 div 元素，它的样式中设置了相对位置（position:relative），这就表示包含在相对位置元素中的所有绝对位置的元素将以该元素的左上角位置为坐标计算原点，如图 2-14 右图所示。

```
<div style="position:relative; margin:100px; ">
  <div style="position:absolute; left:20px; top:10px; width:100px;
    height:50px; background:#ff0000"> </div>
</div>
```

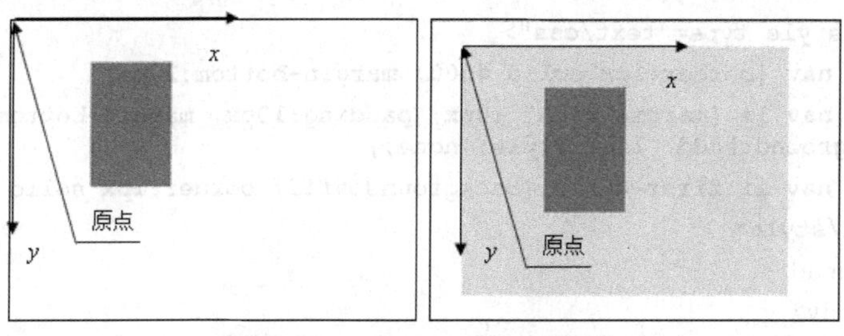

图 2-14　绝对位置与相对位置

z-index 的属性值表示的是元素前后的重叠显示方式，数值大的元素将显示在数值小的元素上面。例如，下述语句设置了 3 个 div 元素，分别设置了 3 个 z-index 值，得到的重叠效果如图 2-15 所示。

```
<div style="position:absolute; left:100px; top:50px; width:100px;
   height:150px; background:#666; z-index:1"> </div>
<div style="position:absolute; left:160px; top:80px; width:100px;
   height:150px; background:#999; z-index:2"> </div>
<div style="position:absolute; left:210px; top:120px; width:100px;
   height:150px; background:#bbb; z-index:3"> </div>
```

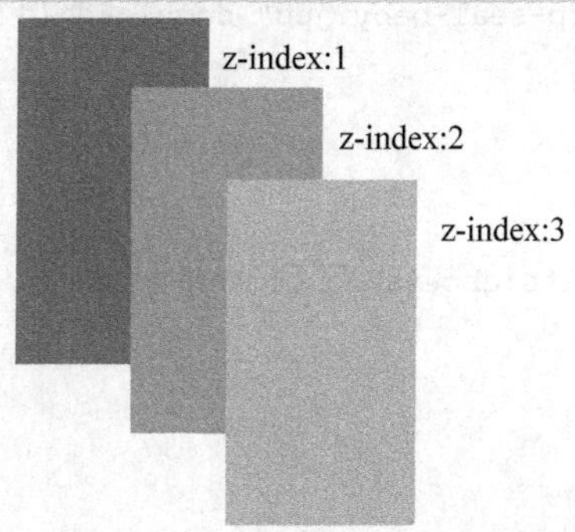

图 2-15　不同 z-index 属性值的效果

（4）display 和 visibility

display 和 visibility 属性虽然都可以设置元素的隐藏与显示，但是，它们所表现的方式是不同的，详细内容可参阅“3.1.2 网页内容的隐藏与显示”小节内容。

另外，display 也是最常用的布局属性，下面以示例 2-4 为例来说明 inline、block、inline-block 以及 flex 等各种属性值的应用效果。

示例 2-4　在 ch1_07.html 文档的列表元素中加入 CSS 样式，使其显示不同的布局效果。程序内容如下，其中粗体为修改了的内容，在浏览器中得到的效果如图 2-16 所示。

目的：了解元素的基本布局效果。

程序文件名：ch2_04.html。

```
1  <!DOCTYPE HTML>
2  <html>
3    <head>
4      <title>我的链接</title>
5      <style type="text/css">
6        nav {border:1px solid #000; margin-bottom:20px;}
7        nav li {margin-right:10px; padding:10px; margin-bottom:10px;
background:#ddd; list-style: none;}
8        nav li:first-child {background:#fff; border:1px solid #000;}
9      </style>
10   </head>
11   <body>
12     <header>
13       <h1>我的链接</h1>
14     </header>
15     <nav>
16       <ul>
17 <li style="display:inline"><a href="ch1_01.html">我的第一个网页</a></li>
18 <li style="display:inline"><a href="ch1_03.html">我喜爱的李白诗</a></li>
19 <li style="display:inline"><a href="ch1_04.html">我的爱好</a></li>
20 <li style="display:inline"><a href="ch1_05.html">成绩单</a></li>
21 <li style="display:inline"><a href="images/harp-seal-baby.jpg">可爱的小海
熊</a>
     <a href="images/harp-seal-baby.jpg" download>(下载)</a>
   </li>
22       </ul>
23     </nav>
24     <footer>
25       <p><a href="mailto:abc@yahoo.com">请与我联系</a></p>
26     </footer>
27   </body>
28 </html>
```

操作步骤如下。

① 在浏览器中打开 ch1_07.html 文档，得到图 2-16（a）所示的效果。实际上，li 标签的默认的 display 属性值是 list-item，即 display:list-item。

② 按上述粗体语句修改 eh1_07.html 文档，或直接打开 ch2_04.html 文档，就可以得到如 2-16（b）所示的 disaply:inline 效果。其中，第 5～9 行为内部样式表，相关内容将在 2.2.4 小节中详述。另外，程序中加入了 header、nav、footer 等语义块标签。

③ 如果将第 17～21 行中的 style 修改为“display:inline-block; width:100px”，就会得到图 2-16（c）所示的效果。

```
<li style="display:inline-block; width:100px">
  <a href="ch1_01.html">我的第一个网页</a>
</li>
```

④ 如果将第 17 ~ 21 行中的 style 修改为“display: block; width:100px; float:left;”，并且在第 23 行前增加语句“<p style="clear:both"></p>”，就会得到图 2-16（d）所示的 float:left 效果。

```
    <li style="display:block; width:100px; float:left;">
      <a href="ch1_01.html">我的第一个网页</a>
    </li>
    ...
  </ul>
  <p style="clear:both"></p>
</nav>
```

⑤ 如果将第 17 ~ 21 行中的 style 修改为“display:block; width:100px;”，就会得到图 2-16（e）所示的块显示效果。

```
<li style="display:block; width:100px; ">
  <a href="ch1_01.html">我的第一个网页</a>
</li>
```

⑥ 如果将第 16 行修改为“<ul style="display:flex">”，将第 17 ~ 21 行中的 style 修改为“width:100px;”，就会得到图 2-16（f）所示的弹性盒显示效果。通过对上述设置进行比较可以看出，display:flex 的设置最简洁。

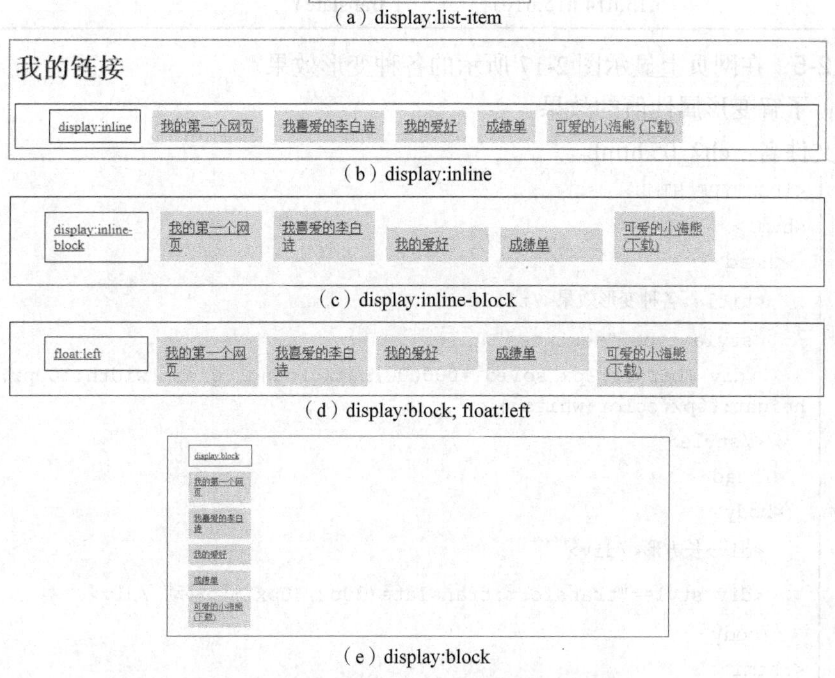

图 2-16　不同 display 属性值的部分效果

（f）display:flex

图 2-16　不同 display 属性值的部分效果（续）

8. 变形和动画

（1）变形

设置 CSS 变形（transform）属性可以改变元素的位置、旋转元素、放大 / 缩小元素以及倾斜元素等，包括二维和三维变形。常用变形属性值如表 2-8 所示。

表 2-8　常用的变形属性值

二维属性值	三维属性值	意　义
translate(x,y)	translate3d(x,y,z)	移动元素到一个坐标位置，x、y、z 为长度定义，如 translate(10px,20px)
scale(x,y)	scale(x,y,z)	放大 / 缩小元素，x、y、z 为比例数，如 scale(0.5,2)
rotate(angle)	rotate3d（x,y,z,angle）	旋转元素，angle 为旋转角度，从 0deg 到 360deg，如 rotate(10deg)
skew(x-angle, y-angle)	perspective(n)	倾斜元素，如 skew(10deg,30deg)
matrix(n1,n2,n3,n4,n5,n6)	matrix3d(n1,n2,n3,n4,n5,n6,n7,n8,n9,n10,n11,n12,n13,n14,n15,n16)	综合变形，例如，matrix 的 6 个参数依次代表 scaleX、skewY、skewX、scaleY、translateX、translateY

示例 2-5　在网页上显示图 2-17 所示的各种变形效果。

目的：了解变形属性值的效果。

程序文件名：ch2_05.html。

```
<!DOCTYPE HTML>
<html>
  <head>
    <title>各种变形效果</title>
    <style type="text/css">
     div {border:1px solid #000000;background: green;width:100px;height:60px;color:white;}
    </style>
  </head>
  <body>
    <div>长方形</div>
    <div style="transform:translate(30px,40px);">移动</div>
  </body>
</html>
```

操作步骤如下。

① 在浏览器中打开 ch2_05.html 文档，得到图 2-17（a）所示的移动效果，上方为没有变形的图，下方为变形后的图。第 5～7 行代码为内部样式表设置，定义了所有 div 元素的样式。

② 如果按下述代码修改第 11 行，就可以得到图 2-17（b）所示的缩放效果。

```
<div style="transform:scale(0.5, 2); margin-top:100px">缩放</div>
```

③ 如果按下述代码修改第 11 行，就可以得到图 2-17（c）所示的旋转效果。

```
<div style="transform:rotate(45deg); margin-top:100px">旋转</div>
```

④ 如果按下述代码修改第 11 行，就可以得到图 2-17（d）所示的倾斜变形效果。

```
<div style="transform:skew(10deg, 40deg); margin-top:50px">倾斜</div>
```

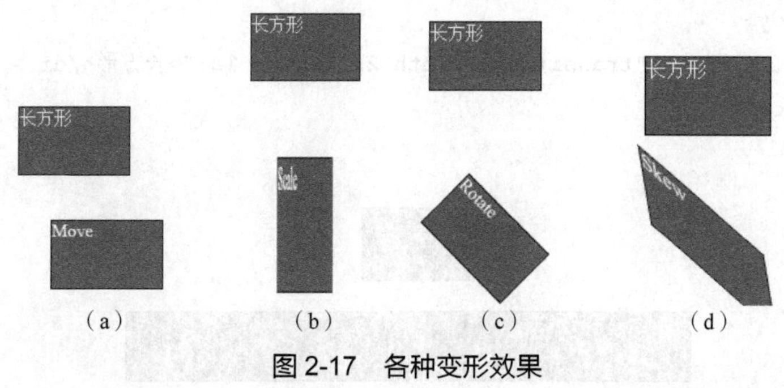

图 2-17　各种变形效果

（2）过渡

设置 CSS 过渡（transition）属性可以让元素在一个时间段内变化。常用的过渡属性值如表 2-9 所示。

表 2-9　常用的过渡属性值

属　性　名	意　　义
transition-property	过渡的内容，如 width（宽度）、height（高度）或 transform（变形）
transition-duration	过渡时间长度，如 transition-duration:3s
transition-timing-function	过渡的效果，其值分别为 ease（默认）、liner、ease-in、ease-out、cubic-bezier(n,n,n,n)
transition-delay	延迟过渡的秒数，如 transition-delay:2s
transition	上述 4 种属性值的综合应用，顺序如下。 transition-property transition-duration transition-timing-function transition-delay

示例 2-6　将 ch2_05.html 文档代码修改为下述代码，在网页上显示图 2-18 所示的过渡效果。

目的：了解过渡属性。

程序文件名：ch2_06.html。

```
1  <!DOCTYPE HTML>
2  <html>
3    <head>
4      <title>过渡效果</title>
5      <style type="text/css">
6        div {border:1px solid #000000;background: green;width:100px;
   height:60px;color:white; }
7        div:hover {width:500px}
8      </style>
9    </head>
10   <body>
11     <div style="transition: width 2s linear 1s;">长方形</div>
12   </body>
13 </html>
```

图 2-18　过渡效果

操作步骤如下。

① 在浏览器中打开 ch2_06.html 文档，当将鼠标指针移动到方块上的时候，就会得到图 2-18 下图所示的过渡效果，其中第 7 行代码的 div:hover 表示“当鼠标指针移动到 div 元素上”。

② 如果按下述代码修改第 7 行和第 11 行，就会得到宽度和高度同时变化的效果。

```
7 div:hover {width:500px;height:200px;}
…
11  <div style="transition: width 2s, height 1s;">长方形</div>
```

（3）动画

CSS 动画（animation）属性与@keyframes（关键帧）属性一起设置，可以使元素实现动画效果。常用 animation 和@keyframes 属性设置如表 2-10 所示。

表 2-10　animation 和@keyframes 的常用属性值

属　性　名	意　　义
@keyframes	（动画名）（百分数 / from / to）（样式属性）
animation-name	@keyframes 中定义的动画名
animation-duration	动画时间长度，例如 animation-duration:3s

续表

属性名	意义
animation-timing-function	动画的效果
animation-delay	动画延迟时间长度，如 animation-delay:3s
animation-iteration-count	动画循环次数，值为（数字）、infinite（不限）
animation-direction	动画方向，值为 normal（正常）（默认）、reverse（反向）、alternate（奇数时正向，偶数时反向）、alternate-reverse（奇数时反向，偶数时正向）
animation-fill-mode	在延迟或结束状态下的动画方式，值为 forwards（向前）、backwards（向后）、both（向前和向后）
animation-play-state	动画运行状态，值为 paused（暂停）、running（运行）
animation	上述 8 种属性值的综合应用，顺序如下。 animation-name animation-duration animation-timing-function animation-delay animation-iteration-count animation-direction animation-fill-mode animation-play-state

示例 2-7　将 ch2_05.html 修改为下述代码，在网页上显示变色方块的动画效果。

目的：了解动画属性。

程序文件名：ch2_07.html。

```
<!DOCTYPE HTML>
<html>
  <head>
   <title>动画效果</title>
   <style type="text/css">
     div {border:1px solid #000000;background: green;width:100px;
height:60px;color:white;}
     @keyframes my-animation {
       from{background-color:green;}
       to  {background-color:red;}
     }
   </style>
  </head>
  <body>
   <div style="animation:my-animation 4s">长方形</div>
  </body>
</html>
```

操作步骤如下。

① 在浏览器中打开 ch2_07.html 文档，就可以得到变色方块的动画效果。值得注意的是，第 14 行代码使用的 keyframe 名“my-animation”是在第 7 行中定义的。

② 如果按下述代码修改第 7 ~ 10 行和第 14 行，就会得到同时移动和变化颜色的循环动画效果。

```
7 @keyframes my-animation {
     0%   {background-color:red; left:0; top:0;}
     25%  {background-color:yellow; left:300px; top:0;}
     50%  {background-color:blue; left:300px; top:300px;}
     75%  {background-color:green; left:0; top:300px;}
     100% {background-color:red; left:0; top:0;}
  }
  …
14 <div style="animation:my-animation 4s infinite; position:relative;">长方形</div>
```

9. 通用样式属性

CSS 有两个通用属性，即 inherit（继承）（默认）和 initial（初始的），它们可以用于文字、背景、边框线等上述所有样式设置中。例如，在下述嵌套的元素中，“第一行”将显示为绿色，因为它设置了 color:inherit，表示继承它的父元素 div 的颜色；“第二行”也将显示为绿色，因为在没有设置 color 属性的情况下，就等于默认值的设置，即 color:inherit；“第三行”中的“第”和“行”将显示为红色，因为它的 p 元素设置了 color:red，但“三”将显示为黑色，因为它设置了 color:initial，即为浏览器初始的颜色设置。

```
<div style="color:green">
   <p style="color:inherit">第一行</p>
   <p>第二行</p>
   <p style="color:red">第<b style="color:initial">三</b>行</p>
</div>
```

2.2.4 定义样式表

前文所述样式属性的定义方式中，元素的样式直接在元素的标签中设置。但是，由于样式的内容往往较多，这样 HTML 的文档结构就会显得很乱，特别是当有多个元素使用相同的样式时，这种方式会使 HTML 文档显得更为“臃肿”，这时就应该使用内部样式表或外部样式表。

内部样式表或外部样式表与元素中的样式表的主要区别在于，前者需要通过指定“对象”来定义。

指定“对象”来定义样式表的语法规则如下。

```
对象 1, 对象 2 …{ 样式表 }
```

其中，“对象”可以是下述任意一种情况的设置。

1. 元素名对象

元素名对象用于网页中的所有指定元素，例如如下样式定义示例。

```
p { color:green;}
```

那么，网页中所有 p 元素中的内容都会是绿色的，如图 2-19 所示。

```
<body>
  <article>
    <header>
      <h1>我的网页</h1>
      <p>欢迎进入我的网页</p>
      <p>2017.12.01</p>
    </header>
    <p>第一段落的内容。</p>
    <p>第二段落的内容。</p>
    <p>第三段落的内容。</p>
  </article>
  <aside>
    <h1>我的爱好</h1>
    <p>我的爱好就如雨点一般，许许多多。</p>
   <ul>
     <li>我最喜欢的诗</li>
     <li>我最想看的电影</li>
     <li>我最想读的书</li>
     <li>我最想做的事还有很多很多……</li>
   </ul>
  </aside>
</body>
```

2. 自定义对象

当网页中的多个元素都具有相同的样式时，可以设置自定义对象。自定义对象时，对象名之前为一个点“.”，应用时使用 class 属性，即 class="自定义对象名"。例如如下样式定义示例。

```
.note { font-size:80%}
```

那么，网页中所有标有 class="note"的元素中的字体都会变小，应用示例代码如下，如图 2-20 所示。

```
<article>
  <header>
    <h1>我的网页</h1>
    <p class="note">欢迎进入我的网页</p>
    <p class="note">2017.12.01</p>
  </header>
  <p>第一段落的内容。</p>
  <p>第二段落的内容。</p>
  <p>第三段落的内容。</p>
```

```
</article>
<aside>
  <h1>我的爱好</h1>
  <p class="note">我的爱好就如雨点一般，许许多多。</p>
 <ul>
   <li>我最喜欢的诗</li>
   <li>我最想看的电影</li>
   <li>我最想读的书</li>
   <li class="note">我最想做的事还有很多很多……</li>
 </ul>
</aside>
```

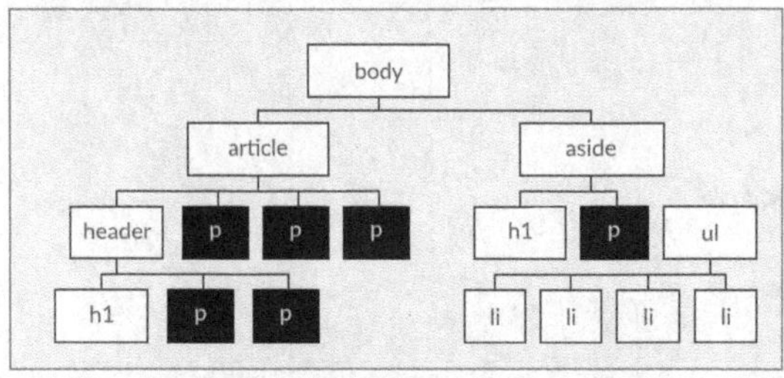

图 2-19　元素名对象

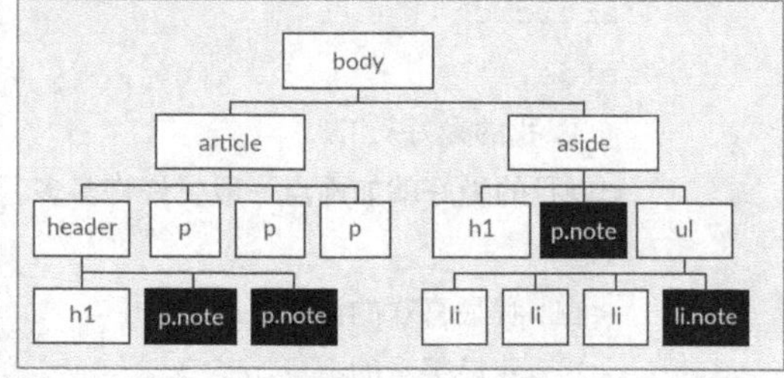

图 2-20　自定义对象

3. 元素名和自定义对象的组合

元素名和自定义对象的组合设置用于指定“某元素名中的自定义对象”。例如如下样式定义示例。

```
p.note { display:inline-block; margin-right:10px;}     /* 只影响 p 元素中的“note”样式 */
li.note { margin-top:10px; color:#999999;}              /* 只影响 li 元素中的“note”样式 */
```

p 元素中标有 class="note"的字体都会以 inline-block 样式显示，并且右外边距为 10px；li 元素中标有 class="note"的上外边距为 10px，颜色为浅灰色。

4. 多个自定义对象的组合

例如如下样式定义示例。

```
.note { font-size:80%}
.date { font-style:itlic}
```

元素中标有 class="note date"的字体都会变小，并且变为斜体，应用示例代码如下。

```
<p class="note date">2017.12.01</p>
```

5. 标识名对象

标识名对象用于网页中指定的标识名元素，定义时标识名前有一个“#”。与自定义对象不同的是，在一个网页中，自定义对象的样式可以用于多个元素，而标识名对象的样式只可用于一个元素。例如如下样式定义示例。

```
#myHeader { color:red;}
```

定义后，标识名为 myHeader 元素的字体颜色将是红色，应用示例代码如下。

```
<header>
  <h1 id="myHeader">我的网页</h1>
  <p class="note">欢迎进入我的网页</p>
  <p class="note date">2017.12.01</p>
</header>
```

6. 下级对象

下级对象用于某一种元素中的下级元素，定义时两元素名之间用空格相隔。例如如下样式定义示例。

```
article p {margin-left:20px;}
```

定义后，只有 article 元素中的 p 元素的字体颜色是蓝色，如图 2-21 所示。值得注意的是，这里的“下级元素”并不只限于“下一级”，也可以是“下几级”的元素。

7. 下一级对象

下一级对象用于某一种元素中的下一级元素，定义时两元素名之间用“>”相隔。例如如下样式定义示例。

```
article>p {background:#eeeeee; padding:10px; max-width:500px;}
```

定义后，只有 article 元素中下一级的 p 元素背景色为浅灰色，内边距为 10px，最大宽度为 500px，如图 2-22 所示。

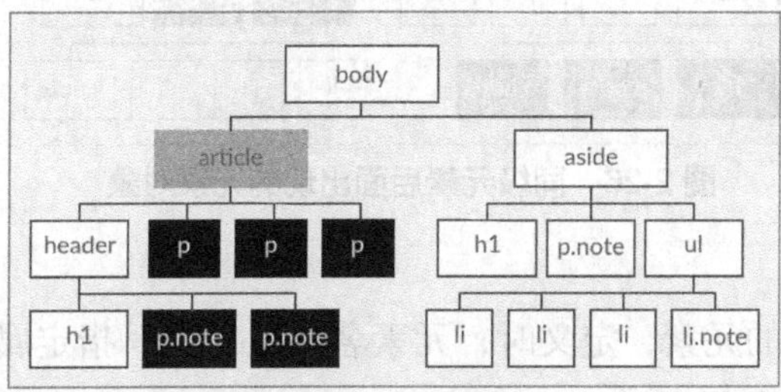

图 2-21 下级对象

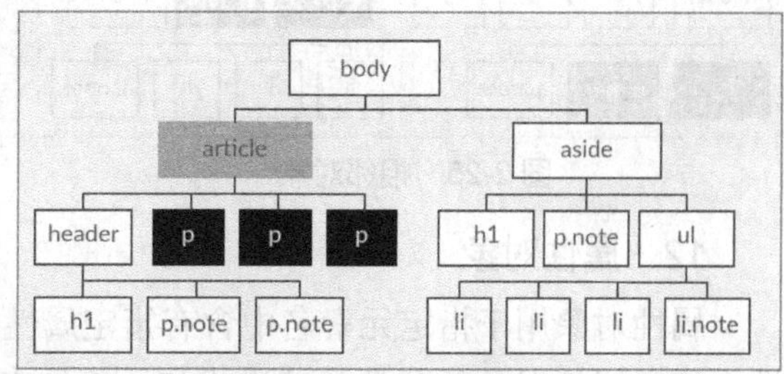

图 2-22 下一级对象

8. 分组元素对象

分组的元素可以具有相同的样式表，分组元素对象定义时用逗号“,”表示。例如如下样式定义示例。

```
article,aside {border:1px solid #dddddd; padding:20px; margin:20px;}
```

定义后，网页中的所有 article 和 aside 元素的边框线为 1px 的灰色实线，内外边距为 20px，如图 2-23 所示。

9. 所有元素对象

所有元素对象用于网页中的所有元素，定义时用星号“*”表示。例如如下样式定义示例。

```
* {line-height:150%;}
```

定义后，网页中所有元素的行高为 150%，如图 2-24 所示。

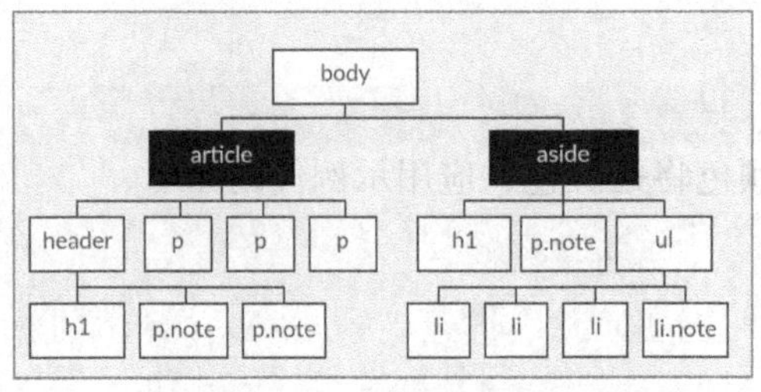

图 2-23　分组元素对象

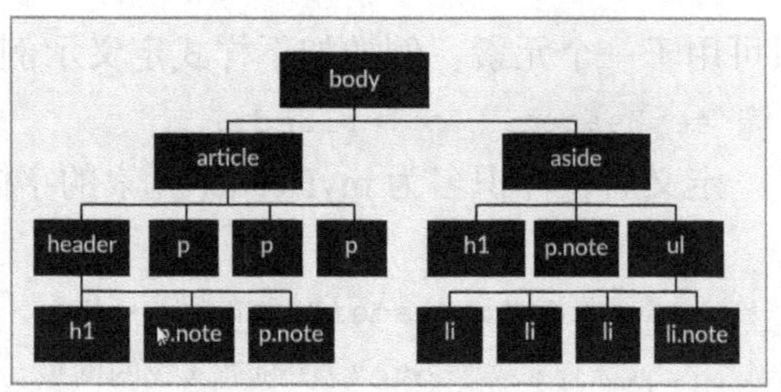

图 2-24　所有元素对象

10. 相邻对象

相邻对象用于某一种元素相邻的另一个元素，定义时两元素名之间用加号“+”相隔。例如如下样式定义示例。

```
h1+p {color: blue;}
```

定义后，只有与 h1 元素相邻的 p 元素的字体颜色是蓝色的，如图 2-25 所示。

11. 同级元素后面出现的元素对象

定义同级元素后面出现的元素对象时，两元素名之间用波浪线“~”相隔，示例如下。

```
h1~p {color: blue;}
```

以上代码表示 h1 与 p 同级，h1 后面的所有 p 元素的字体颜色是蓝色，如图 2-26 所示。

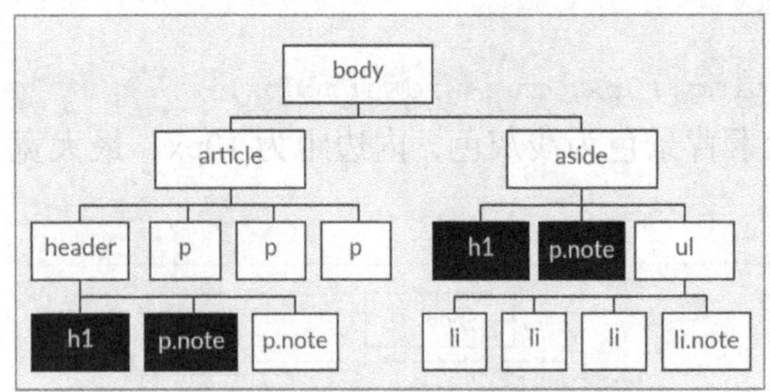

图 2-25　相邻对象

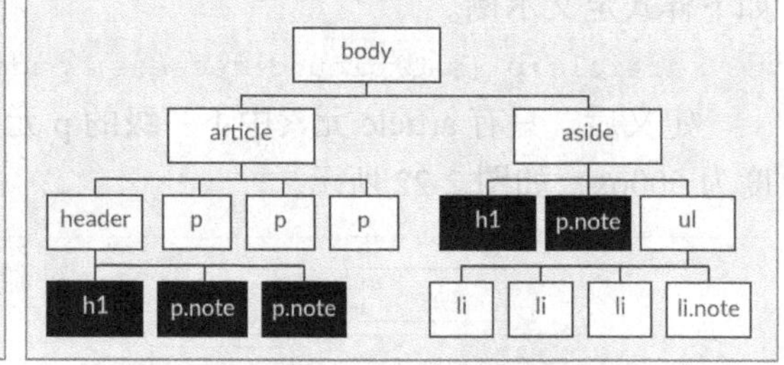

图 2-26　同级元素后面出现的元素对象

12. 属性对象

属性对象用于指定元素名中含有指定属性的元素，定义时，元素名后用“[ ]”指定属性内容。属性对象的分类及其格式和示例如表 2-11 所示。

表 2-11　属性对象的分类、格式及示例

类　型	格　式	意义和示例
属性名对象	元素名[属性名]	表示指定元素名中含有指定属性的所有元素。例如： img[title] { border:1px solid #000; } 表示网页中 img 元素含有 title 属性的图片都会显示黑色的边框线
属性值对象	元素名[属性名="属性值"]	表示指定元素名中含有指定属性值的所有元素。例如： img[src="small.gif"] { border:1px solid blue; } 表示网页中 img 元素属性 src 的值是 small.gif 的图片都会显示蓝色的边框线

续表

类　型	格　式	意义和示例
任意属性值对象	元素名[属性名~="属性值"]	表示指定元素名的属性值如果含有空格，那么，其中的任意一项都为指定属性值的元素。例如： img[alt~="small"] { border:1px solid green; } 表示如果网页中有一个 img 元素的 alt 属性值是 small median large，这个图片就会显示绿色的边框线
起始属性值对象	元素名[属性名|="属性值"] 或元素名[属性名^="属性值"]	表示指定元素名的属性值以指定属性值开始的元素。例如： `*[lang|="en"] { color:red; }` 表示网页中的所有元素，如果包含属性 lang 并且其值是以 en 开始的，如 en、en-US，它的颜色就会为红色
结束属性值对象	元素名[属性名$="属性值"]	表示指定元素名的属性值以指定属性值结束的元素。例如： `a[src$=".pdf"] { color:red; }` 表示如果网页中 a 元素属性 src 的值是以.pdf 结束的，它的颜色就会为红色
包含属性值对象	元素名[属性名*="属性值"]	表示指定元素名的属性值包含指定属性值的元素。例如： `a[src*="art"] { color:red; }` 表示如果网页中 a 元素属性 src 的值是包含 art 的，它的颜色就会为红色

13. 状态或级别对象

状态或级别对象用于某一种元素的状态或级别，定义时，元素名与状态之间用一个或两个冒号“:”相隔。常用的状态或级别对象如表 2-12 所示，其中一部分是 CSS 定义的，当前流行浏览器的最新版本都支持这些定义。

表 2-12　常用的状态或级别对象

类　型	格　式	示　例
未单击的链接	元素名:link	常用于链接元素。例如 a:link{color:blue;text-descoration:none}，表示网页中未单击的链接为蓝色，并且没有下画线
单击过的链接	元素名:visited	常用于链接元素。例如 a:visited {color:red}，表示网页中单击过的链接为红色
鼠标在元素上时	元素名:hover	常用于链接元素。例如 a:hover {text-descoration:underline}，表示当鼠标指针移动到链接上时，链接显示下画线
光标在元素上时	元素名:focus	常用于表单元素。例如 input:focus {background:yellow}，表示当鼠标指针指向表单元素上时，其背景变为黄色
选择的元素	元素名:selected	常用于表单元素。例如 input:selected，表示被选上的表单元素
可以使用的元素	元素名:enabled	常用于表单元素。例如 input:enabled，表示可以使用的表单元素
不可以使用的元素	元素名:disabled	常用于表单元素。例如 input:disabled，表示不可以使用的表单元素

续表

类　型	格　式	示　例
不是指定的元素	:not（元素名）	例如：not(p)，表示全部不是段落 p 元素的其他元素
第 1 个字符	元素名::first-letter	例如 p:：first-letter，表示所有段落 p 元素的第 1 个字符
第 1 行	元素名::first-line	例如 p:：first-line，表示所有段落 p 元素的第 1 行内容
元素前插入	元素名::before	例如 p:：before{content: "请仔细阅读"}，表示在每个段落 p 元素之前都插入“请仔细阅读”文字
元素后插入	元素名::after	例如 p:：after{content: "谢谢阅读以上内容"}，表示在每个段落 p 元素之后都插入“谢谢阅读以上内容”文字
只有一个元素	元素名:only-child	例如 p:only-child，表示对于上一级元素而言，只包含这个段落 p 元素
第 1 个子元素	元素名:first-child	例如 ul:first-child，表示所有 ul 元素中的第 1 个子元素
第 *n* 个子元素	元素名:nth-child(*n*)	例如 ul:nth-child(2)，表示所有 ul 元素中的第 2 个子元素
最后一个子元素	元素名:last-child	例如 ul:last-child，表示所有 ul 元素中的最后一个子元素
最后 *n* 个子元素	元素名:nth-last-child(*n*)	例如 ul:nth-last-child(2)，表示所有 ul 元素中的倒数第 2 个子元素
第 1 种元素	元素名:first-of-type	例如 p:first-of-type，表示对于上一级元素而言，这个段落 p 元素是第 1 个段落 p 元素
最后一种元素	元素名:last-of-type	例如 p:last-of-type，表示对于上一级元素而言，这个段落 p 元素是最后一个段落 p 元素
第 *n* 种元素	元素名:nth-of-type(*n*)	例如 p:nth-of-type(2)，表示对于上一级元素而言，这个段落 p 元素是第 2 个段落 p 元素
最后 *n* 种元素	元素名:nth-last-of-type(*n*)	例如 p: nth-last-of-type(2)，表示对于上一级元素而言，这个段落 p 元素是倒数第 2 个段落 p 元素

在定义样式表的语句中还可以加入注释语句，它的格式是在/*与*/之间加入注释内容。例如如下示例代码。

```
/* 这里是单行注释 */
p { margin: 1em;     /* 这里也可以写注释 */
   padding: 2em;
   /* color: white; 这里加了注释，样式就不起作用了*/
   background-color: blue;
   }
/*
  多行注释
  可以这样写
*/
```

2.2.5 内部样式表和外部样式表

1. 内部样式表

内部样式表是将定义样式表的内容放在 style 元素中，并且设置 type 属性为 text/css，然后将 style 元素放在 HTML 文档的 head 元素中。

示例 2-8 将 ch2_01.html 文档修改为内部样式表方式，其中粗体部分就是内部样式表的定义内容。

目的：学习内部样式表的设置。

程序文件名：ch2_08.html。

```
<html>
  <head>
    <title>我的网页</title>
    <style type="text/css">
     h1 {
       color: red;
       font-style:italic;
     }
    </style>
  </head>
  <body>
    <h1>欢迎进入我的网页</h1>
    <hr>
     <p>这是我的<b>第一个</b>网页。</p>
  </body>
</html>
```

2. 外部样式表

当多个 HTML 文档使用相同的样式表定义时，就应该使用外部样式表。外部样式表是将定义样式表的内容放在一个文本文件中，一般都以.css 作为扩展名，然后在 HTML 文档的 head 元素中插入 link 元素，通过下述格式将外部样式表文件链接到 HTML 文档中，格式如下。

```
<link rel="stylesheet" type="text/css" href="外部样式表文件.css" >
```

示例 2-9 将 ch2_08.html 文档修改为外部样式表方式。

程序文件名：ch2_09_css.css。

```
h1 {
  color: red;
  font-style:italic;
}
```

程序文件名：ch2_09.html。

```
<html>
  <head>
    <title>我的网页</title>
    <link rel="stylesheet" type="text/css" href="ch2_09_css.css" >
  </head>
  <body>
```

```
    <h1>欢迎进入我的网页</h1>
    <hr>
     <p>这是我的<b>第一个</b>网页。</p>
  </body>
</html>
```

2.2.6 层叠式应用规则

前面介绍了如下 3 种定义样式表的方式。

（1）元素中的样式，使用 style=""的方式。

（2）内部样式表，定义在<style>标记中。

（3）外部样式表文件。

一个网页中可以同时包含上述 3 种方式定义的样式表，当出现重复定义的样式对象时，可按“层叠式”规则应用，即在同一个方式中重复定义的样式对象，后定义的有效；在不同方式中重复定义的样式对象，元素中的样式优先级最高，外部样式表文件最低。

例如如下示例代码，内部样式定义了所有 div 元素的行高是 1.2 倍字高，而 box3 的 div 元素中又定义了行高是 2 倍字高，那么，这时候，box3 中文字的行高是多少呢？根据样式表定义的“层叠式”规则，box3 元素中的样式定义起作用，因此，它的行高是 2 倍的字高。

```
<style type="text/css">
 div {line-height: 1.2em}
</style>

<div id="box1">…</div>
<div id="box2">…</div>
<div id="box3" style="line-height:2em">…</div>
```

第 3 章 CSS 实用技巧

本章主要内容：

- CSS 的常用技巧
- CSS 用于网页布局设计
- CSS 用于菜单和标签设计
- CSS 其他设计原则

3.1 CSS 的常用技巧

随着 CSS 技术的不断发展，CSS 在网页设计中变得越来越重要，人们根据 CSS 的基本规则，针对网页设计中常用的一些功能，逐渐总结出许多设计技巧。本节将通过示例介绍其中一些最常用的技巧，主要给出 HTML 和 CSS 的相关程序语句，而不会给出全部的程序内容，读者在应用过程中应该加上 HTML 的一些必需的程序内容，如 doctype 语句、html 元素、head 元素、style 元素以及 body 元素等，代码框架如下。

```
<!DOCTYPE HTML>
<html>
  <head>
    <meta charset="UTF-8">
    <meta name="viewport" content="width=device-width, initial-scale=1">
    <title>…</title>
    <style>
      …
    </style>
  </head>
  <body>
    …
  </body>
</html>
```

3.1.1 网页内容的居中对齐

网页内容的居中对齐可以分为水平居中、垂直居中以及水平垂直居中 3 种情况。对应于不同的行、块元素，可以采取不同的设置方法。

1. 水平居中行元素

在行元素的外包块元素中直接应用 CSS 的 text-align:center 属性，例如，在行元素 a 的外包块元素 nav 中设置 class="h-center-inline"，就可以得到图 3-1 所示的水平居中行元素的效果。其定义代码示例如下。

```
<style>
  .h-center-inline {
    text-align:center;
  }
</style>
…
<nav class="h-center-inline">
  <a href="link1.html">链接 1</a>
  <a href="link2.html">链接 2</a>
  <a href="link3.html">链接 3</a>
</nav>
```

图 3-1　水平居中行元素

2. 水平居中块元素

在块元素的外包块元素中直接应用 CSS 的 flex 属性及其相关属性，例如，在块元素 section 中设置 class="h-center-block"，然后在 section 元素中放入一些块元素 div，并在 div 元素中设置 class 为 box，就可以得到图 3-2 所示的水平居中块元素效果。其中 h-center-block 和 box 的定义示例代码如下。

```
<style>
   .h-center-block {
    display:flex;
    justify-content:center;
  }
  .box {
   width:100px;
   height:80px;
   padding:10px;
   margin:20px;
   border:1px solid blue;
  }
</style>
…
<section class="h-center-block">
```

```
    <div class="box">我是块元素</div>
    <div class="box">我也是一个块元素</div>
    <div class="box">我也是另一个块元素</div>
</section>
```

3. 垂直居中一行文字的行元素

对行元素的 CSS 设置 height 和 line-height 为相同高度的属性值，例如，在块元素 section 中设置 class 为 v-center-one-inline，然后在 section 元素中放入一些行元素 a，就可以得到图 3-3 所示的垂直居中一行文字的行元素效果。

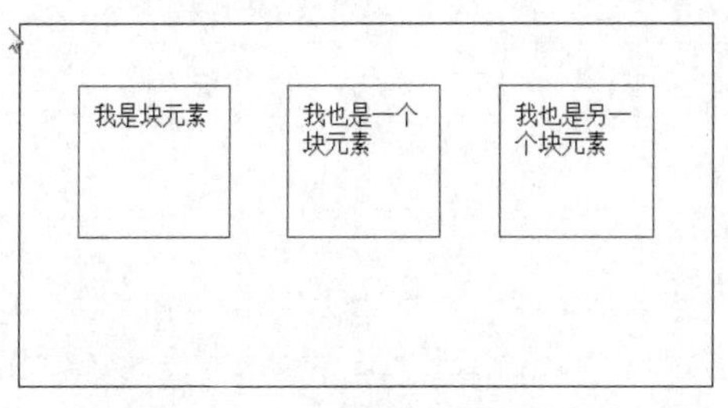

图 3-2　水平居中块元素

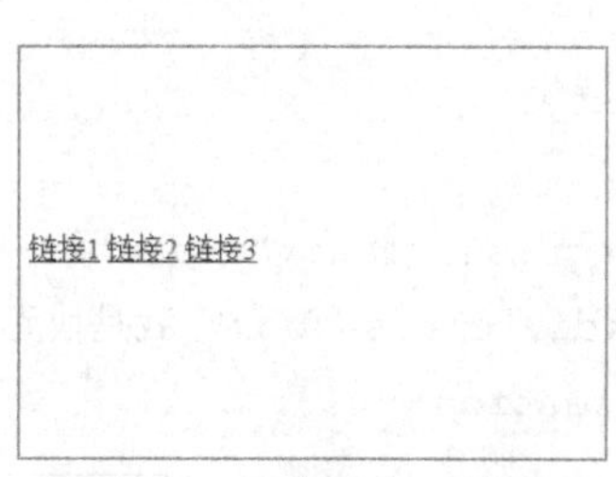

图 3-3　垂直居中一行文字

其中，class 的定义示例代码如下。

```
<style>
  .v-center-one-inline a {
    height:200px;
    line-height:200px;
  }
</style>
…
<section class="v-center-one-inline">
  <a href="link1.html">链接 1</a>
  <a href="link2.html">链接 2</a>
  <a href="link3.html">链接 3</a>
</section>
```

值得注意的是，如果行元素的外包块元素有高度值，那么，行元素的 CSS 属性 height 和 line-height 应设置为相同的高度值。

4. 垂直居中一个块元素

在块元素的外包块元素中直接应用 CSS 的 flex 属性及其相关属性，例如，在块元素 section 中设置 class 为 v-center-block，然后在 section 元素中放入一个块元素 div，并在 div 元素设置 class 为 box，就可以得到图 3-4 所示的垂直居中一个块元素效果。其中，v-center-block 和 box 的定义示例代码如下。

```
<style>
  .v-center-block {
    display:flex;
```

```
    justify-content:center;
    flex-direction:column;
  }
  .box {
    width:100px;
    height:80px;
    padding:10px;
    margin:20px;
    border:1px solid blue;
  }
</style>
…
<section class="v-center-block">
  <div class="box">我是块元素</div>
</section>
```

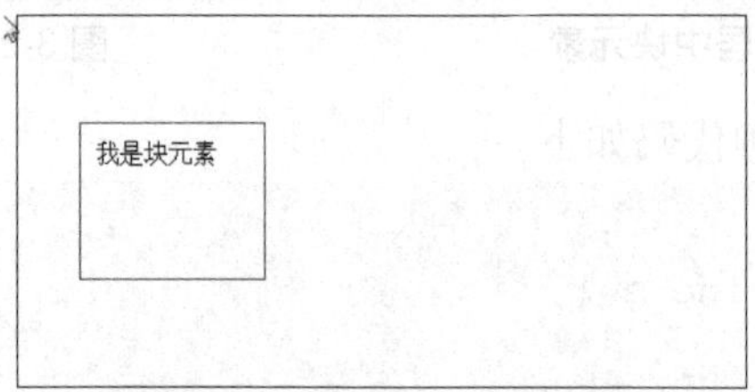

图 3-4　垂直居中一个块元素

5. 水平垂直居中多个块元素

在块元素的外包块元素中直接应用 CSS 的 flex 属性及其相关属性，例如，在块元素 section 中设置 class 为 all-center-block，然后在 section 元素中放入一些块元素 div，并在 div 元素设置 class 为 box，就可以得到图 3-5 所示的水平垂直都居中的多个块元素效果。其中，all-center-block 和 box 的定义示例代码如下。

```
<style>
  .all-center-block {
    display:flex;
    justify-content:center;
    align-items:center;
  }
  .box {
    width:100px;
    height:80px;
    padding:10px;
    margin:20px;
    border:1px solid blue;
  }
```

```
  </style>
  …
  <section class="all-center-block">
    <div class="box">我是块元素</div>
    <div class="box">我也是一个块元素</div>
    <div class="box">我也是另一个块元素</div>
  </section>
```

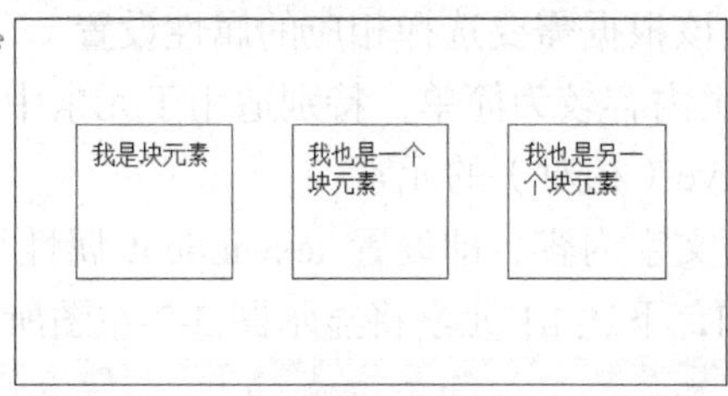

图 3-5　水平垂直都居中多个块元素

6. 屏幕中垂直居中块元素

上述垂直居中块元素，其外包元素都是块元素，如果要在整个屏幕上垂直居中块元素，即外包元素是 body 元素，还需要对 html 和 body 元素进行 CSS 设置，在 style 元素中加入下述粗体代码，并在 body 元素中直接设置 class 为 all-center-block 就可以了，示例代码如下。

```
  <style>
    html {height:100%;overflow: hidden}
    body {height:100%}
    .all-center-block {
      …
    }
    .box {
      …
    }
  </style>
  …
  <body class="all-center-block">
    <div class="box">我是块元素</div>
    <div class="box">我也是一个块元素</div>
    <div class="box">我也是另一个块元素</div>
  </body>
```

3.1.2　网页内容的隐藏与显示

CSS 在网页中设置网页内容的隐藏与显示的方式有如下 3 种。

（1）设置 display 属性：display:none 表示隐藏，display:block 表示以块元素的方式显示，display:inline 表示以行元素的方式显示等。

（2）设置 visibility 属性：visibility:hidden 表示隐藏，display:visible 表示显示。

（3）设置 left 属性为负数：例如 left:-9999px，即设置元素远离屏幕，起到了“隐藏”的效果。

上述 3 种方式中，方式（1）和方式（2）的区别如图 3-6 所示。左图为 3 个块元素；中图为使用设置 display 属性的方式隐藏 2 号块元素，3 号块元素上移；右图为使用设置 visibility 属性的方式隐藏 2 号块元素，这时 2 号块元素的位置变为空白。因此，在网页设计过程中应该根据需要选择相应的属性设置。

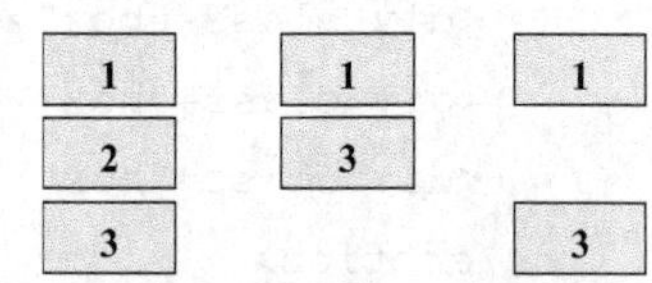

图 3-6　隐藏方式比较

使用方式（3）隐藏网页内容较为简单，特别适用于元素中 position（位置）属性设置为 absolute（绝对）或 relative（相对）的元素。

还有一种方式用于隐藏文字内容，即设置 text-indent 属性为负数值，它常用于将图片代替文字内容的情况。例如，下述 h1 元素将显示图 3-7 左图所示的效果。

```
<h1>我的网页</h1>
```

如果 images 文件夹中有一个名称为 baby.jpg 的图像文件，按下述代码设置 h1 的 CSS，将会得到图 3-7 右图所示的图片效果，这样在 HTML 代码中既保留了 h1 元素，使 HTML 代码具有更好的可读性，以便今后的排版修改，又达到了用图像代替文字的效果。

```
h1 {
  text-indent:-9999px;
  background:url("images/baby.jpg") no-repeat;
  width:120px;
  height:89px;
}
```

我的网页

图 3-7　CSS 方法使用图片代替文字内容

3.1.3　处理长表格

当表格内容很多时，往往需要滚动显示表格的内容，并且单双行使用不同的背景色，本小节将介绍如何制作固定表头的滚动显示表格内容的效果。

示例 3-1　制作图 3-8 所示的固定表头、单双行使用不同背景色且滚动显示内容的表格效果。

姓名	语文	数学
张倍倍	89	93
李佳	85	90
江华一	100	100
程兰兰	98	95
李北钢	92	75
童欣	88	71
平均	92	90

图 3-8　固定表头且滚动显示表格内容的效果

程序文件名：ch3_01.html。

操作步骤如下。

① 在 HTML 的 body 元素中插入 class 为 my-table 的表格 table 元素，在 table 元素中分别插入表头 thead 元素、表体 tbody 元素和表尾 tfoot 元素，最后在 thead、tbody 和 tfoot 中完成表格内容设置，示例代码如下。

```
<table class="my-table">
  <thead>  <!--表头-->
    <tr>
        <th>姓名</th>
        <th>数学</th>
        <th>语文</th>
    </tr>
  </thead>
  <tbody>  <!--表体-->
    <tr>
        <td>王晓红</td>
        <td>92</td>
        <td>95</td>
    </tr>
    …
  </body>
  <tfoot>  <!--表尾-->
    <tr>
        <th>平均</th>
        <th>92</th>
        <th>90</th>
    </tr>
  </thead>
</table>
```

② 设置 CSS。首先设置表格宽度为 260px，其布局为固定布局 table-layout:fixed，表示表格每一列的宽度由 CSS 中的设置而定，而不是按表格内容长度定。然后设置最后一列的 width 属性（.my-table td:nth-child(3)），并设置其他列的 min-width 属性（.my-table td:nth-child(1)、.my-table td:nth-child(2)），以保证无论是否有垂直滚动条，tbody 的宽度都能够正确显示。这些列的宽度值总和应该等于表格的宽度值（260=100+80+80），示例代码如下。

```
.my-table {
  width: 260px;
  table-layout: fixed;
  border-collapse: collapse;
  border: 1px solid #000;
```

```
}
.my-table td:nth-child(1),
 .my-table th:nth-child(1) {
 min-width: 100px;
}
.my-table td:nth-child(2),
.my-table th:nth-child(2) {
 min-width: 80px;
}
.my-table td:nth-child(3),
.my-table th:nth-child(3) {
 width: 80px;
}
.my-table tbody {
 display: block;
 overflow: auto;
 width: 100%;
 height: 150px;
}
```

③ 继续设置 CSS。设置 tbody 为块 block，以便滚动表格内容，然后设置所需高度，并且设置宽度为 100%。再设置 thead 和 tfoot 元素为块 block，示例代码如下。

```
.my-table tbody {
 display: block;
 overflow: auto;
 width: 100%;
 height: 100px;
}
.my-table thead,
.my-table tfoot {
 display: block;
}
```

④ 最后按下述代码设置表格双数行的背景色，以及其他颜色和间距等，示例代码如下。

```
.my-table tbody tr:nth-child(even) { /* 设置双数行的背景颜色 */
 background-color: #DDD;
}
.my-table th,
.my-table td {
 padding: 5px;
 text-align: left;
```

```
}
.my-table thead {
  background-color: #333;
  color: #FDFDFD;
 }
 .my-table tfoot{
  background-color: #666;
  color: #FDFDFD;
 }
```

综合上述代码就可以得到图 3-8 所示的效果。

3.1.4 图片

1. 在文档中插入图片

示例 3-2 制作图 3-9 所示的在文档的一角插入图片的效果。

程序文件名：ch3_02.html。

操作步骤如下。

① 在 HTML 的 body 元素中插入 img 元素和 p 元素，设置 img 的 class 为 left-img，示例代码如下。

```
<img src="images/baby.jpg" class="left-img" alt="">
<p>…</p>
```

② 设置 CSS。设置上述 left-img 为左排列 float:left 就可以了，示例代码如下。

```
.left-img {
   float:left;
   margin:0 10px 10px 0;
}
```

2. 透明图片

网页中的图片或任何 HTML 元素的透明度都可以通过 CSS 来设置。例如图 3-10 右图所示的图片，其透明度是 50%，它的设置代码如下。

```
<img src="images/baby.jpg" alt="baby" style="opacity:0.5">
```


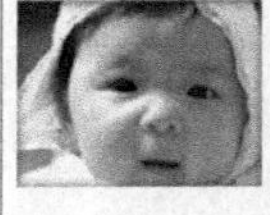

图 3-9 在文档中插入图片

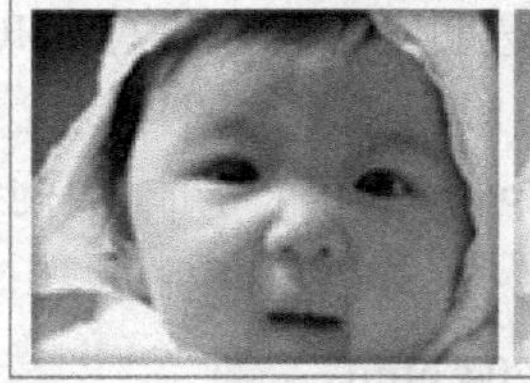

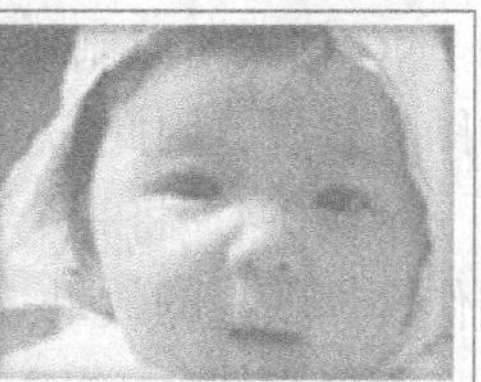

图 3-10 调整图片的透明度

示例 3-3 制作图 3-11 所示的具有透明边框效果的图片，该图片宽为 440px，高为 330px。

程序文件名：ch3_03.html。

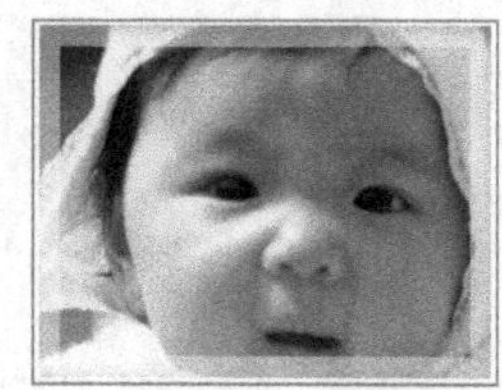

图 3-11　透明边框效果的图片

操作步骤如下。

① 在 HTML 的 body 元素中插入一个 div 元素，设置它的 class 为 base，它将用于背景图片；然后在其中嵌套一个 div 元素，它将用于边框效果，示例代码如下。

```
<div class="base">
  <div></div>
</div>
```

② 设置 CSS。首先设置外面 div 元素的 base，它包含背景图片；然后设置里面的 div 元素，它包含 20px 的边框线，透明度是 50%，示例代码如下。由于它们都设置了 box-sizing 的属性值为 border-box，说明尺寸值包括了边框线的尺寸（width/height）和内间距值（padding），所以内外 div 的宽度和高度是一样的。这样就可以得到图 3-11 所示的效果。

```
.base {
    background:url(images/baby_big.jpg);
    box-sizing: border-box;
    width:440px;
    height:330px;
}
.base div {
  box-sizing: border-box;
  width:440px;
  height:330px;
  border:20px solid #fff;
  opacity:0.5;
}
```

3. 叠加图片

第 1 章中介绍 img 元素时曾经提到过网页中的图片格式有 JPG、GIF 和 PNG，其中 GIF 和 PNG 格式可以制作透明图片，而只有 PNG 格式的透明图片可以制作出渐变的、高质量的图片效果，因此它可以用于叠加图片。

示例 3-4　将一个 PNG 格式的透明图片与任何图片组合，制作叠加图片的效果。

程序文件名：ch3_04.html。

操作步骤如下。

① 使用图像处理软件，如 Photoshop，制作图 3-12 所示

图 3-12　PNG 格式的透明图片

的中间透明的 PNG 图片，文件名为 frame.png。

② 在 HTML 的 body 元素中插入一个 div 元素，设置它的 class 为 pict1，它将用于背景图片；然后在其中嵌套一个 img 元素，它将用于中间透明的 PNG 格式图片，示例代码如下。

```
<div class="pict1">
  <img src="images/frame.png" alt="frame">
</div>
```

③ 在 CSS 代码中设置外面 div 元素的 pict1，它包含背景图片，例如，图 3-13（a）所示为背景原图片，设置后就可以得到图 3-13（b）所示的叠加效果，示例代码如下。

```
.pict1 {
  background:url(images/baby_big.jpg);
  width:440px;
  height:330px
}
```

④ 加入下述代码，可以为图 3-13（c）所示的原图片制作相同的效果，如图 3-13（d）所示。

```
.pict2 {
  background:url(images/baby_3.jpg);
  width:440px;
  height:330px
}
...
<div class="pict2">
  <img src="images/frame.png" alt="frame">
</div>
```

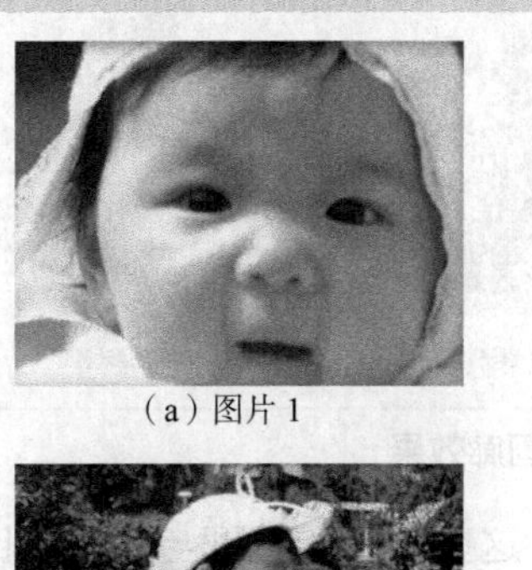

（a）图片 1

（b）图片 1 叠加后的效果

（c）图片 2

（d）图片 2 叠加后的效果

图 3-13　图片叠加的效果

4. 阴影效果

利用 CSS 所提供的阴影设置，可以方便地制作各种阴影效果。

示例 3-5　制作图 3-14 所示的阴影效果。

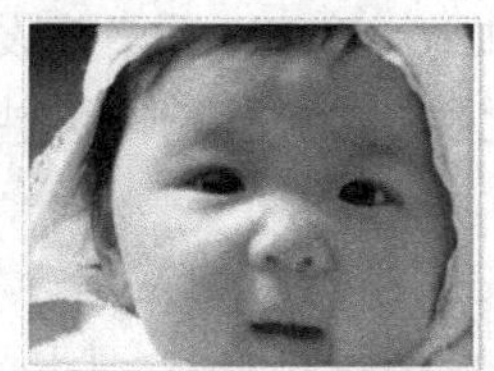

图 3-14　图片的阴影效果

程序文件名：ch3_05.html。

操作步骤如下。

① 在 HTML 的 body 元素中放入一个 img 元素，示例代码如下，本示例图片文件名为 baby_big.jpg。

```
<img src="images/baby_big.jpg"/>
```

② 在 CSS 代码中设置边框线宽度为 5px，方框水平方向的阴影宽度为 4px，垂直方向的阴影宽度为 10px，模糊的距离为 6px，示例代码如下。

```
img {
  border:5px solid #fff;
  box-shadow:4px 10px 6px #888888;
}
```

5. 画廊效果

使用 figure 和 figcaption 元素可以制作出图 3-15 所示的画廊效果。如果所有图片的宽度与高度的比例都一样，可以直接使用 img 元素；否则可以通过设置 CSS 的 bacground-image 属性保证各个画板的显示效果一致。

图 3-15　画廊效果

示例 3-6　制作图 3-15 所示的画廊效果，这些图片的宽度与高度的比例都是一样的。当鼠标指针移动到某一个图片框上时，突出显示该图片框；单击该图片时，显示大尺寸的图片效果。

程序文件名：ch3_06.html。

操作步骤如下。

① 在 HTML 的 body 元素中放入 figure 元素，并且在其中放入 img 和 figcaption 元素，然后在 img 元素外面加上链接 a 元素，以便单击时显示大尺寸的图片效果，示例代码如下。其中，toy.jpg 是 images 文件夹中的图片文件。

```
<figure>
    <a target="_blank" href="images/toy.jpg">
   <img src="images/toy.jpg" alt="toy" >
  </a>
  <figcaption>这是我最喜欢的玩具车。</figcaption>
</figure>
```

② 重复上述步骤，直到放置了所有图片。值得注意的是，这些图片的宽度与高度的比例都是一样的。

③ 设置 CSS。为了使所有画板并列显示，设置 figure 元素的 float 属性值为 left。因为所有图片的尺寸具有相同的比例，所以只要设置 figure 和 img 元素的宽度 width 值就可以了，示例代码如下。

```
figure {
  margin: 5px;
  border: 1px solid #ccc;
  float: left;
  width: 300px;
}
figure img {
  width: 100%;
  height: auto;
}
```

④ 继续设置 CSS。设置 figure 元素的:hover 属性，即当鼠标指针移动到某一个图片框上时，figure 元素边框线的颜色加深；然后设置 figcaption 元素的排版效果，示例代码如下，就可以得到图 3-15 所示的效果。

```
figure:hover {
  border: 1px solid #777;
}
figcaption {
  padding: 15px;
  text-align: center;
}
```

⑤ 如果这时候加入一个尺寸比例不一样的图片，就会得到图 3-16 上图所示的效果，这时只要修改所有 figure 元素中的 a 元素，在其中加入下述 CSS 代码，即将图片设置为背景图片，然后删去 img 元素，再在 CSS 代码中删去 figure img 的设置后加入 figure a 的设置就可以了，示例如下。

```
<figure>
    <a target="_blank" href="images/toy.jpg" style="background-image:
url(images/toy.jpg) ">
      <img src="images/toy.jpg" alt="toy" >
  </a>
```

```
  <figcaption>这是我最喜欢的玩具车。</figcaption>
</figure>
figure img {
  width: 100%;
  height: auto;
}
figure a {
  display:block;
  width: 100%;
  height: 200px;
  background-size: contain;
  background-repeat: no-repeat;
  background-position: center center;
}
```

图 3-16　不同比例图片的画廊效果

3.1.5　鼠标指针移到元素上时的效果

用 CSS 产生鼠标指针移到某一元素上时的效果，一般通过设置:hover 属性值来实现。下面将通过两个示例分别实现鼠标指针移到元素上时产生下拉菜单和提示文字的效果。

1．鼠标指针移到元素上时显示下拉菜单

示例 3-7　制作图 3-17 所示的效果，鼠标指针移到按钮上时显示下拉菜单。

程序文件名：ch3_07.html。

操作步骤如下。

① 在 HTML 的 body 元素中放入 div 元素，设置其 class 为 dropdown，并且在其中放入一个按钮元素 button，设置其 class 为 btn，示例代码如下。

```
<div class="dropdown">
    <button class="btn">显示下拉菜单</button>
</div>
```

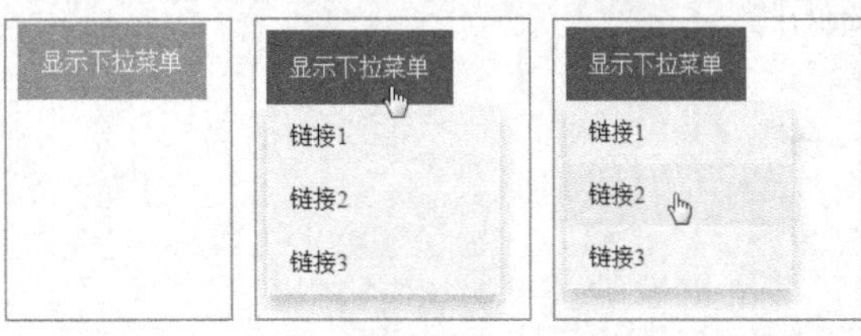

图 3-17　鼠标指针移到按钮上时显示下拉菜单

② 在按钮元素下面插入下拉菜单内容，示例代码如下。

```
<div class="dropdown">
  <button class="btn">显示下拉菜单</button>
  <div class="menu-list">
    <a href="#">链接 1</a>
    <a href="#">链接 2</a>
    <a href="#">链接 3</a>
  </div>
</div>
```

③ 设置 CSS。首先设置外面 div 元素的 CSS 属性 position 为 relative，然后设置下拉菜单的 position 为 absolute，并且设置相应的颜色、背景色等，示例代码如下。默认状态下，下拉菜单框是不可见的。

```
.dropdown {
  position: relative;
}
.menu-list {
  position: absolute;
  display: none;  /*默认状态下，下拉菜单框是不可见的*/
  background-color: #f9f9f9;
  min-width: 160px;
  box-shadow: 0 8px 16px 0 rgba(0,0,0,0.2);
  z-index: 1;
}
```

④ 继续设置 CSS。设置外面 div 元素的 CSS 属性:hover，即当鼠标指针移动到外面 div 元素上时显示下拉菜单框。

```
.dropdown:hover .menu-list {
  display: block;   /*鼠标指针移到时显示下拉菜单框*/
}
```

⑤ 继续用 CSS 设置按钮和下拉菜单的其他显示效果，完成操作。

```
.btn {
```

```
  background-color: #4ba7ff;
  color: white;
  padding: 16px;
  font-size: 16px;
  border: none;
  cursor: pointer;
}
.menu-list a {
  color: black;
  padding: 12px 16px;
  text-decoration: none;
  display: block;
}
.menu-list a:hover {background-color: #f1f1f1}
.dropdown:hover .btn {
  background-color: #0b5bb5;
}
```

2. 鼠标指针移到文字上时显示提示

示例 3-8 制作图 3-18 所示的效果，鼠标指针移到文字上时显示提示。

图 3-18 鼠标指针移到文字上时显示提示

程序文件名：ch3_08.html。

操作步骤如下。

① 在 HTML 的 body 元素中放入 p 元素，在其中放入一段文字，示例代码如下。

```
<p>
  CSS 的最新版本是 CSS3
</p>
```

② 在需要加提示的文字外围添加一个 span 元素，设置其 class 为 tooltip，示例代码如下。

```
<p>
  <span class="tooltip">CSS</span>的最新版本是 CSS3
</p>
```

③ 在文字后面插入一个 span 元素，用于提示内容，设置其 class 为 tooltip-content，示例代码如下。

```
<p>
  <span class="tooltip">CSS
    <span class="tooltip-content">CSS 是用来定义 Web 页面外观的技术</span>
  </span>的最新版本是 CSS3
```

```
</p>
```

④ 设置 CSS。为了便于测试，首先设置网页的内边距是 200px，然后设置 class 为 tooltip 的提示外包框的 CSS 属性 position 为 relative，并且设置其具有点虚线，示例代码如下。

```
body {
  padding:200px;
}
.tooltip { /* 提示外包框 */
  position: relative;
  border-bottom: 1px dotted black; /* 在需要提示的文字下方显示点虚线 */
}
```

⑤ 按下述代码设置提示文字的其他 CSS 属性，包括位置、颜色以及显示方式等。

```
/* 提示文字 */
.tooltip .tooltip-content {
  visibility: hidden;    /*默认状态下是不可见的*/
  width: 280px;
  background-color: #555;
  color: #fff;
  text-align: center;
  padding: 5px;
  border-radius: 6px;

  /* 提示文字的位置 */
  position: absolute;
  z-index: 1;
  bottom: 125%;
  left: 50%;
  margin-left: -140px;   /* 140 = 280/2*/

  /* 渐渐显示的效果 */
  opacity: 0;
  transition: opacity 1s;
}
/* 鼠标指针移到时的显示 */
.tooltip:hover .tooltip-content {
  visibility: visible;
  opacity: 1;
}
```

⑥ 最后用 CSS 的::after 方法来设置箭头样式，示例代码如下，完成操作。

```
/* 提示的箭头 */
.tooltip .tooltip-content::after {
```

```
    content: "";
    position: absolute;
    top: 100%;
    left: 50%;
    margin-left: -5px;
    border-width: 5px;
    border-style: solid;
    border-color: #555 transparent transparent;  /*设置一边为粗边框线以产生箭头
效果*/
  }
```

3.1.6 定义外部样式表的选项

1. 制作适合打印的网页

制作适合打印的网页时，往往需要调整网页的显示方式。例如取消背景颜色、将白色的文字变为黑色的文字、去掉一些图片的动画效果、去掉广告栏和导向菜单栏、为所有链接加上下画线及为具有滚动条的方框内容取消滚动条等。定义一个适合打印的外部样式表，然后设置其 media 选项，就可以有效地获取这一效果，具体操作如下。

① 在 HTML 的 head 元素中插入一行定义外部样式表的语句，示例代码如下。

```
<link rel="stylesheet" href="print.css" media="print">
```

在默认情况下，media 的属性值是 screen，表示所定义的外部样式表是用于屏幕显示的；如果设置为 print，则表示该外部样式表是用于打印的。

② 新建一个 CSS 的文本文件，如文件名为 print.css，然后将需要修改的样式表内容写入文件，如做以下修改。

- 取消背景颜色，将白色的文字变为黑色的文字，示例代码如下。

```
body { color: #000000; background: #ffffff; }
```

- 为所有链接加上下画线，并且将字的颜色变为蓝色，示例代码如下。

```
a { text-decoration: underline; color: #0000ff; }
```

- 去掉一些图片的动画效果，去掉广告栏、导向菜单栏。首先要为这些内容的元素分别定义 class，示例代码如下。

```
<div class="navigation">...</div>
<div class="advertising">...</div>
<div class="other">...</div>
```

然后定义样式表如下。

```
.navigation, .advertising, .other { display: none; }
```

- 为具有滚动条的方框内容取消滚动条，示例代码如下。例如有一个高度为 200px 的 div 元素，当里面的内容很多时，屏幕上就会显示垂直滚动条。

```
<div class="scroll-box">...</div>
```

屏幕显示时的样式表如下。

```
.scroll-box {width:200px; height:200px; overflow:auto}
```

在 print.css 中加入下述语句，就可以取消滚动条。

```
.scroll-box {width:200px; height:auto}
```

2．在外部样式表文件中包含其他样式表文件

为了使 HTML 文档简洁明了，head 元素中一般包含一个外部样式表的定义语句，例如如下示例代码。

```
<link rel="stylesheet" href="main.css"
```

而在 CSS 的设计中，特别是应用于较大的网站设计中时，应该根据内容建立不同的 CSS 文件，例如，base.css 用于公用的、基本的样式表定义；edit.css 用于编辑网页的样式表定义；detail.css 用于详细内容网页的样式表定义。然后，在 main.css 文件中通过 import 语句将这些 CSS 文件集中在一起，示例如下。

```
@import url("base.css");
@import url("edit.css");
@import url("detail.css");
…
```

3.2 CSS 用于响应式网页布局设计

网页布局是网页设计的最基本的内容，最常用的网页布局有单列式、两列式、三列式等，如图 3-19 所示。

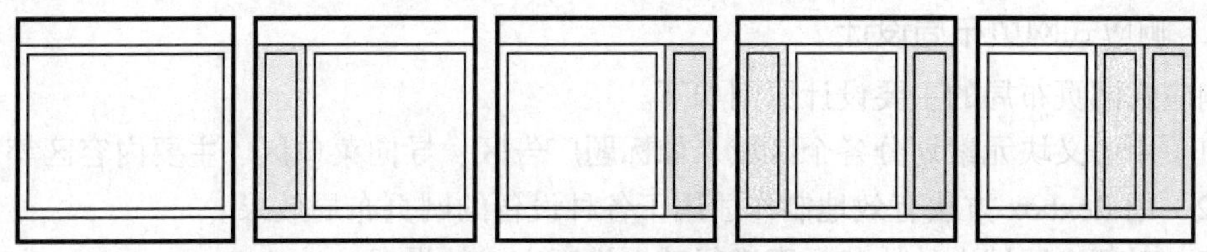

图 3-19　常用的网页布局方式

响应式网页布局设计可以使网页在不同尺寸的屏幕上都具有很好的显示效果，如图 3-20 所示。

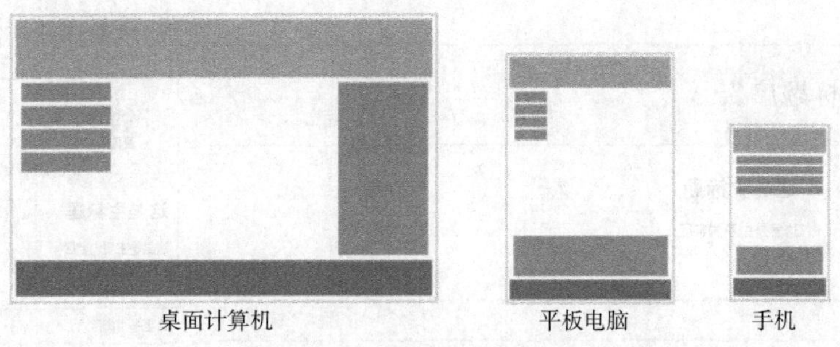

图 3-20　响应式网页布局

1．响应式设计基础

（1）设置 viewport 属性

在 meta 元素中按下述语句设置 viewport 属性，可以保证网页在手机上显示时不缩小内容比例。

```
<meta name="viewport" content="width=device-width, initial-scale=1">
```

（2）CSS 的 media 语句

CSS 的 media 语句描述的是在不同的屏幕尺寸下应用不同的 CSS 设置，例如下述代码，默认状态下的网页背景色为绿色，而当屏幕宽度小于 500px 时背景色为蓝色。

```
body {
  background-color: lightgreen;
}
@media only screen and (max-width: 500px) {
  body {
    background-color: lightblue;
  }
}
```

（3）图片/视频的响应式显示

将图片/视频的宽度 width 属性设置为 100%，那么在不同尺寸的屏幕中，图片就会自动按比例变化，以适应屏幕的宽度。例如如下示例。

```
img {
  width: 100%;
  height: auto;
}
```

2. 响应式网页布局设计

响应式网页布局的主要设计原则如下。

（1）用语义块元素划分各个区域，如标题广告区、导向菜单区、主要内容区等。

（2）用 flexbox 方法有效地制作适用于各种设备的网页布局效果。

（3）对每个区域中的块状元素进行基本排版方式的设置。

（4）响应式布局设置。

示例 3-9 制作图 3-21 所示的两种排版方式的响应式网页布局效果。

图 3-21 两种排版方式的响应式网页布局效果

程序文件名：ch3_09.html。

操作步骤如下。

① 根据网页内容制作各个块元素，其中 class 为 container 的是最外面的 div 元素，里面包括各个语义块元素，例如 header（标题广告区）、nav（左菜单导向区）、article（主要

内容区）以及 footer（页脚区）4 个区域。

```
<div class="container">
  <header></header>
  <nav></nav>
  <article></article>
  <footer></footer>
</div>
```

② 在各个区域中加入一些内容，得到图 3-22 所示的效果。

```
<div class="container">
    <header>
      <h1>这里是标题广告</h1>
    </header>
    <nav>
      <ul>
        <li><a href="#">菜单 1</a></li>
        <li><a href="#">菜单 2</a></li>
        <li><a href="#">菜单 3</a></li>
      </ul>
    </nav>
    <article>
      <h2>这是主标题</h2>
      <p>这里是主要内容区</p>
      <p>…</p>
    </article>
    <footer>
      这里是页脚区
    </footer>
  </div>
```

图 3-22　网页内容

③ 用 flexbox 方法定义各个区域的样式表。

● 外围框元素 container 用 flex 方式沿行方向多行布局，并对各个区域设置 flex 属性，示例代码如下。

```
.container {
```

```
  display: flex;
  flex-flow: row wrap;      /*沿行方向多行布局*/
  border: 1px solid #999;
}
header, footer {
  flex: 1 100%;             /*宽度为屏幕的宽度*/
  background: #eee;
}
nav { flex: 1; }            /*宽度为屏幕宽度的 1/3*/
article { flex: 2; }        /*宽度为屏幕宽度的 2/3*/
```

● 按下述语句在 CSS 中设置各个区域的其他排版样式，就会得到图 3-21 左图所示的效果。

```
.container > * {
  padding: 10px;
   border: 1px solid #000;
}
```

④ 响应式布局设置。在 CSS 的 media 语句中按下述语句设置，当屏幕宽度小于 500px 时，就会得到图 3-21 右图所示的效果。

```
@media screen and (max-width: 500px) {    /*屏幕最大宽度为 500px*/
  nav,article {flex:1 100%}
}
```

3.3 CSS 用于菜单设计

在网页设计中，菜单是最常用的一个组件。设计菜单时，首先必须选择菜单的形式，如图 3-23 所示。

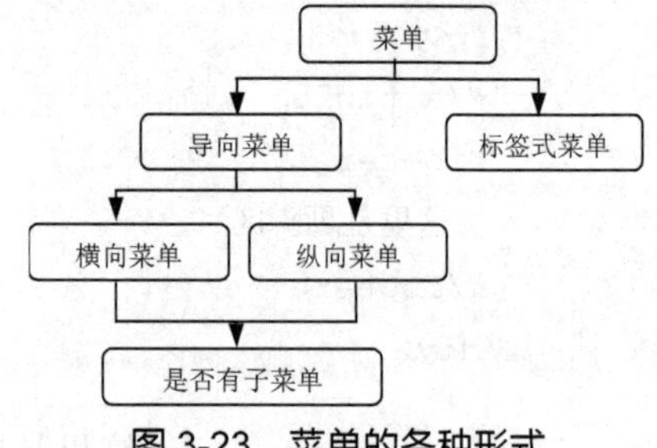

图 3-23 菜单的各种形式

1. 设计步骤

一般菜单的设计步骤如下。

① 以列表项的形式写出菜单的内容，列表项中包含链接，例如如下示例。

```
<nav>
  <ul>
    <li><a href="#">主页内容</a></li>
    <li><a href="#">搜索引擎</a></li>
    <li><a href="#">联系我们</a></li>
  </ul>
</nav>
```

② 通过样式表的定义改变菜单的表现形式，如去掉列表项符号、在菜单之间加上分隔线、为菜单项加上背景色或背景图片等。

③ 如果需要，加上 JavaScript 程序，以便更好地控制菜单。

2. 简单的导向菜单

示例 3-10 制作图 3-24 所示的简单的导向菜单条。其中，单击“主页内容”链接将打开 ch3_10_home.html 网页；单击“搜索引擎”链接将打开 ch3_10_search.html 网页；单击“联系我们”链接将打开 ch3_10_contact.html。上述 3 个网页中都包含该菜单条，但是，当前所在页的菜单项背景为浅蓝色。

程序文件名：ch3_10_home.html、ch3_10_search.html、ch3_10_contact.html、ch3_10_menu.css。

操作步骤如下。

① 新建一个 HTML 文档 ch3_10_home.html，在 body 元素中制作一个 nav 元素，class 为 menu，其中包含列表项组成的菜单，得到图 3-25 所示的菜单内容，示例代码如下。

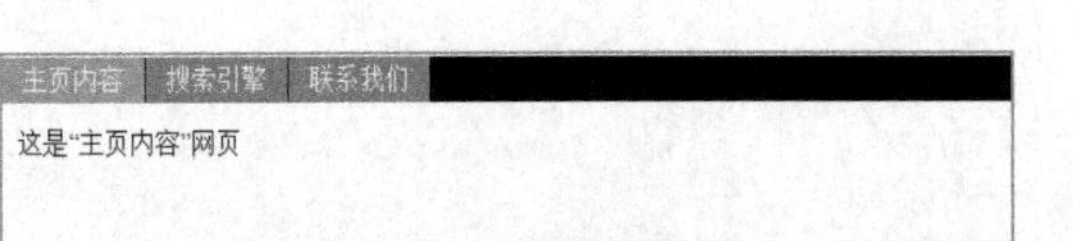

图 3-24 简单的导向菜单条

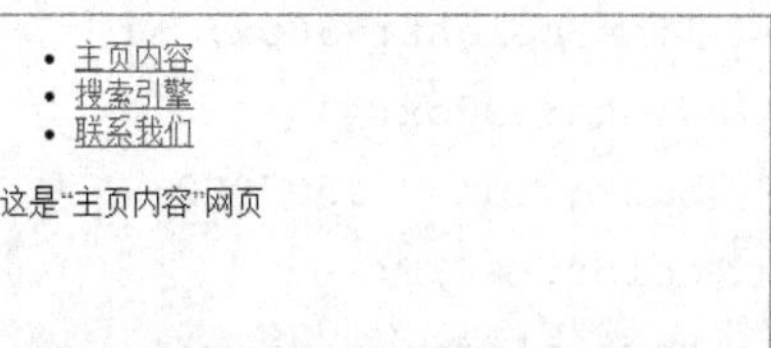

图 3-25 菜单项内容

```
<nav class="menu">
  <ul class="clearfix">
    <li><a href="ch3_10_home.html">主页内容</a></li>
    <li><a href="ch3_10_search.html">搜索引擎</a></li>
    <li><a href="ch3_10_contact.html">联系我们</a></li>
  </ul>
</nav>
<div class="content">
  这是“主页内容”网页
</div>
```

② 在 head 元素中插入外部样式表文件定义的 link 元素，示例代码如下。

```
<link rel="stylesheet" href="ch3_10_menu.css">
```

③ 新建一个外部样式表文件 ch3_10_menu.css，在其中定义下列样式表，示例代码如下，得到图 3-26 所示的菜单项横向排列的效果。

```
body {
    margin:0;              /*菜单紧贴屏幕边*/
}
.menu ul {
  margin: 0;
  padding: 0;
}
.menu li{
  padding: 0;
  margin: 0;
```

```
  box-sizing: border-box;
  list-style: none;            /* 取消列表项符号 */
  float: left;                 /* 横向排列 */
}
.menu li a.item {
  display: block;              /* 块状显示，以便背景色充满 */
  box-sizing: border-box;
  margin: 0 1px 0 0;
  padding: 0 10px;
  height:30px;
  line-height: 30px;
  width: 90px;
  background: #5970B2;
  color: #FFF;
  text-align: center;
  text-decoration: none        /* 取消下画线 */
}
.menu li a:hover {
  background: #49A3FF;
}
.content {
  clear:both;  /* 清除横向排列 */
  box-sizing: border-box;
  padding:10px;
}
.clearfix {   /*用于该元素之后清除 float*/
    clear: both;
}
.clearfix:after {
    clear: both;
    content: "";
    display: table;
}
```

④ 用上述同样的方法新建 ch3_10_search.html 和 ch3_10_contact.html。

⑤ 为了显示当前页的菜单项，为每个网页的 body 元素进行标识，例如如下示例。

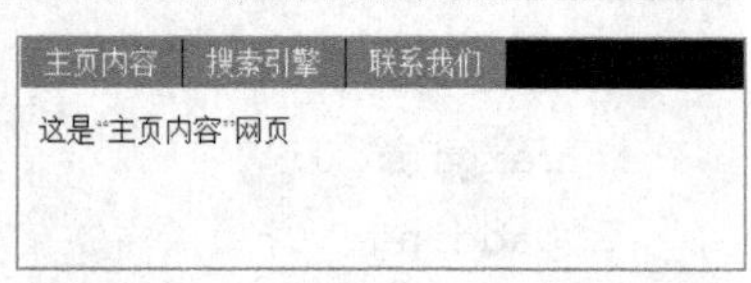

图 3-26　将菜单项横向排列的效果

```
ch3_10_home.html:            <body id="home">
ch3_10_search.html:          <body id="search">
ch3_10_contact.html:         <body id="contact">
```

然后为每个菜单项定义一个 class，例如如下示例。

```
<ul>
  <li><a href="ch3_10_home.html" class="home item">主页内容</a></li>
  <li><a href="ch3_10_search.html" class="search item">搜索引擎</a></li>
  <li><a href="ch3_10_contact.html" class="contact item">联系我们</a></li>
</ul>
```

这样，在样式表定义中，#home a.home、#search a.search、#contact a.contact 分别表示当前页的菜单项。在样式表定义中加入下列样式表名的定义，就可以完成简单导向菜单条的设计了。

```
#home a.home,  #search a.search,  #contact a.contact {
  background: #49A3FF;
  cursor:default;                    /* 取消链接光标 */
}
```

3. 简单的标签菜单

标签菜单的特点如图 3-27 所示，标签菜单中的当前标签项与标签内容框连为一体。

示例 3-11 如图 3-27 所示，“照片”标签对应的网页是 ch3_11_photo.html，“录像”标签对应的网页是 ch3_11_video.html，“日记”标签对应的网页是 ch3_11_journal.html。

程序文件名：ch3_11_photo.html、ch3_11_video.html、ch3_11_journal.html、ch3_11_tabs.css。

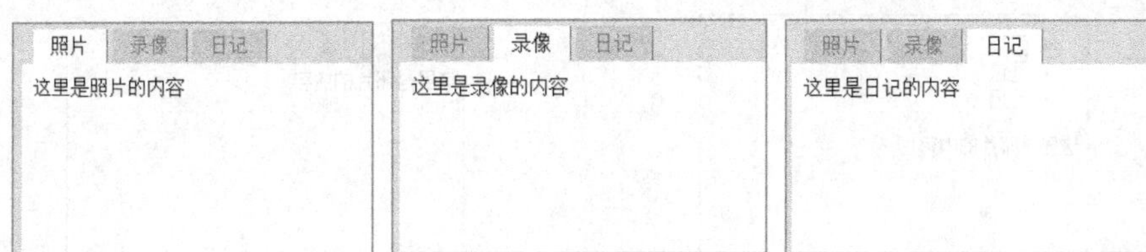

图 3-27 标签式菜单条

操作步骤如下。

① 新建一个 HTML 文档 ch3_11_photo.html，在其中的 body 元素中制作一个 nav 块元素和一个 div 块元素，class 分别为 tabs 和 content；在 tabs 中用 ul 和 li 元素制作菜单的内容，在 content 中放置标签框的内容，示例代码如下，得到图 3-28 所示的菜单内容。

```
<nav class="tabs">
  <ul>
    <li><a href="ch3_11_photo.html">照片</a></li>
    <li><a href="ch3_11_video.html">录像</a></li>
    <li><a href="ch3_11_journal.html">日记</a></li>
  </ul>
</nav>
<div class="content">这里是照片的内容</div>
```

② 在 head 元素中插入外部样式表定义的 link 元素，示例代码如下。

```
<link rel="stylesheet" href="ch3_11_tabs.css">
```

③ 新建一个外部样式表文件 ch3_11_tabs.css，定义下述样式表，将菜单内容变为横向

排列的形式，并为每个菜单项加上背景色，然后改变链接的颜色，取消链接的下画线，得到图 3-29 所示的效果。值得注意的是，在 ul 元素中要设置与 li 元素中相同的上、下间距值。

```
.tabs ul {
  box-sizing: border-box;
  margin: 0 10px;                /* 起始标签缩进 10px */
  padding: 5px 0;                /* 与下面 li 元素的上、下间距值一样 */
}
.tabs li {
  box-sizing: border-box;
  padding: 5px 15px;
  list-style: none;              /* 取消列表项符号 */
  display: inline;               /* 横向排列 */
  background-color:#d5d0ba;      /* 背景色 */
  border-right:1px solid #666; /* 分隔线 */
}
.tabs a {
  color:#776655;
  text-decoration:none;          /* 取消下画线 */
}
```

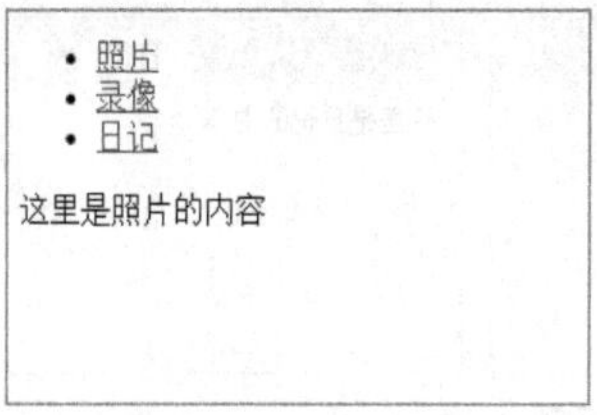

图 3-28　制作菜单内容

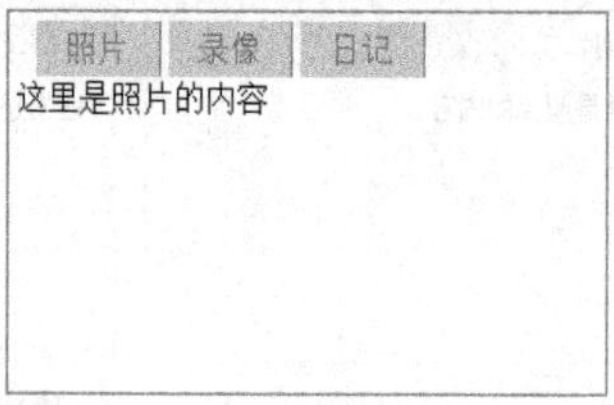

图 3-29　将菜单项横向排列的效果

④ 为了使菜单项更像标签，加入下述样式表定义，即设置网页背景色及标签内容框的高度，示例代码如下。

```
body {background:#F5DEB3;}
.content {
    box-sizing: border-box;
    background:#fff;
    height:500px;
    padding:10px
}
```

⑤ 使用制作简单的导向菜单的方法设置当前使用的标签，示例代码如下。

每个网页的 body 元素标识名如下。

```
ch3_11_photo.html:    <body id="photo">
ch3_11_video.html:    <body id="video">
ch3_11_journal.html:  <body id="journal">
```

每个标签项的样式名如下。

```
<li class="photo"><a href="ch3_11_photo.html">照片</a></li>
<li class="video"><a href="ch3_11_video.html">录像</a></li>
<li class="journal"><a href="ch3_11_journal.html">日记</a></li>
```

当前标签的样式如下。

```
#photo li.photo , #video li.video  , #journal li.journal {
  border-bottom: 1px solid #fff;    /* 下边框线为白色 */
  background:#fff;                  /* 背景为白色 */
}
#photo li.photo a, #video li.video a , #journal li.journal a{
  color:#000000;                    /* 文字为黑色 */
}
```

这样就可以得到图 3-27 所示的标签菜单的效果。

4. 响应式菜单设计

当屏幕宽度变窄时，菜单条往往需要竖方向显示，按下述方法修改示例 3-11，当屏幕宽度变窄时，就可以得到图 3-30 右图所示的效果。

图 3-30 响应式菜单

① 修改文件 ch3_10_home.html。首先对 nav 元素加入标识名 myMenu，然后在 li 元素后面加入菜单图标，最后在 head 元素中加入 JavaScript 代码（它的效果是，当用户单击图标时，在 nav 元素上添加 class 名 narrow），示例代码如下。

```
<head>
  <meta charset="UTF-8">
  <meta name="viewport" content="width=device-width, initial-scale=1">
  <title>导向菜单条</title>
  <link rel="stylesheet" href="ch3_10_menu.css">
  <script>
    function doMenu() {
      var x = document.getElementById("myMenu");
      if (x.className === "menu") {
```

```
        x.className += " narrow";
      } else {
        x.className = "menu";
      }
    }
  </script>
</head>
...
<nav class="menu" id="myMenu">
    <ul class="clearfix">
      <li><a href="ch3_10_home.html" class="home">主页内容</a></li>
      <li><a href="ch3_10_search.html" class="search">搜索引擎</a></li>
      <li><a href="ch3_10_contact.html" class="contact">联系我们</a></li>
      <li class="icon"><a href="javascript:doMenu()">&#9776;</a></li>
    </ul>
  </nav>
```

② 在 ch3_10_search.html 和 ch3_10_contact.html 文件中做上述修改。

③ 在 CSS 文件 ch3_10_menu.css 中加入下述代码，完成操作。当屏幕宽度大于 600px 时，就会得到图 3-30 左图所示的效果；当屏幕宽度小于 600px 时，就会得到图 3-30 右图所示的效果。

```
...
.menu .icon {        /*默认状态下不显示该图标*/
    display:none;
}
@media screen and (max-width: 600px) {   /*屏幕宽度小于 600px 时起作用*/
    .menu li:not(:first-child) {display: none;}   /*只显示第一个菜单项*/
    .menu li.icon {   /*菜单按钮在最右边*/
        float: right;
        display: block;
    }
    .menu li.icon a {
        width:30px;
    }
    /* 下述代码在用户单击菜单钮时起作用 */
    .menu.narrow {position: relative;}
    .menu.narrow .icon {
        position: absolute;
        right: 0;
        top: 0;
        height:100%;
    }
    .menu.narrow li {
        float: none;
```

```
        display: block;
        text-align: left;
        margin-top:1px;
    }

}
```

3.4 CSS 其他设计原则

CSS 的主要设计原则就是简洁、明了、有效，下述原则对 CSS 的初学者尤其重要。

1. 有效地定义样式名

当定义样式名时，表达的应该是样式所控制的元素类型，而不应该是样式所显示的方式，因为样式所显示的方式会被修改。例如，下述样式名中，后者较前者好一些，因为一旦其中的背景色被修改，它的名称就会失去意义。

```
.green-box {
     background-color: green;
  padding-right: 40px;
}
```

上述代码应该写为如下形式。

```
.top-box {
  background-color: green;
  padding-right: 40px;
}
```

2. 尽量使用 CSS 的简写方式

CSS 中的许多样式表定义都有简写方式，如 font、padding、margin、border 等。下述两种样式表定义中，后者更为简洁、明了。

（1）没有简写示例代码。

```
p {
  padding-top: 20px;
  padding-right: 40px;
  padding-bottom:  30px;
  padding-left: 10px;
}
```

（2）简写示例代码。

```
p { padding: 20px 40px 30px 10px; }
```

3. 有效地控制边距和间距

CSS 设计中最常碰到的问题是，相同的样式表定义在不同的浏览器中时显示效果不同，主要原因是不同的浏览器对于 HTML 元素的默认边距值、间距值不相同。例如，p 元素和 h 元素（h1、h2 等）在 Firefox 浏览器中默认情况下都会有上、下边距值（margin），而在

IE 浏览器中则往往只有下边距值。因此，在 CSS 设计中最好初始化这些默认值，并且设置 box-sizing 为 border-box，例如如下示例。

```
html,body {margin:0;padding:0; box-sizing:border-box;}
p {margin:0 0 1em 0;padding:0; box-sizing:border-box;}
h1 {margin:0 0 .7em 0;padding:0; box-sizing:border-box;}
form {margin:0;padding:0; box-sizing:border-box;}
ul {margin:0;padding:1em; box-sizing:border-box;}
```

4. 不要定义默认值

对于许多 CSS 的默认值，不应该再去定义，例如下述定义就是没有意义的。

```
body { font-weight:normal; }
```

5. 尽量使用已有的 HTML 元素

div 元素是网页布局最常用的块状元素，但是，大多数情况下应该尽量使用 HTML 已有的语义元素和块状元素，如 header、nav、section、p、h1、h2、h3、h4、h5、h6、ul 及 ol 等。例如下述语句。

```
<div id="header">
  <div class="bold">Heading</div>
</div>
<div id="subheader">
 <div class="bold">Sub Heading</div>
</div>
<div>This is the content</div>
```

上述语句可以简化为如下形式。

```
<h1>Heading</h1>
<h2>Sub Heading</h2>
<p>This is the content</p>
```

6. 尽量组合定义样式

如果一些元素具有相同的样式表定义，应该使用成组定义的方式。例如，如果各种标题都有相同的字体、颜色及边距等，就可以按下述方式成组定义。

```
h1,h2,h3 {
  font-family:Arial,Helvetica,Lucida,Sans-Serif;
  color:#000;
  margin:1em 0;
}
```

7. 验证 CSS

网页设计完成后，应通过万维网联盟（W3C）的 CSS 验证网站来验证网页中的 CSS 设计和使用。

第 4 章 JavaScript 简介

本章主要内容：

- 什么是 JavaScript
- 编辑与调试 JavaScript
- 第一个 JavaScript 示例

4.1 什么是 JavaScript

4.1.1 JavaScript 的发展历史

JavaScript 是 1995 年由美国 Netscape 公司的布瑞登 · 艾克（Brendan Eich）为 Navigator 2.0 浏览器的应用而发明的。它是写在 HTML 文档中的一种基于对象和事件驱动并具有安全性能的脚本语言。当用户在客户端的浏览器中打开网页时，浏览器就会执行 JavaScript 程序，让用户通过交互式的操作变换网页显示的内容，实现 HTML 语言所不能实现的一些功能。例如，当鼠标指针经过某一菜单项时，其对应的图片会产生变换，如图 4-1 所示；或者当用户在文本框中输入文字后，会校验输入的内容，并产生警告信息；或者当用户单击某一按钮后，改变网页中某一区域文字的颜色和大小等。

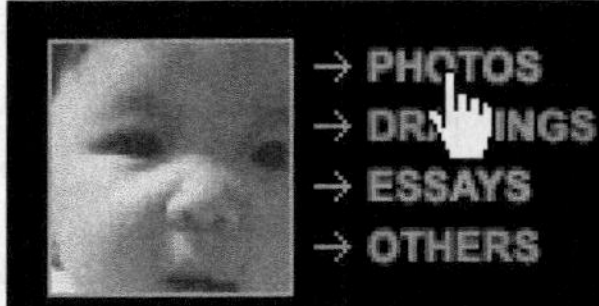

图 4-1 JavaScript 应用实例

JavaScript 在 Navigator 2.0 浏览器中成功应用后不久，美国 Microsoft 公司相继推出了用于 Internet Explorer 浏览器中的类似于 JavaScript 的程序语言——JScript。从此以后，这两个当初最为流行的浏览器，即 Netscape 的 Navigator 浏览器（现在已经变更为 Mozilla 的 Firefox 浏览器）和 Microsoft 的 Internet Explorer 浏览器，在不断提高浏览器版本的同时，也在不断地更新其所用的脚本程序的版本。1997 年，作为国际信息和通信系统标准权威的欧洲计算机制造协会(ECMA)，在 Netscape JavaScript 1.5 版本的基础上制定了"ECMAScript 程序语言的规范书"，又称为"ECMA-262 标准"。该标准已被国际标准组织（ISO）采纳，作为各种浏览器生产开发所使用的脚本程序的统一标准。本书主要介绍的是用于浏览器的通用脚本式语言，因此，本书将使用"JavaScript"一词同时代表上述两种程序语言。

4.1.2 JavaScript 的特点

由上述 JavaScript 的发展历史可以看出，JavaScript 是一种解释性的、用于客户端的、基于对象的程序开发语言。

1. 解释性的

不同于一些编译性的程序语言，如 C、C++或 Java 等，JavaScript 是一种解释性的程序语言，即它的源代码将不经过编译，在浏览器中运行时直接被“翻译”，因此，它又称为“脚本式”语言。

由于 JavaScript 的这一特点，在编写 JavaScript 程序时，将很难预计运行程序所使用的硬件环境、操作系统以及浏览器等。因此，当开发 JavaScript 程序时，不应该仅使用其最高版本的特性和功能，还必须考虑到有些人有可能仍然在使用旧版本的浏览器。

另外，考虑到程序有可能将会使用 5 年或 10 年，因此，在编写 JavaScript 程序的过程中，应尽量兼容各种硬件环境、各种操作系统以及各种不同浏览器的功能和特性，这样才能够写出真正实用的、跨平台的、跨浏览器的 JavaScript 应用程序。

2. 用于客户端的

JavaScript 包含服务器端应用和客户端应用两个方面，其中客户端的应用更为广泛，它也是本书的主要介绍内容。

当 JavaScript 程序运行在客户端浏览器时，它就被称为“客户端”的程序。明确这一点将有助于编写 JavaScript 程序时进行构思。

图 4-2 所示为 Internet 网页显示过程。当一个网页在浏览器中通过网址申请后，服务器端的程序根据用户的申请，与数据库之间进行存取数据的操作，然后将用户所需的数据送回浏览器。从上述过程可以看出，用于客户端的 JavaScript 不同于运行在服务器端的程序（如 Java、.Net 等，常用于存取用户所需的数据内容）。客户端的程序用于校验用户输入数据、根据用户的操作改变网页的画面或者进行动画处理等“界面”性的工作。

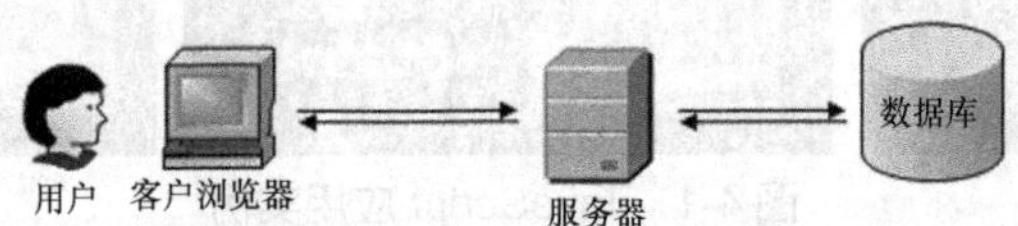

图 4-2　Internet 网页显示过程

3. 基于对象的

JavaScript 是一种基于对象的程序设计语言，它将显示在浏览器网页中的任何一种元素，如按钮、文字框、图像等，都作为“对象”进行处理，而网页中各元素之间的关系都被描述为各“对象”的层次结构关系，这种关系称为“文档对象模型（DOM）”。与文档对象模型类似的是浏览器对象模型（BOM），它描述的是浏览器中的各对象及其关系，例如，浏览器显示的网页链接、浏览器窗口的大小尺寸、暂存在浏览器中的数据信息以及通过浏览器弹出的警告窗口等。

图 4-3 所示为 HTML 文档对象模型和浏览器对象模型结构示例。实际上，JavaScript 程序的核心功能就是用其基本编程方法对这些对象进行处理，使网页中的各元素不再是不变的“静态”元素，而是可以根据用户的不同要求“动态”地显示出来，所以 JavaScript

程序是制作动态网页的基本工具之一，相关操作将在“7.3 动态改变网页和样式”节中进行详细说明。

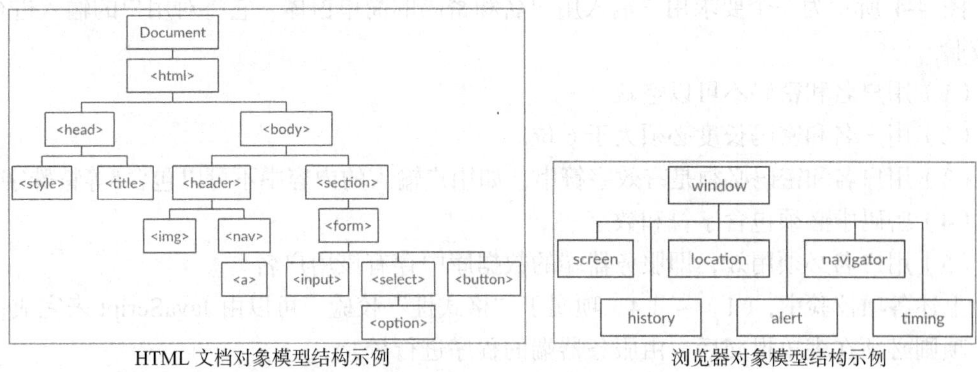

HTML 文档对象模型结构示例　　　　浏览器对象模型结构示例

图 4-3　DOM 和 BOM

4. 与 Java 比较

在 Netscape 公司发明 JavaScript 的初期，关于“选择什么样的程序语言作为开发浏览器程序的工具”这一问题，曾有过很大的争议，其中一方的意见是推荐使用 Java 作为开发浏览器程序的工具，因为它功能强大，并且已经发展得较为成熟。但是更多人赞同使用“脚本式”的语言进行开发，因为它最大的优点是易学易用，是一种“轻量级”的程序语言，因此，最终出现了 JavaScript——与 Java 名称很像的脚本式语言。

这两种程序设计语言的名字相像，它们使用的编程语法结构也有许多相似之处，并且它们都是用于 Internet 的应用，而这些应用又都使用浏览器，因此初学者很容易混淆。表 4-1 列出了这两种程序语言的主要区别。

表 4-1　JavaScript 与 Java 的主要区别

JavaScript	Java
在客户端运行时被解释	编译后变成机器码，运行在服务器端或客户端
程序源代码嵌入 HTML 文件中	由 Java 开发的 Applets 与 HTML 无关
没有严格的数据类型	具有严格的数据类型
由美国 Netscape 公司的 Brendan Eich 发明	由美国 Sun Microsystems 公司的 James Gosling 发明
只能在浏览器中应用	可以作为独立的应用程序
只作用于 HTML 文档的对象元素	可以作用于 HTML 元素外的对象，如多媒体

4.1.3　JavaScript 的作用

在 Internet 的浏览器中运行 JavaScript，主要目的是在客户端动态地、与用户交互式地完成一些 HTML 文档所不能实现的功能。JavaScript 的常用功能如下。

1. 校验用户输入的内容

对于一般的 Internet 应用软件，用户输入内容的校验常分为两种，即“格式性”校验和“功能性”校验。其中，“功能性”校验常常与服务器端的数据库相关联，因此，这种校验必须将网页窗体提交到服务器端后才能进行；而“格式性”校验可以只发生在客户端，即在窗体提交到服务器端之前完成。JavaScript 常用于对用户输入的内容进行“格式性”校验。

图 4-4 所示为一个要求用户输入用户名和密码的简单窗体，它将对用户的输入进行下述校验。

（1）用户名和密码不可以空缺。

（2）用户名和密码长度必须大于 6 位。

（3）用户名和密码必须是有效字符串，如用户输入的内容中不可以包含#等特殊字符。

（4）密码中必须包含字符和数字。

（5）用户名必须用效，即服务器端的数据库中存有该用户名。

上述各项校验中，（1）~（4）项属于“格式性”校验，可以由 JavaScript 来完成；第（5）项则必须在表单提交后，由服务器端的程序进行校验。

有关“校验用户输入内容”功能的具体实现方法，将在“7.2.3 表单及其控件元素对象”小节及“9.3 校验用户输入”节内容中详述。

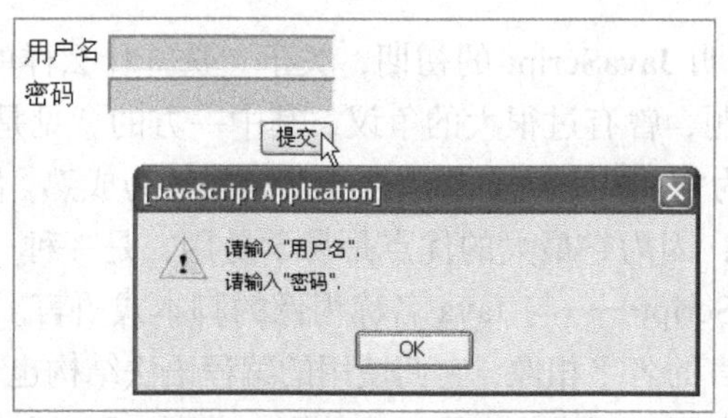

图 4-4 校验用户输入的内容

2. 有效地组织网页内容

当网页中需要用户输入的窗体内容很多时，有效地编排、组织用户输入的内容，尽量减少用户选项，制作友好的用户界面，是网页设计的一个主要内容。JavaScript 常用于完成这一任务。

例如，对于图 4-5 所示的表单，如果用户选择“长方形”，则要求用户输入“长度”“宽度”和“颜色”域的内容；如果用户选择“正方形”项，则隐藏“宽度”域，并且在这种状态中，当用户单击“提交”按钮提交表单时，“宽度”域的变量名将不会传递给服务器端的程序。

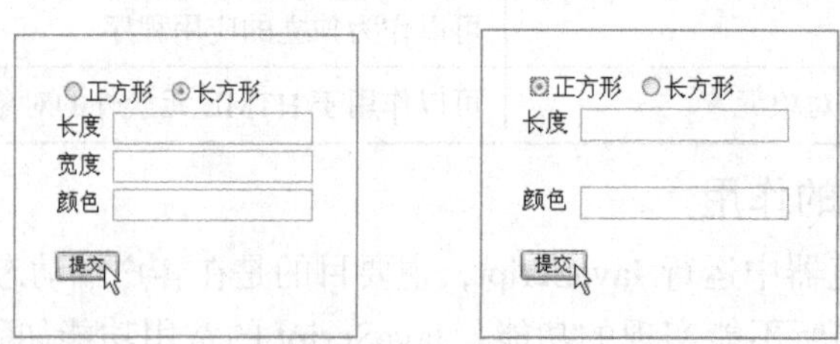

图 4-5 根据用户的选择显示不同的输入域

上述示例的相关内容及实现方法，将在“7.3.2 动态改变网页样式”小节内容中进行详述。

3. 动态地显示网页内容

JavaScript 常用于完成不用通过服务器端处理，而仅在客户端动态显示网页内容的功能，这样既可以节省网页与服务器端之间的通信，又可以制作出便于用户使用的友好界面。例如，在网页的一角动态地显示时钟或显示离指定的日期还差多少天（详见“6.4 日期对象”及“9.7 动画技术”节内容）、在两个列表之间移动元素（如图 4-6 所示，详见“7.2.3 表单及其控件元素对象”）；或者，当用户在多行文本框中输入内容时，每输入一个文字，其上方自动显示已输入文字的个数，如图 4-7 所示。

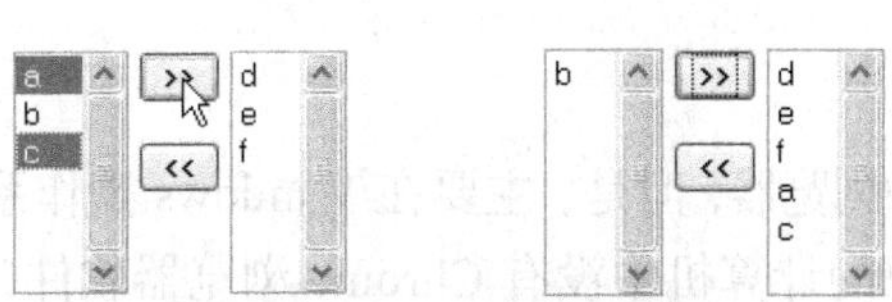

图 4-6 在两个列表之间移动元素

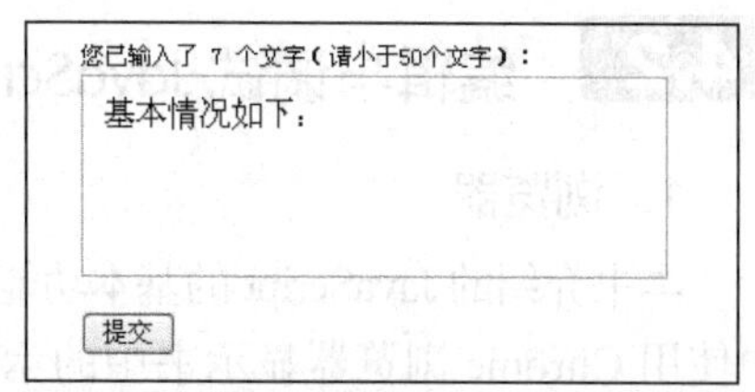

图 4-7 自动显示用户输入的文字个数

4. 弥补静态网页不能实现的功能

利用 JavaScript 还可以实现一些静态网页不能实现的功能，例如一些特殊的网页，如网上测验网页，不允许用户通过浏览器的工具栏中的“返回”按钮或快捷菜单中的“Back（返回）”命令返回上一页，如图 4-8 所示。实现方法详见“8.5 历史记录对象”节内容。

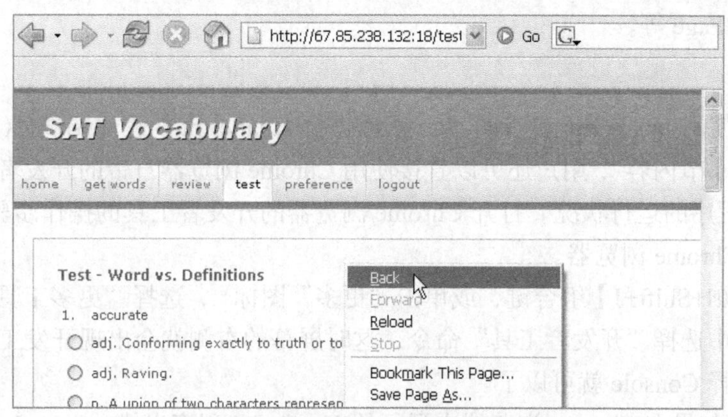

图 4-8 使浏览器的“返回”功能无效

5. 动画显示

网页中的动画可以使网页显得更加生动，在图 4-9 所示的网页中，当鼠标指针移向不同的链接时，网页中的卡通眼珠就会向该链接“看齐”，这样的网页设计往往比单纯显示文字链接的网页更能吸引人，具体实现方法详见“7.2.5 图像对象”小节内容。

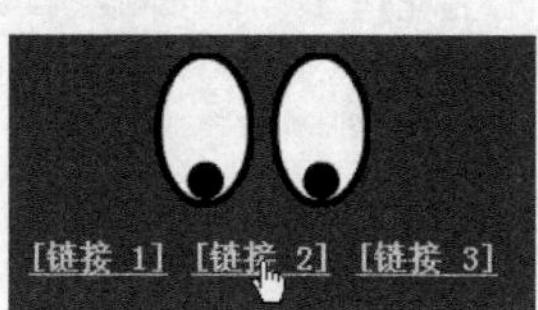

图 4-9 动画链接

动画技术不仅可以用于网上游戏、广告、演示等网页的制作，还可以用于一般应用网页的制作。例如，当网页的内容很多时，可以显示一段“请等候……”的动画信息，或显示一个下载过程的进度条，如图 4-10 所示；网上测试的网页可显示一个倒计时、倒计数的计时器或计数器等。有关动画显示的具体制作方法详见“9.7 动画技术”节内容。

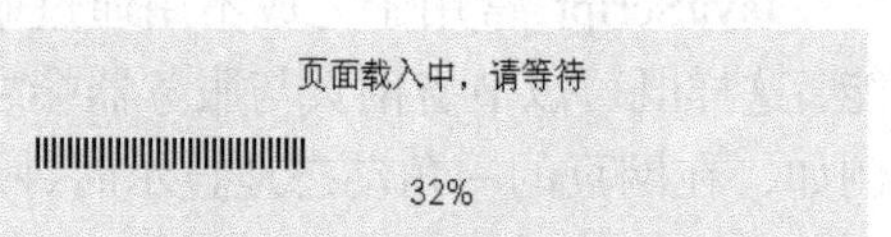

图 4-10　动态显示网页下载过程的进度条

4.2 编辑与调试 JavaScript

1．浏览器

本书介绍的 JavaScript 的基本功能将适应于各种浏览器，但是，主要在 Windows 操作系统中使用 Chrome 浏览器显示书中的示例。如果用户的计算机中没有 Chrome 浏览器软件，可以到 Google 网站下载。

2．编辑软件

编辑 JavaScript 程序可以使用任何一种文本编辑器，如 Windows 系统中的记事本、写字板等应用软件。由于 JavaScript 程序可以嵌入 HTML 文档中，因此，读者可以使用任何一种编辑 HTML 文档的工具软件编辑 JavaScript 程序，如 Macromedia Dreamweaver 和 Microsoft FrontPage 等。

3．调试

除了可以使用 JavaScript 自带的 alert 函数进行 JavaScript 的程序调试外（详见“8.3.3 输入/输出信息”小节内容），用户还可以直接使用 Chrome 浏览器自带的开发者工具清楚地显示 JavaScript 程序的运行状况。打开 Chrome 浏览器的开发者工具的操作步骤如下。

① 打开 Chrome 浏览器。

② 按【Ctrl+Shift+J】组合键，或单击“更多”图标 ⋮，选择“更多工具”命令，在打开的级联菜单中选择“开发者工具”命令，这时屏幕的右侧就会出现开发工具栏，在其上方的标签中选择 Console 就可以了。

③ 这时，如果在 Chrome 浏览器中运行的 JavaScript 程序出错，Console 就会显示其出错文件名的链接及位置，如图 4-11 所示，单击该链接，就可以显示出错误语句所在的位置，如图 4-12 所示。

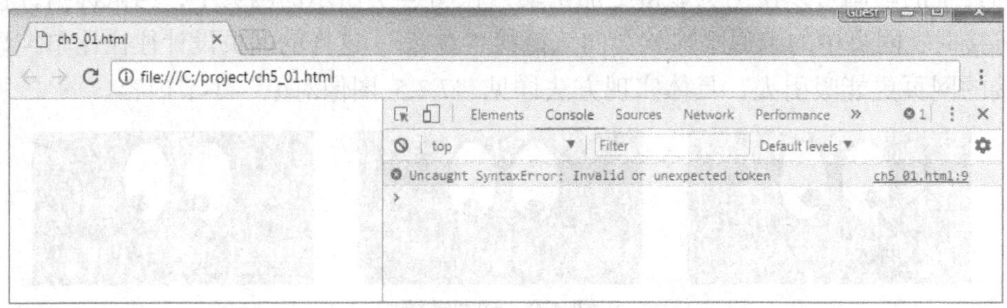

图 4-11　JavaScript Console 的出错信息

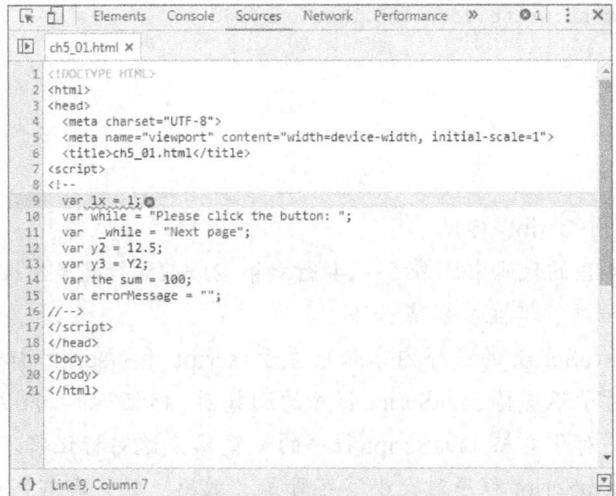

图 4-12　在 Chrome 浏览器中调试 JavaScript 程序

4.3　第一个 JavaScript 示例

4.3.1　编写 JavaScript

示例 4-1 是一个简单的在 HTML 程序中嵌入 JavaScript 程序的示例。首先在文本编辑器中输入该程序（注意，其中的行号用于本书的讲解，程序中不要输入行号），保存文件名为 ch4_01.html。

示例 4-1　第一个 JavaScript 程序。

程序文件名：ch4_01.html。

```
<!DOCTYPE HTML>
<html>
<head>
 <title>First JS code</title>
 <script>
 <!--
  function getArea() {
   var r = 10;
   var sqrR = r * r;
   var s = Math.PI * sqrR;
   alert("半径为10米的圆面积是" + s + "平方米");
  }
 //-->
 </script>
</head>
<body>
  <form>
    <input type="button" value="计算" onClick="getArea()">
  </form>
  上一次网页更新日期:
  <script>
  <!--
```

```
23      document.write(document.lastModified);
24    //-->
25    </script>
26  </body>
27  </html>
```

1. 使用<script>标记

示例 4-1 的代码中，第 5～14 行和第 21～25 行就是嵌入 HTML 文档中的 JavaScript 程序，其主要特点如下。

- JavaScript 的程序内容必须置于<script>和</script>标记中。
- 对于不支持 JavaScript 程序的浏览器，标记 <!-- 和 //-->中的内容会被隐藏起来；对于支持 JavaScript 程序的浏览器，这对标记将不起任何作用。
- JavaScript 程序对大小写字母是“敏感”的，即在同一个程序语句中，使用大写字母或小写字母将代表不同的意义。在示例 4-1 中，如果将第 23 行中的 document 改写成 Document，程序就会出错，因为 document 是 JavaScript 的保留关键字，而 Document 则不是。

2. JavaScript 程序在 HTML 文档中的位置

JavaScript 程序在 HTML 文档中的位置没有严格的规定，但是，根据 JavaScript 程序的功能和作用，一般将 JavaScript 程序置于下述 3 个位置。

- 在 HTML 的<body>标记中的任何位置。如果所编写的 JavaScript 程序用于输出网页的内容，应该将 JavaScript 程序置于 HTML 文档中需要显示的内容的位置。例如示例 4-1 中的第 21～25 行，使用 document.write 语句显示 HTML 文档最后编辑的日期。
- 在 HTML 的<head>标记中。如果所编写的 JavaScript 程序需要在某一个 HTML 文档中多次使用，就应该编写 JavaScript 函数（function），并将函数置于该 HTML 文档的<head>标记中，使用时直接调用该函数名就可以了。例如示例 4-1 中的第 5～14 行编写的是一个名为 getArea 的函数，第 18 行的 onClick 事件中调用了该函数。
- 在一个单独的 js 文件中。如果所编写的 JavaScript 程序需要在多个 HTML 文档中使用，或者所编写的 JavaScript 程序内容很长，这时就应该将这段 JavaScript 程序置于单独的.js 文件中（如示例 4-2 的 ch4_02.js 文件），然后在所需要应用的 HTML 文档中使用<script>标记包含该.js 文件（如示例 4-2 的 ch4_02.html 文件中的第 5 行），这样就可以在该 HTML 文档中调用.js 文件中的任意一个函数（如示例 4-2 的 ch4_02.html 文件中的第 9 行）。将 JavaScript 程序写在一个单独文件中的另一个优点是，当用户浏览器中的第一个 HTML 文档使用该.js 文件时，浏览器就会将该.js 文件下载到缓冲区中，其他 HTML 文档要使用该.js 文件时，不需要从服务器端下载，而是直接从用户的缓冲区中读取，节省了 Internet 的交互时间。

示例 4-2 使用外部文件保存 JavaScript 程序。

外部 JavaScript 文件名：ch4_02.js。

```
function getArea() {
 var r = 10;
 var sqrR = r * r;
 var s = Math.PI * sqrR;
 alert("半径为 10 米的圆面积是" + s + "平方米");
}
```

HTML 文件名：ch4_02.html。

```
<!DOCTYPE HTML>
<html>
<head>
  <title>First JS code</title>
  <script src="ch4_02.js"></script>
</head>
<body>
<form>
  <input type="button" value="计算" onClick="getArea()">
</form>
上一次网页更新日期：
<script language="JavaScript">
<!--
  document.write(document.lastModified);
//-->
</script>
</body>
</html>
```

4.3.2 运行 JavaScript 程序

按下述方法进行操作，就可以通过浏览器查看所编写的上述 JavaScript 程序的效果，具体操作如下。

① 打开 Chrome 浏览器，按【Ctrl+O】组合键。

② 打开“文件”对话框，选择打开示例 4-1 中保存的文件 ch4_01.html。

③ 在显示的网页上单击“计算”按钮，就会得到图 4-13 所示的效果。

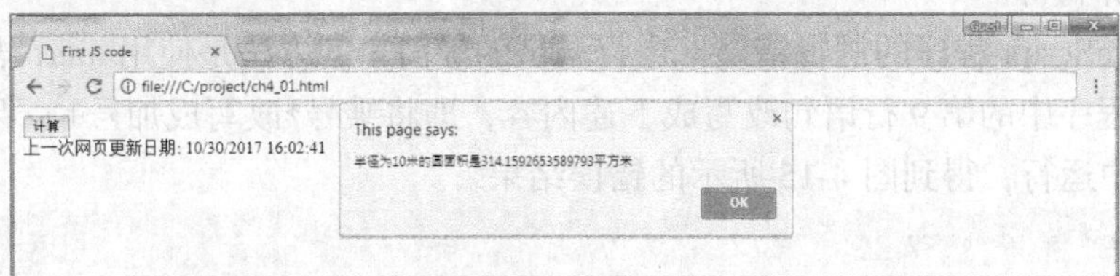

图 4-13 在浏览器中显示第一个 JavaScript 示例

4.3.3 调试 JavaScript 程序

JavaScript 程序出错类型一般分为语法错误和逻辑错误两种。

1. 语法错误

语法错误一般是由于错误地使用了 JavaScript 语句规则而造成的，如错误地使用了

JavaScript 的关键字、错误地定义了变量名等。使用浏览器的开发者工具，可以清楚地查看错误语句所在的位置。

例如，将示例 4-1 程序中的第 23 行语句改写成下述内容，即将第一个字符由小写字母改写成大写字母，保存该文件后再在浏览器中运行，程序就会出错。

```
Document.write(document.lastModified);
```

在 Chrome 浏览器中按【Ctrl+Shift+J】组合键，在打开的“Console”选项卡中就会得到图 4-14 上图所示的效果；单击“Sources”标签，就会得到图 4-14 下图所示的效果。

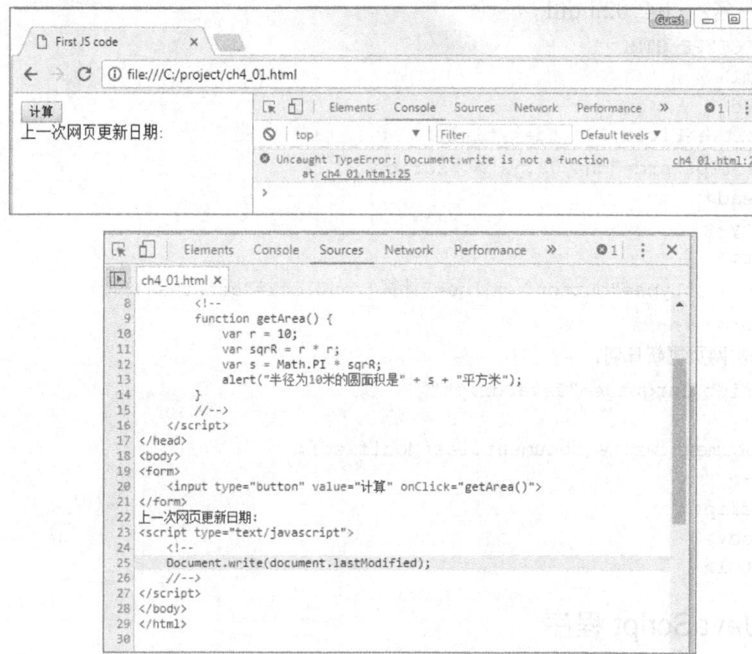

图 4-14　在 Chrome 浏览器中调试 JavaScript

2. 逻辑错误

有些时候，程序中不存在语法错误，也没有执行非法操作的语句，可是程序运行的结果却是不正确的，这种错误称为逻辑错误。例如，将两个变量的位置搞错了，或者使用了错误的运算符等。

对于 JavaScript 程序的逻辑错误，进行调试的最简单的方法是使用 alert 语句。例如，将示例 4-1 程序中的第 9 行语句改写成下述内容，即将乘号*改写成加号+，保存该文件后再在浏览器中运行，得到图 4-15 所示的错误结果。

```
var sqrR = r + r;
```

图 4-15　示例 4-1 逻辑错误效果示例

这时，如下述所示修改 JavaScript 程序后再运行该程序，就可以显示出各个中间变量的结果，进而就很容易判断错误发生的位置。

```
<script>
 <!--
  function getArea() {
   var r = 10;
alert("r= " + r);
   var sqrR = r + r;
alert("sqrR = " + sqrR);
   var s = Math.PI * sqrR;
   alert("半径为10米的圆面积是" + s + "平方米");
  }
 //-->
 </script>
```

第5章 JavaScript 编程基础

本章主要内容：

- 数据类型及变量
- 表达式与运算符
- 基本语句
- 函数
- 对象
- 事件处理

5.1 数据类型及变量

5.1.1 数据类型

JavaScript 与大多数计算机程序语言一样，其功能就在于通过计算机的指令来处理各种不同的数据类型。例如，对于数字，可以进行加、减、乘、除运算；对于字符串，可以将它们显示在网页中；对于网页中的按钮，可以设置开、关状态。JavaScript 主要包括 3 种数据类型，即简单数据类型、特殊常量数据类型及复杂数据类型。

1. 简单数据类型

JavaScript 的简单数据类型可以分为以下 3 种。

（1）“数值”数据类型。它的值以不带引号的数字形式出现在 JavaScript 程序中，主要用于进行各种数学运算。它包括以下两种类型。

- 整型数：由 1 ~ 9 开始的数字组成的十进制数，如 219、100 等；或由 0 开始的由 0 ~ 7 数字组成的八进制数，如 017（表示十进制的 15）等；或由 0x 开始的由数字和 a ~ f 或 A ~ F 组成的十六制数，如 0x000f（表示十六进制的 15）等。
- 浮点数：由整型数和小数点或 e、E 组成的数，如 3.14、1.4e12 等。

（2）“文字”数据类型。它的值以单引号或双引号形式出现在 JavaScript 程序中（注意，不可以使用中文输入法的单引号和双引号），主要用于进行各种字符串的处理。例如，"This is my first JavaScript. "，"请输入用户名" 等。它也包括一些由反斜杠\开始的特殊字符，如 \t（制表符）、\n（回车符）、\\（反斜杠\）、\'（单引号）、\"（双引号）等。

（3）“真假”数据类型。它只有两个值——true（真）和 false（假），主要用于进行数据的真假、开关逻辑运算。

2. 特殊常量数据类型

JavaScript 的常用特殊常量有以下几种。

（1）“空”常量。它的值是 JavaScript 的保留关键字 null，表示没有值存在。

（2）“无定义”常量。它的值是 JavaScript 的保留关键字 undefined，表示数据没有进行定义。

（3）“不是数字”常量。它的值是 JavaScript 的保留关键字 NaN（英文 Not-a-Number 的缩写），表示数据不是数字。

（4）“无限数”常量。它的值是 JavaScript 的保留关键字 infinity，表示数据是无限数。

3. 复杂数据类型

JavaScript 的复杂数据类型主要包括下述 3 种。

（1）“数组”数据类型。它用于保存一组相同类型的数据。

（2）“函数”数据类型。它用于保存一段程序，这段程序可以在 JavaScript 中被重复调用（详见“5.4 函数”）。

（3）“对象”数据类型。它用于保存一组不同类型的数据和函数等（详见“5.5 对象”）。实际上，JavaScript 中的所有复杂数据类型，如 String（字符串）、Array（数组）、function（函数）等，都是“对象”数据类型。

5.1.2 常量与变量

JavaScript 的数据可以是常量，也可以是变量。

1. 常量

JavaScript 的常量通常又称为字面常量，它是不能改变的数据，如 123、“请稍候……”等。

2. 变量

变量就是计算机内存中暂时保存数据的地方，在程序的其他地方就可以使用变量名来对变量中所保存的数据进行各种处理操作。使用变量应注意下述几个方面。

（1）声明变量。JavaScript 声明变量的方法有以下几种。

- 先使用 JavaScript 关键字 var 声明变量，然后进行赋值。在下述示例中，myVar 为变量名，第 1 句代码定义变量名后，第 2 句代码给该变量名赋值。

```
var myVar;
myVar = "Hello world";
```

- 在声明变量名的同时进行赋值。例如如下示例。

```
var count = 1;
```

- 在一行中同时声明多个变量，各个变量名之间用逗号间隔。例如如下示例。

```
var i,j,k;
```

- “隐含”地声明变量，即在没有使用 JavaScript 关键字 var 的情况下直接使用变量进行赋值。在下述示例中，变量 i 在没有声明的情况下就被赋值和使用。这种方法虽然简单，但是当程序出现变量名方面的错误时不易发现，因此，建议不要使用这种方法。

```
<script> <!--
  i = 1;
```

```
  var j = i + 1;
  …
//--></script>
```

（2）变量名。由上述示例可知，声明变量时都要使用变量名，设置变量名的规则如下。

- 不可以使用 JavaScript 的保留关键字作为变量名。表 5-1 列出了 JavaScript 常用的保留关键字，JavaScript 使用这些关键字作为指令进行编程，以实现各种功能。如果使用 JavaScript 的保留关键字作为变量名，程序就会出错。

表 5-1　JavaScript 常用的保留关键字

as	else	is	switch
break	export	item	this
case	extends	namespace	throw
catch	false	new	true
class	finally	null	try
const	for	package	typeof
continue	function	private	use
debugger	if	protected	var
default	import	public	void
delete	in	return	while
do	instanceof	super	with

- 变量名的第一个字符必须是字母或下画线，并且变量名中不可以包含空格及!、@、#、$等特殊字符，其中使用的字母大小写是有区别的。
- 使用有意义的变量名。选择有意义的变量名将使程序更容易理解和维护，可以使用“驼峰式”或“下画线式”的变量名，如使用 userMessage、user_message 作为变量名比使用 m、s 等作为变量名更为合适。

示例 5-1　在浏览器中运行下述程序，分析各语句中使用的变量名是否有效。

目的：定义、使用 JavaScript 变量。

程序文件名：ch5_01.html。

```
<script> <!--
  var 1x = 1;
  var while = "Please click the button: ";
  var _while = "Next page";
  var y2 = 12.5;
  var y3 = Y2;
  var the sum = 100;
  var errorMessage = "";
//--></script>
```

（1）第 2 行，错。变量名的第一个字符不可以是数字。

（2）第 3 行，错。变量名不可以使用 JavaScript 的保留关键字，while 是 JavaScript 的保留关键字。

（3）第 4 行，正确。变量名的第一个字符可以是下画线。

（4）第 5 行，正确。

（5）第 6 行，错。变量名中字母的大小写是有区别的，因此，虽然变量 y2 在第 5 行中定义过，但是变量 Y2 从未定义过。

（6）第 7 行，错。变量名中不可以包含空格。

（7）第 8 行，正确。

3. 变量的数据类型及其转换

与其他大多数计算机语言不同，JavaScript 声明变量时无须定义数据类型，因此，其变量又称为“无类型”变量。也就是说，声明后的变量名可以随时被赋值为任意类型的数据，JavaScript 将会自动给予转换。例如如下示例。第 2 行中的变量名 count 装载的是“数值”类型的数据，第 4 行中同样的变量名 count 又装载了“字符串”类型的数据。

```
1  …
2  var count = 1;
3  …
4  count = "The count of var is " + count;
5  …
```

4. 变量的作用范围

与其他计算机语言相似，JavaScript 的变量也分为全局变量和局部变量。全局变量是作用在全程序范围内的变量，它声明在函数体外；局部变量是定义在函数体内的变量，它仅在该函数内起作用。例如下述示例，其中既包含了局部变量，又包含了全局变量。第 2 行中的 errorMessage 为全局变量，因为它声明的位置在所有函数体（checkRequired()、doValidate()）之外；第 6 行中的 msg 为函数 checkRequired()内的局部变量，它的值在函数 checkRequired()内有效，而 errorMessage 可以在程序的任意位置被引用，所得到的值都是一样的，如第 7 行和第 12 行。

```
1   …
2   var errorMessage = "";
3
4   function checkRequired(v,label) {
5     …
6     var msg = "请输入" + label;
7     errorMessage = errorMessage + msg;
8   }
9
10  …
11  function doValidate () {
12    if (errorMessage != "")
13      alert(errorMessage);
```

```
    …
}
…
```

5.2 表达式与运算符

5.2.1 表达式

表达式是 JavaScript 程序运行时进行计算的式子，它可以包含常量、变量及运算符等。表达式的计算结果经常通过赋值语句赋值给一个变量，或直接作为函数的参数。例如下述示例，第 1 ~ 3 行的等号右侧及第 4 行括号中的内容都是表达式，其中第 1 ~ 3 行的等号左侧为变量名，第 4 行中的 alert 为函数名。

```
1  var pi = 3.14;
2  var d = 2 * 10;
3  var l = pi * d;
4  alert("这个圆的周长是：" + l);
```

5.2.2 运算符

使用 JavaScript 运算符可以进行算数、比较等各种运算。按功能分类，可分为算术运算符、逻辑运算符、位运算符、操作后赋值运算符及特殊运算符等。

运算符作用的对象叫作操作数。例如表达式 3+4，+是运算符，3 和 4 为操作数。

根据操作数的个数，运算符分为下述 3 种类型。

（1）二目运算符：需要两个操作数的运算符。JavaScript 常用的都是二目运算符，如数字相加运算符+、相减运算符-等。

（2）一目运算符：只需要一个操作数的运算符。例如，算术运算符中的负数运算符-及特殊运算符中的 typeof 等。

（3）三目运算符：需要 3 个操作数的运算符。第 1 个操作数为条件，第 2 个操作数为条件成立（true）时的结果，第 3 个操作数为条件不成立（false）时的结果。例如，特殊运算符中的“？：”运算符。

1. 算术运算符

表 5-2 列出了常用的算术运算符，其中，“+” 既可用于数字相加，又可用于字符串合并。示例 5-2 为算术运算符应用实例，其说明了不同数据类型操作数混合使用时“隐含”的转换规则，使用时应特别小心。

表 5-2 算术运算符

运 算 符	意 义	示 例
+	数字相加	2+3：结果为 5
+	字符串合并	“朋友” +“您好”：结果为“朋友您好”
−	相减	6-3：结果为 3
−	负数	i=30; j=−i：结果 j 为−30

续表

运算符	意义	示例
*	相乘	10*2：结果为 20
/	相除	8/2：结果为 4
%	取模（余数）	6%3：结果为 0
++	递增 1	i=5；i++;：结果 i 为 6
--	递减 1	i=5；i--;：结果 i 为 4

示例 5-2 指出下述程序中的 alert 语句所显示的各变量值。

目的：使用运算符。

程序文件名：ch5_02.html。

```
1   <script>
2     var x1 = "My value is ";
3     var x2 = 3;
4     var x3 = 4;
5     var x4 = "4";
6
7     var y = null;
8
9     alert ( "x1+x2 = " + x1 + x2 );
10    alert ( "x1+x2+x3 = " + x1 + x2 + x3 );
11    alert ( "x1+(x2+x3) = " + x1 + (x2 + x3) );
12
13    alert ( "x1+y = " + x1 + y );
14    alert ( "x2*y = " + x2 * y );
15    alert ( "x4-x2 = " + x4 - x2 );
16    alert ( "x4+x2 = " + x4 + x2 );
17
18    var x = 10;
19    var p1 = x++;
20    alert ("p1=" + p1 + " and x=" + x);
21    x = 10;
22    var p2 = ++x;
23    alert ("p2=" + p2 + " and x=" + x);
24  </script>
```

（1）第 9 行语句显示结果如下，这时变量 x2 自动从数值类型转换为变量 x1 的字符串类型。

```
x1+x2 = My value is 3
```

（2）第 10 行语句显示结果如下，变量 x2 和 x3 都会转换为变量 x1 的字符串类型。

```
x1+x2+x3 = My value is 34
```

（3）第 11 行语句显示结果如下，括号的运算优先级较高，因此，变量 x2 和变量 x3 首先进行数值相加运算，相加的结果转换为变量 x1 的字符串类型。

```
x1+(x2+x3) = My value is 7
```

（4）第 13 行语句显示结果如下，由于第一个变量 x1 是字符串，因此，变量 y 的空值自动转换为字符串类型“null”。

```
x1+y = My value is null
```

（5）第 14 行语句显示结果如下，由于第一个变量 x2 是整数，因此，变量 y 的空值自动转换为 0。

```
x2*y = 0
```

（6）第 15 行语句显示结果如下，由于第一个变量 x4 不是数字，不可以进行数学运算，因此，结果显示为 NaN（不是数字）。

```
x4-x2 = NaN
```

（7）第 16 行语句显示结果如下，虽然该语句与第 15 行相似，但由于使用的是+运算符，它既可以用于数字相加，也可以用于字符串合并，因此，当表达式的操作数具有字符串类型时，JavaScript 总是将所有操作数都转换为字符串进行运算。

```
x4+x2 = 43
```

（8）第 20 行语句显示结果如下，这是因为第 19 行的 x 为“后递增”运算，即 x 值先赋给变量 p1，然后递增变为 11。

```
p1=10 and x=11
```

（9）第 23 行语句显示结果如下，这是因为第 22 行的 x 为“先递增”运算，即 x 先递增变为 11，然后赋值给变量 p2。

```
p2=11 and x=11
```

2. 逻辑运算符

表 5-3 列出了常用的逻辑运算符，它们最常应用于 if 语句中作为条件比较。例如如下示例。

```
if ( x > 3 ) {
  …
}
```

表 5-3 常用的逻辑运算符

运算符	意义	示例
==	等于	5==3：结果为 false
!=	不等于	5!=3：结果为 true
<	小于	5<3：结果为 false
<=	小于或等于	5<=3：结果为 false
>	大于	5>3：结果为 true
>=	大于或等于	5>=3：结果为 true
&&	与	true && false：结果为 false
||	或	true || false：结果为 true
!	非	!true：结果为 false

值得注意的是，如果在条件语句中误将=用成==，程序将不会报错，但运行结果将是错误的，这时往往不容易找出错误的原因。避免出现这种错误的最好办法是，将条件比较语句中的常量写在左边，变量写在右边。例如如下示例。

```
if ( 3 == x ) {
  …
}
```

这样，如果将=用成==，程序会立即报错，因为 JavaScript 的赋值语句是不允许常量写在左边的。

另外应注意的是，JavaScript 在使用与（&&）、或（||）、非（!）运算符时遵循的是从左至右、满足即停的原则。例如下述示例，当执行第 4 行时，由于 x>100 等于 false，因此，JavaScript 将不再进行后面的两项 y == "Star" 和 z < 50 的比较，也就是说，这时如果没有第 2 行和第 3 行语句，程序也不会出错。

```
1  x = 50;
2  y = "Star";
3  z =30;
4  if ( x > 100  &&  y == "Star"  &&  z < 50 ) {
5    …
6  }
```

还有一点值得注意，由于浮点数的比较依赖于计算机系统，因此，应尽量避免对浮点数使用等于（==）运算符。例如下述示例，第 4 行的比较语句在某些计算机中运行可能会得到 true 的结果，在某些计算机中运算也可能得到 false 的结果，因为第 3 行的运算结果 z 很可能等于 1.9999995。

```
1  x = 3.5;
2  y = 1.5;
3  z = x - y;
4  if ( z == 2.0) {
5    …
6  }
```

这时，最好采用下述方法进行浮点数的等于比较。

```
smallValue = 0.001;
x = 3.5;
y = 1.5;
z = x - y;
if ( z -2.0 < smallValue  &&  2.0 - z < smallValue ) {
  …
}
```

3. 位运算符

JavaScript 的位运算符如表 5-4 所示。当 JavaScript 进行位运算时，它首先将操作数以二进制位形式进行运算，然后以十进制数值的形式返回给变量。例如下述示例，由于 13 的二进制为 1101，9 的二进制为 1001，&（位逻辑与）运算后将得到二进制数 1001，因此 z

值是 9。

```
x=13;                                   1101
y=9;                                    1001
z=x&y;                 位逻辑与（&）运算：  1001
```

表 5-4　位运算符

运 算 符	意　义	示　例
&	位逻辑与	0x0001 & 0x1001：结果为 0x0001
|	位逻辑或	0x0001 | 0x1001：结果为 0x1001
^	位逻辑非	0x0001 ^ 0x1001：结果为 false 0x1000
~	位逻辑反	~0x0001：结果为 0xFFFE
<<	左移	0x0001 << 1：结果为 0x0002
>>	右移	0x0001 >> 1：结果为 0x0000

4. 操作后赋值运算符

操作后赋值运算符是一组组合符号，由运算符和等号（=）组成，其中，运算符可以是各种算数、逻辑及位运算符，如+、−、*、/、%、&、|、^、<<、>>及>>>等，使用方式如下。

变量 1　操作后赋值运算符　常量或变量

上述使用方式等效于如下使用方式。

变量 1 = 变量 1　操作运算符　常量或变量

例如如下示例。

x+=5;　　等效于　x=x+5;

y*=2;　　等效于　y=y*2;

5. 特殊运算符

JavaScript 还包括表 5-5 所示的一些特殊运算符，其中一些关键字运算符主要用于对象（详见“5.5 对象”）。

表 5-5　特殊运算符

运算符	意　义	示　例
? :	if…else 运算符	x=2; (x>3) ? "Higher level" : "Lower level"：结果为 Lower level
,	最常用于 for 语句	详见“5.3.3 流程控制语句”
delete	删除对象或对象中的元素	详见“5.5.3 使用对象”
new	创建对象实例	详见“5.5.3 使用对象”
this	引用当前对象	详见“5.5.3 使用对象”
typeof	数据类型运算符	typeof(20)：结果为 number
void	无返回值运算符	详见“7.2.4 链接对象”

? :是最常用的三目运算符，其使用方式如下。

条件？满足条件得的值:不满足条件得的值

上述使用？:运算符的形式等效于如下 if…else 语句（详见“5.3.3 流程控制语句”）。

```
if （条件）{
    满足条件得的值
}
else {
   不满足条件得的值
}
```

6. 运算符顺序

对于一个包含多种运算符的表达式，如 3+5*5，其计算顺序基本上与数学中的计算顺序一致。因此，上述表达式的结果应该是 28，而不是 75。但是，对于 JavaScript 的一些特殊运算符，如字符加“+”与数字加“+”等，使用时应注意其特殊的规则。在编写程序时，最好对优先级高的运算加上括号，以避免引起错误。

例如下述两段程序将会显示不同的结果，第 1 ~ 3 行的程序段将显示“小明家电话号码是 4013369”，第 5 ~ 7 行的程序段将显示“小明总成绩是 198”。

```
1  var phone1 = 401;
2  var phone2 = 3369;
3  alert("小明家电话号码是" + phone1 + phone2);
4
5  var score1 = 98;
6  var score2 = 100;
7  alert("小明总成绩是" + (score1 + score2));
```

图 5-1 列出了 JavaScript 的各运算符计算顺序。

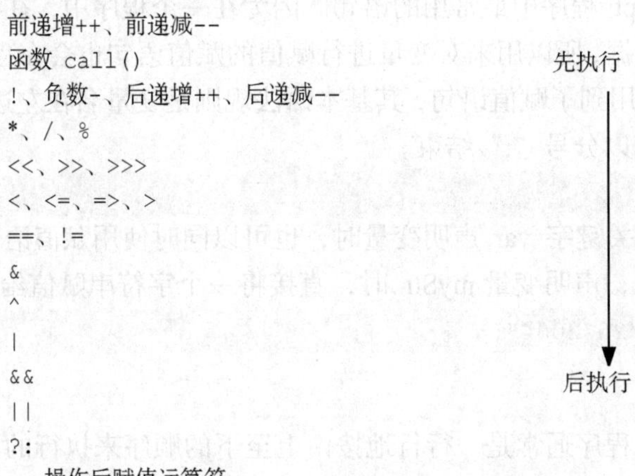

图 5-1 JavaScript 运算符计算顺序

5.3 基本语句

JavaScript 程序由语句组成，基本语句包括注释语句、赋值语句和流程控制语句 3 种类型。

5.3.1 注释语句

注释语句用于对程序进行注解，以便今后的维护和使用，程序在执行的过程中不会执行注释语句中的内容。JavaScript 的注释语句分为单行注释语句和多行注释语句两种，在一个程序中，这两种注释语句可以混合使用。

1. 单行注释语句

单行注释语句以双斜杠//开始一直到这一行结束，例如如下示例。

```
var phone1 = 401;// 区域号
var phone2 = 3369; // 电话号
// 显示用户电话号码
alert("小明家电话号码是 " + phone1 + phone2);
```

2. 多行注释语句

多行注释语句以/*开始一直到*/结束。例如下述示例中，第 1 ~ 5 行就是多行注释语句。

```
1 /*
2 这段程序用于计算用户的学习总成绩
3 其中 score1 为语文成绩
4      score2 为数学成绩
5 */
6 var score1 = 98;
7 var score2 = 100;
8 // 显示用户的总成绩
9 alert("小明总成绩是" + (score1 + score2));
```

5.3.2 赋值语句

赋值语句是 JavaScript 程序中最常用的语句。因为在一个程序中，往往需要大量的变量来存储程序中用到的数据，所以用来对变量进行赋值的赋值语句也会在程序中大量出现。其实，前文的示例中已经用到了赋值语句，其基本语法规则是变量名在左边，赋值号=在中间，表达式在右边，并且以分号“;”结束。

```
变量名 = 表达式;
```

前文曾提到，当使用关键字 var 声明变量时，也可以同时使用赋值语句对声明的变量进行赋值。例如下述示例，声明变量 myStr 时，直接将一个字符串赋值给了 myStr。

```
var myStr = "12/25/2004";
```

5.3.3 流程控制语句

在程序执行过程中，程序通常是一行行地按由上至下的顺序来执行的，流程控制语句可以用来改变程序执行的流程。

JavaScript 的流程控制语句主要包括条件判断语句和循环控制语句两种。无论使用哪一种流程控制语句，都可以使用一对大括号{}将所需执行的程序段括起来，大括号中可以包括任意多行的语句，也可以没有任何语句，还可以嵌套其他程序段。当程序段中只包含一条语句时，也可以不使用大括号。

1. 条件判断语句

JavaScript 的条件判断语句主要包括 if、if…else、if…else if…及 switch 4 种。

（1）if 语句是最简单的条件判断语句，其语法规则如下。其中“条件表达式”是由逻辑运算符组成的表达式，返回值是真（true）或假（false）。

```
if （ 条件表达式 ） {
  条件为真时所执行的程序段
}
```

例如如下示例。

```
if （ n > 0)
 alert （ "购物件数：" + n ）;
```

（2）if…else 语句比 if 语句多一种情况，其语法规则如下。

```
if （ 条件表达式 ） {
  条件为真时所执行的程序段
}
else {
  条件为假时所执行的程序段
}
```

例如如下示例。

```
…
If （ n > 3 ） {
  …
  alert （ "您可以得到 5%的优惠" ）;
}
else
   alert （ "购物件数：" + n ）;
```

（3）if…else if…语句用于需要判断多个条件的情况，每个条件对应一段程序，而每次只能执行一段程序，其语法规则如下。

```
if （条件表达式 1 ） {
  条件 1 为真时所执行的程序段
}
else if （条件表达式 2 ） {
  条件 2 为真时所执行的程序段
}
else if （条件表达式 3 ） {
  条件 3 为真时所执行的程序段
}
else if
  …
else {
  上述条件都为假时所执行的程序段
  }
```

例如如下示例。

```
…
if  ( n > 5) {
  …
  alert ( "您可以得到 10%的优惠" );
}
else if  (n > 3)  {
  …
  alert ( "您可以得到 5%的优惠" );
}
else
 alert ("购物件数：" + n );
```

使用这种条件判断语句时所列举的各个条件不一定需要包含所有情况，也就是说，可以不使用 else 语句。另外值得注意的是，所使用的各个条件之间应该是相互排斥的，如果条件之间存在交叉或相容，会造成混乱和错误。例如下述程序，第 4 行语句将永远都不会被执行。

```
1  …
2  if  ( n > 3)
3    alert ( "您可以得到 5%的优惠" );
4  else if  (n > 5)
5    alert ( "您可以得到 10%的优惠" );
6  else
7   alert ("购物件数：" + n );
```

（4）switch 语句用于将一个表达式与一组数据进行比较，当表达式与所列数据值相等时，执行其中的程序段；如果表达式与所有列出的数据值都不相等，就会执行由关键字 default 列出的程序段；如果 switch 语句中没有关键字 default，这时就会执行 switch 语句后的语句；其中关键字 break 用于跳出 switch 语句。值得注意的是，switch 语句中的表达式不是条件表达式，而是普通的表达式，其返回值可以是数值、字符串或逻辑真、逻辑假等。

switch 语句的语法规则如下。

```
switch  ( 表达式 )  {
  case  数据 1:
    表达式与数据 1 相等时所执行的程序段
    break;
  case  数据 2:
    表达式与数据 2 相等时所执行的程序段
    break;
  …
  default:
    表达式与上述数据都不相等时所执行的程序段
}
```

例如如下示例。

```
switch (location) {
  case "US":
    alert("国家区域号是 1");
```

```
    break;
  case "China":
    alert("国家区域号是 86");
    break;
  default:
    alert("其他国家");
}
```

2. 循环控制语句

JavaScript 的循环控制语句主要包括 while、do…while、for、for…in、break 及 continue 6 种。

（1）while 语句的语法规则如下。当条件表达式为真时，JavaScript 就会执行大括号中的程序段；当条件为假时，JavaScript 就会执行大括号外的语句，执行流程如图 5-2 所示。

```
while ( 条件表达式 ) {
  条件为真时执行的程序段
}
```

例如下述示例，其显示结果是"1 至 10 的总和是 55"。

```
var i = 1;    // i 的初始值
var sum = 0;  // sum 的初始值
// 当 i 小于 11 时执行下述程序段
while  ( i < 11)  {
  sum += i; //  sum = sum + i
  i++;   //  i = i + 1
}
alert ("1 至 10 的总和是" + sum );
```

（2）do…while 语句的语法规则如下。它与 while 语句很相似，区别仅在于它先执行一段程序，然后判断是否满足条件，如果满足，则继续执行该程序段，否则跳出程序段。因此，使用该语句时至少执行程序段一次，执行流程如图 5-3 所示。

```
do  {
  程序段
} while ( 条件表达式 )
```

（3）for 语句语法规则如下。该语句可以包含 3 个参数，分别用分号";"间隔，第 1 个为初始值表达式，第 2 个为条件表达式，第 3 个为增量表达式，执行流程如图 5-4 所示。

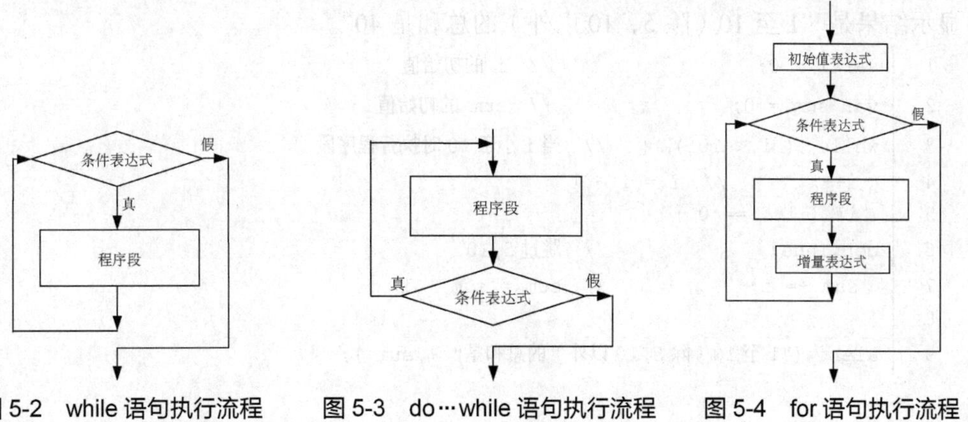

图 5-2　while 语句执行流程　　图 5-3　do…while 语句执行流程　　图 5-4　for 语句执行流程

```
for （ 初始值表达式； 条件表达式； 增量表达式 ） {
条件为真时所执行的程序段
}
```

例如下述示例，显示结果是“1 至 10 的总和是 55”。

```
var sum = 0;        //  sum 的初始值
for ( var i = 0;  i < 11;  i++ )  {//  for 语句
  sum += i;      //  sum = sum + i
}
alert ("1 至 10 的总和是" + sum );
```

（4）for…in 语句用于对象内各属性项的循环执行，详见“5.5.3 使用对象”。

（5）break 语句用于跳出循环语句，因此，它是除了正常跳出循环体以外的另一种跳出循环体的方法。例如下述示例，显示结果是“从 1 至 10 超过 30 的最小总和是 36”。

```
var i = 1;                      //  i 的初始值
var sum = 0;                    //  sum 的初始值
while  ( i < 11)  {             //  当 i 小于 11 时执行程序段
  sum += i;                     //  sum = sum + i
  if  ( sum > 30 )  break;      //  如果 sum 大于 30，
                                //   则跳出循环
  i++;                          //  i = i + 1
}
alert ("从 1 至 10 超过 30 的最小总和是" + sum );
```

对于多重嵌套式的循环，break 语句还可以与标签语句一起使用，从而跳出外循环体。例如下述示例，显示结果是“已经跳出了外循环体，i=3，j=3”。

```
outer_loop:                     // 标签语句
for ( var i=0; i<10; i++ )  {
  for ( var j=3; j<5; j++)  {
    if  ( i==j)  break outer_loop;//  跳出外循环
  }
}
alert ("已经跳出了外循环体，i=" + i + ",  j=" + j );
```

（6）continue 语句用于在循环体内跳过其他语句，继续进行下一个循环。例如下述示例，显示结果是“1 至 10（除 5，10 以外）的总和是 40”。

```
var i = 0;                      //  i 的初始值
var sum = 0;                    //  sum 的初始值
while  ( i < 10 )  {    //  当 i 小于 10 时执行程序段
  i++;         //  i = i + 1
  if ( i%5 == 0 )
continue;               //  跳过 5,10
  sum += i;             //  sum = sum + i
}
alert ("1 至 10（除 5,10 以外）的总和是" + sum );
```

5.4 函数

函数实际上就是一段有名字的程序，这样，在整个程序的任何位置，只要使用该名字，就会执行该名字的程序。

JavaScript 使用函数的目的有两个：其一是为了更好地组织程序，当需要重复地使用一段程序时，就应该将这段程序写成函数；其二是用于网页中的事件处理，如图 5-5 所示，有关事件处理的内容，详见“5.6 事件及事件处理程序”。

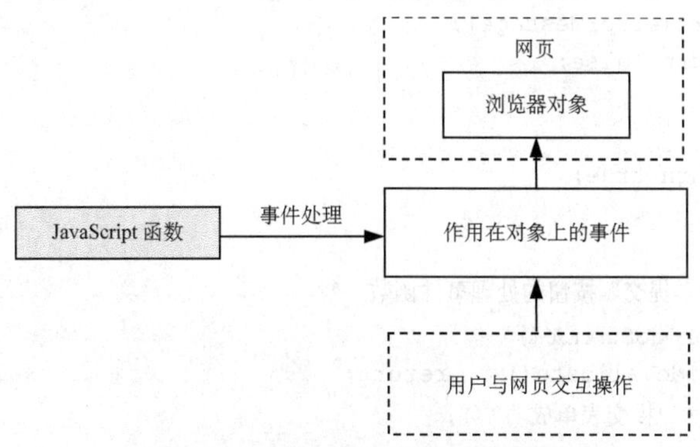

图 5-5 函数与事件的关系示意图

下述示例中包含了上述两种类型的函数。

示例 5-3 在一个用户登录的网页中设计一个通用的函数和一个用于事件调用的函数，用于校验用户输入的内容。

目的：函数的定义与使用。

程序文件名：ch5_03.html。

```
<html>
<head>
<title>表单校验</title>
<script>
<!--
  var errorMessage = "";  // 全局变量

  /* 用于校验用户是否输入值的函数。
参数 s 是用户输入的值
label 是输入的域名   */
  function checkRequired ( s , label )  {
    if (s == "" )
      errorMessage += ' 请输入 "' + label + '".\n';
  }

  /* 用于表单校验的函数。
     如果全局变量 errorMessage 不为空，则显示出错信息  */
  function doValidate()  {

    errorMessage="";
```

```
20
21       var sUsername = document.userForm.username.value;
22       var sPassword = document.userForm.password.value;
23
24       // 调用校验用户是否输入值的函数
25       checkRequired( sUsername, "用户名" );
26       checkRequired( sPassword, "密码" );
27
28       if  ( errorMessage != "" ) {
29         alert(errorMessage);
30         return false;
31       }
32       else
33         return true;
34       }
35
36     /*  用于“提交”按钮的处理事件函数  */
37     function doSubmit()  {
38       if ( !doValidate() )  return;
39       alert( "提交表单成功" );
40     }
41   //-->
42   </script>
43   </head>
44   <body>
45     <form name="userForm">
46       <div>
47         用户名<input type="text" name="username" id="username" size="8">
48       </div>
49       <div>
50       密码<input type="password" name="password" id="password" size="8">
51       </div>
52       <div>
53         <input type="button" value="提交" onclick="doSubmit();">
54         </div>
55     </form>
56   </body>
57   </html>
```

- 第 11～14 行的函数 checkRequired()是一个用于校验用户是否输入值的通用函数，程序中多次使用它对每个需要校验的用户输入值进行校验（第 25、26 行）。
- 第 37～40 行的函数 doSubmit()是一个用于处理“提交”按钮的 onclick 事件的函数，当用户单击“提交”按钮时，就会执行 doSubmit()函数。

5.4.1 定义函数

定义函数的语法规则如下。其中，方括号中的内容为可选项。

```
function 函数名([参数1, 参数2,…]) {
  程序语句
  …
  [ return 值; ]
}
```

- function 是关键字。
- 函数名必须是唯一的，并且是大小写有区别的。
- 函数的参数可以是常量、变量或表达式。
- 当使用多个参数时，参数间以逗号相隔。
- 如果函数需要返回值，则使用关键字 return 将值返回，如示列 5-3 第 30 行和第 33 行语句。

5.4.2 使用函数

如果所要调用的函数不带参数，使用时只要直接以“函数名()”的方式调用就可以了，如示例 5-3 中的第 38 行；如果所要调用的函数带参数，使用时应将相应的参数放入括号内，并用逗号间隔，即“函数名（参数 1,参数 2,⋯）”，如示例 5-3 中的第 25、26 行；如果调用的函数具有返回值，可以通过变量或直接将函数置于表达式中，如示例 5-3 中第 17 ~ 34 行的函数 doValidate()具有返回值 true 或 false，因此使用它时，既可以像第 38 行一样，将该函数直接置于 if 语句的条件表达式中，也可以将第 38 行改写为如下格式。

```
var isValidate = doValidate();
if (!isValidate) return;
```

5.4.3 函数的参数

参数是由函数的使用方传递到函数体中的变量，用于为函数的操作提供相应的信息和数据。例如示例 5-3 中，第 25 行调用函数 checkRequired()时使用的参数“sUsername”和“用户名”对应于第 11 行函数定义中的参数 s 和 label。

1. 参数的传递

参数的传递有下述两种方式。

（1）按值传递参数。这时传递的只是原变量的一份副本，因此，如果在函数中改变了这个参数的值，原变量不会跟着改变，它将保留原有的值。在 JavaScript 中，如果参数的数据类型不是对象，其传递方式均为按值传递。在下述示例 5-4 第 2 ~ 9 行的函数 prevMonth()中，计算了其参数 month 后返回该计算结果，第 14 行调用了该函数，从计算结果中可以看出，调用函数 prevMonth()前后，参数 myMonth 的值没有改变。

示例 5-4　在网页中显示指定月份的上一个月份。

目的：函数中按值传递参数。

程序文件名：ch5_04.html。

```
1  <script> <!--
2    function prevMonth(month) {
3      if(month == 1) {
```

```
      month = 12;
    } else {
      month--;
    }
    return month;
  }

  var myMonth = 10;
  document.write ('当前月份是：  ' + myMonth + '<br>');

  var prevMonthStr = prevMonth(myMonth);

  document.write ('上一个月是：  ' + prevMonthStr + '<br>');

  document.write ('myMonth 值是：  ' + myMonth);
//--></script>
```

在浏览器中执行该程序后的结果如下。

```
当前月份是：10
上一个月是：9
myMonth 值是：10
```

（2）按地址传递参数。这时传递的是原变量的内存地址，也就是说，函数中的参数和原变量就是同一个变量。因此，如果在函数中改变了这个参数的值，那么，原变量也会跟着改变。在 JavaScript 中，如果参数的数据类型是对象，其传递方式为按地址传递。详见“5.5 对象”，其中示例 5-6 第 17～23 行及第 34～39 行显示了如何通过传递日期对象改变对象中的属性值。

2. 参数的个数

当函数包含多个参数时，使用 arguments.length 可以得到使用该函数时输入的参数个数，arguments 包括了各参数内容。如示例 5-5 所示，第 3 行的函数定义中虽然没有明确地声明任何参数，但是通过第 4 行语句的变量 argsLength 可以得到参数的个数，第 6～8 行的循环中可以得到各个参数值，因此，调用该函数时，可以输入任意个数的参数，如第 12、13 行所示。

示例 5-5　计算输入参数的总和。

目的：函数 arguments.length 的应用。

程序文件名：ch5_05.html

```
1  <script>
2  <!--
3    function sumAll() {
4      var argsLength = sumAll.arguments.length;
5      var sum = 0;
6      for (var i=0; i<argsLength; i++) {
7        sum += sumAll.arguments[i];
8      }
9      document.write("Sum is " + sum + "<br>");
10   }
11
```

```
  sumAll(1,2,3);
  sumAll(100,200);
//-->
</script>
```

5.5 对象

5.5.1 什么是对象

5.1.2 小节中介绍了各种类型的 JavaScript 变量，这些变量一般用于保存一个数据，使用时也是针对一个数据值，例如如下示例。

```
var x = 1;
var y = x *2 +1;
var initErrorMessage = '无效的数据:';
alert (initErrorMessage + '用户名' );
...
```

在实际的应用中，有时需要保存、传递一组不同类型的数据，例如物体“桌子”，它同时具有“长度”“宽度”“高度”3 个属性；又如“日期”，它同时包含“年”“月”“日”3 个方面等。JavaScript 的对象就是这样一种特殊的数据类型，它不仅可以保存一组不同类型的数据（称为对象的属性），而且还可以包含有关“处理”这些数据的函数（称为对象的方法）。

JavaScript 的对象包含下述 3 种。

（1）JavaScript 的内置对象。JavaScript 已定义了一些对象用于处理数据，如 String、Array 等，详见第 6 章。

（2）浏览器内置对象。不同的浏览器都提供了一组描述其浏览器结构的内置对象，JavaScript 中提供了丰富的有关浏览器对象的属性和方法，利用这些对象可以对网页浏览器环境中的事件进行控制并做出处理，详见第 7 章和第 8 章。

（3）自定义对象。JavaScript 还提供了自定义对象的方法，其中包括定义对象的属性和方法。

示例 5-6 为一个有关日期对象的定义、创建和使用的实例。

示例 5-6　使用日期对象显示上一个月的日期。

目的：对象的定义、创建和使用。

程序文件名：ch5_06.html。

```
<script> <!--
/* 定义对象 */
function dateObj(year, month, day) {
  // 属性
  this.year = year;
  this.month = month;
  this.day = day;

  // 方法
  this.toString = function getString() {
    return (this.month + '/' + this.day + '/' + this.year)
  }
```

```
}

/* 使用对象 */
// 一个参数为对象的函数
function prevMonth(date) {
  if(date.month == 1) {
    date.year--; date.month = 12;
  } else {
    date.month--;
  }
}

// 使用对象之前首先要创建对象
var myDate = new dateObj('2004','8','1');

// 引用对象中的属性
var myMonth = myDate.month;

// 引用对象中的方法
var myDateStr = myDate.toString();

document.write ('新产生的日期对象的月份是：' + myMonth + '<br>日期是：' + myDateStr + '<br>');

// 将对象作为函数的参数
prevMonth (myDate);
var prevDateStr = myDate.toString();
document.write ('前一个月的日期是：' + myDate.toString());
//--></script>
```

在浏览器中执行该程序后，得到的结果如下。

```
新产生的日期对象的月份是：8
日期是：8/1/2004
前一个月的日期是：7/1/2004
```

5.5.2 定义对象

定义对象的语法规则可以有两种描述方式。

1. 方式一

```
function 对象名([参数 1, 参数 2,…]) {
  this.属性名 1 [ = 初始值 ] ;
  this.属性名 2 [ = 初始值 ] ;
  …
  this.方法名 1  =  function 方法函数名 1 ([参数 i, 参数 ii,…]) {
    …
  }
  this.方法名 2  =  function 方法函数名 2([参数 a, 参数 b,…]) {
    …
```

```
  }
  …
}
```

2. 方式二

```
function 对象名([参数1, 参数2,…]) {
  this.属性名1 [ = 初始值 ] ;
  this.属性名2 [ = 初始值 ] ;
  …
  this.方法名1 = 方法函数名1 ;
  this.方法名2 = 方法函数名2 ;
  …
}
function 方法函数名1 ([参数i, 参数ii,…]) {
…
}
function 方法函数名2([参数a, 参数b,…]) {
  …
}
```

- 首先使用关键字 function 定义对象名，括号中可以带有参数。
- 在对象的定义体中，可以使用关键字 this 加圆点（.）运算符来声明对象的属性，如果需要，还可以给属性赋予初始值。例如示例 5-6 第 5～7 行中，各属性的初始值就是传递进来的参数值。
- 在对象的定义体中，可以使用关键字“this”加圆点（.）运算符来声明对象的方法，有两种方式，方式一表示在声明方法名时直接定义方法的函数，如示例 5-6 第 10～12 行；方式二表示在声明方法名时赋予方法的函数名，函数可以在对象的定义体外，因此，示例 5-6 也可以改写为如下形成。

```
// 定义对象
function dateObj(year, month, day) {
…
  // 方法
  this.toString = getString;
…
}

function getString() {
  return (this.month + '/' + this.day + '/' + this.year)
}
```

- 在方法函数中，可以使用关键字 this 加圆点（.）运算符引用对象中的属性变量，如示例 5-6 中第 11 行。

5.5.3 使用对象

1. 创建对象

对于已定义的对象，使用之前首先要使用 JavaScript 运算符 new 创建一个对象的“实例”，如示例 5-6 第 26 行所示。

2. 使用对象的属性

若要得到对象的属性值，可以使用下述几种方法。

（1）使用圆点（.）运算符，语法规则如下。如示例 5-6 第 29 行，这时变量 myMonth 的值应该是 8。

```
对象名.属性名
```

（2）使用属性名，语法规则如下。

```
对象名["属性名"]
```

例如，示例 5-6 第 29 行可以改写为如下形式。

```
var myMonth = myDate['month'];
```

（3）使用循环语句，语法规则如下。

```
for (var 变量  in 对象变量) {
  …对象变量[变量] …
}
```

例如，在示例 5-6 的第 27 行中可以加入下述语句。

```
document.write('"myDate"中有下列属性: ' + '<br>');
for (var item  in myDate) {
  document.write ( item + ':' + myDate[item] + '<br>');
}
```

执行结果中会出现如下部分内容。

```
"myDate"中有下列属性:
year:2004
month:8
day:1
```

（4）使用 with 语句，语法规则如下。

```
with (对象变量) {
  …直接使用对象属性名、方法名 …
}
```

例如，示例 5-6 中第 25 ~ 35 行可以改写为如下形式。

```
with (myDate) {
  var myMonth = month;
  var myDateStr = toString();
  document.write ("新产生的日期对象的月份是"+myMonth+"<br>日期是"+
myDateStr+"<br>");
}
```

3. 使用对象的方法

使用 with 语句或圆点（.）运算符，如示例 5-6 第 32、38 行，就可以得到对象的方法，语法规则如下。

```
对象变量.对象方法名()
```

4. 对象作为函数的参数

当对象作为函数的参数时，它是按地址传递的。也就是说，如果在函数中改变了这个对象的值，那么原变量也会跟着改变。

如示例 5-6 中第 37 行所示，对象 myDate 作为函数 prevMonth()的参数，这时对象 myDate 中的月份（month）属性为 8，而在第 17 ~ 23 行 prevMonth()函数的定义中改变了对象参数的 month 属性值，因此，执行了第 37 行后，对象 myDate 中的月份变为 7。

5.6 事件及事件处理程序

网页由浏览器的内置对象组成，如按钮、文本框、单选按钮、复选钮、列表及图像等。通常，鼠标或键盘在网页对象上执行的动作称为“事件”，由鼠标或键盘引发的一连串程序的动作称为“事件驱动”，对事件进行处理的程序或函数称为“事件处理程序”，它们之间的关系如图 5-6 所示。

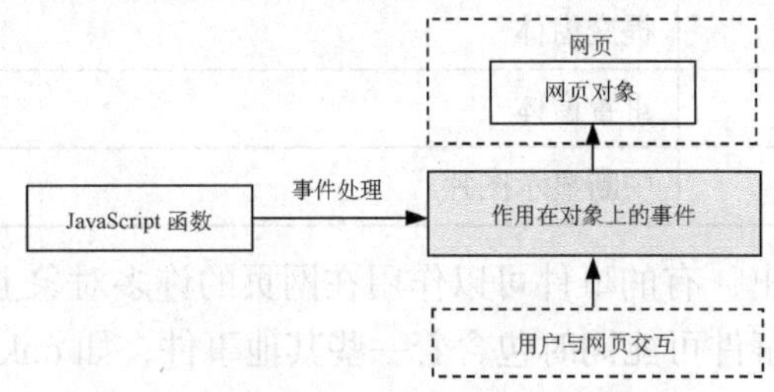

图 5-6 网页对象、事件及函数之间的关系

5.6.1 网页中的事件

网页中的事件一般可以分为鼠标事件、键盘事件及其他事件 3 类。表 5-6、表 5-7、表 5-8 分别列出了常用事件的名称及意义。

表 5-6 网页中的常用鼠标事件

事　件	意　义
onmousedown	按下鼠标键
onmousemove	移动鼠标
onmouseout	鼠标指针离开某一个网页对象
onmouseover	鼠标指针移动到某一个网页对象上
onmouseup	释放鼠标
onclick	单击鼠标
ondblclick	双击鼠标

表 5-7　网页中的常用键盘事件

事　件	意　义
onkeydown	按一个键
onkeyup	释放一个键
onkeypress	按下后一个键

表 5-8　网页中的常用其他事件

事　件	意　义
onfocus	焦点到一个对象上
onblur	从一个对象上失去焦点
onload	载入网页文档
onunload	卸载网页文档
onselect	文本框中选择了文字内容
onchange	文字变化或列表选项变化
onerror	出错
onsubmit	提交窗体
onreset	重置窗体
onabort	中断显示图片

由上述列表可以看出，有的事件可以作用在网页的许多对象上，有的则只能作用在一些固定的对象上；有的事件可能同时包含着一些其他事件，如 onkeypress 与 onkeydown 和 onkeyup 事件有时会出现同样的效果；有时用户的一个动作，可能会产生许多事件，如“移动鼠标指针到按钮上，然后按下鼠标”可能会发生下述事件。

```
onmousedown
onmousemove
onmouseout
onmouseover
onmouseup
onclick
onfocus
```

5.6.2　用 JavaScript 处理事件

JavaScript 语言与 HTML 文档主要通过“事件”产生关联，JavaScript 的函数就是用于处理事件的程序，其语法规则如下。

```
事件 = "函数名()";
```

示例 5-7 就是一个使用 JavaScript 处理事件的实例，其中，第 16 行在 HTML 的 body 标记中使用了事件 onload，处理该事件的程序是第 5 ~ 7 行的 JavaScript 函数 hello()；第 17

行在 HTML 的 input 按钮标记中使用了事件 onclick，处理该事件的程序是第 9～11 行的 JavaScript 函数 message()。

示例 5-7　当载入网页时，显示向用户问好的信息；当用户单击按钮时，显示结果信息，如图 5-7 所示。

目的：用 JavaScript 处理事件。

程序文件名：ch5_07.html。

```
<html>
<head>
<script>
<!--
  function hello() {
    alert("您好，欢迎进入我们的网页。");
  }

  function message() {
  alert("谢谢您的合作。");
  }
//-->
</script>
</head>

<body onload="hello()">
  <input type="button" value="请单击..." onclick="message()">
</body>
</html>
```

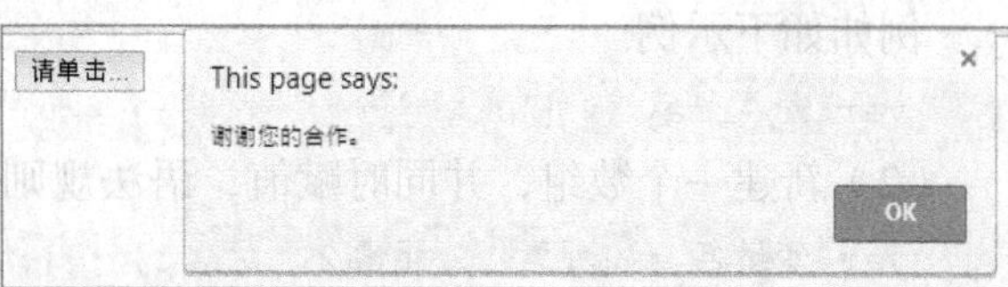

图 5-7　事件驱动的网页效果

第6章 JavaScript常用内置对象

本章主要内容：

- 数组（Array）对象
- 字符串（String）对象
- 数学（Math）对象
- 日期（Date）对象

6.1 数组对象

与其他计算机语言一样，JavaScript 也使用数组（Array）来保存具有相同类型的数据，如一组数字、一组字符串、一组对象，甚至可以是一组数组等。实际上，JavaScript 的数组就是一种 JavaScript 的对象，因此，它具有属性和方法。

6.1.1 新建数组

新建数组的方法有下述两种。

（1）新建一个长度为零的空数组，语法规则如下。

```
var 变量名 = [];
```

例如如下示例。

```
var myArray = [];
```

（2）新建一个数组，并同时赋值，语法规则如下。

```
var 变量名 = [元素 1, 元素 2, 元素 3, …];
```

例如如下示例。

```
var weekday = ["Sunday", "Monday", "Tuesday", "Wednesday", "Thursday",
"Friday","Saturday"];
```

6.1.2 数组中的序列号

JavaScript 数组中的元素序列号是从 0 开始计算的，如长度为 5 的数组，其元素序列号将为 0 ~ 4。

6.1.3 引用数组元素

通过数组的序列号可以引用数组元素，为数组元素赋值或取值，其语法规则如下。

```
数组变量[i] = 值;
变量名 = 数组变量[i];
```

例如如下示例。

```
weekday[0] = "Sunday";
weekday[1] = "Monday";
var aDay = weekday[4];
```

6.1.4　动态数组

JavaScript 数组的长度不是固定不变的，如果要增加数组的长度，只要直接赋值一个新元素就可以了，语法规则如下。

```
数组变量[数组变量.length] = 值;
```

例如，有一个长度为 5 的数组 myArray，那么，下述语句将使该数组的长度变为 6。

```
myArray[5] = "newItem";
```

也可用下述语句实现同样的功能。

```
myArray[myArray.length] = "newItem";
```

也可用下述语句实现同样的功能。

```
myArray.push("newItem");
```

6.1.5　数组对象的常用属性和方法

JavaScript 为数组提供了一系列属性和方法，以便编程者有效地使用数组。表 6-1 列出了数组对象的常用属性及方法的语法规则和意义，示例中假设有下述数组变量。

```
var a1 = ["a","b","c","d"];
var a2 = ["m","n"];
var a3= ["x","y","z"];
var a4= ["A","B","C"];
var a5 = ["L","M","N","O"];
var a6 = ["L","M","N","O"];
var a7 = ["X","Y","Z","C","B"];
```

表 6-1　数组对象的常用属性和方法

属性或方法	意　义	示　例
constructor	数组对象的函数原型	a1.constructor 结果 function Array() { [native code] }
length	数组长度	var len=a1.length，结果 len 为 4
prototype	添加数组对象的属性	参见示例 6-7
concat(数组 2, 数组 3,…)	合并数组	a1.concat(a3,a2)，结果 a1 为数组 a,b,c,d,x,y,z,m,n
join(分隔符)	将数组转换为字符串	var s = a1.join("-")，结果 s 为 "a-b-c-d"
pop()	删除最后一个元素，返回最后一个元素	var r1=a1.pop(); 结果 a1 为数组 a,b,c r1 为"d"

续表

属性或方法	意　义	示　例
push(元素 1, 元素 2,…)	添加元素，返回数组的长度	var r2=a2.push("o", "p", "q"); 结果 a2 为数组 m,n,o,p,q r2 为 5
shift()	删除第一个元素，返回第一个元素	var r3=a3.shift(); 结果 a3 为数组 y,z r3 为"x"
unshift(元素 1, 元素 2,…)	添加元素至数组开始处	a4.unshift("I", "J", "K"); 结果 a4 为数组 I,J,K,A,B,C
slice(开始位置[,结束位置])	从数组中选择元素来组成新的数组	var r5=a5.slice(1,3); 结果 r5 为数组 M,N
splice(位置,多少[,元素 1,元素 2,…])	从数组中删除或替换元素	a5.splice(1,2) 结果 a5 为数组 L,O a6.splice(1,2,"I","J","K") 结果 a6 为数组 L,I,J,K,O
sort(比较函数)	排序数组	参见示例 6-1
reverse()	倒序数组	a7.reverse()结果 a7 为数组 B,C,Z,Y,X

6.1.6 排序数组

JavaScript 提供了数组排序的方法 sort([比较函数名])，如果不给出变量“比较函数名”，表示将按照字符顺序由小至大进行排序，例如下述数组。

```
var myArray = [9, 10, 32, 4, 100];
myArray.sort();
```

排序后将得到如下结果。

```
10, 100, 32, 4, 9
```

使用比较函数进行数组排序，首先要建立一个函数，指定排序时元素进行比较的规则，然后在排序方法 sort()中调用该比较函数，按指定的规则进行排序。

示例 6-1 分别排序一维数组和二维数组。

目的：使用比较函数对一维数组、二维数组进行排序。

程序文件名：ch6_01.html。

```
<script> <!--
  // simpleArray 为一维数组
  var simpleArray = [9,10,32,4,100];
  document.write("一维数组排序:<br>");
  document.write("排序前:"+simpleArray.join()+"<br>");

  // 直接使用 sort()方法对一维数组排序
  simpleArray.sort();
```

```
  document.write("直接使用sort()方法排序后:" + simpleArray.join()+"<br>");

//使用下面的比较函数compare()对一维数组排序
  simpleArray.sort(compare);
  document.write("使用比较函数 compare()排序后:" + simpleArray.join()+"<br>");

  // 一维数组的比较函数
  function compare(a,b) {
    return (a-b);
  }
  document.write("<p>");

  document.write("两列数组的排序:<br>");
  // tableObj为二维数组，其中的每一元素都是一个包含两个元素的数组
  var tableObj = [["a","9"],["c","1"],["z","3"],["c","0"],["m","2"]];

   /* compare0()是对多维数组第一列排序所用的比较函数，
     其中参数a和b表示进行数组排序时需要比较的两个元素，
     数组tableObj的元素是一个包含两个元素的数组，
     因此，a[0]、b[0]中的0表示按第一列进行比较排序，
     以此类推，下面的compare1()表示按第二列进行比较排序，
     compare01()则表示先按第一列排序，再按第二列排序*/
  function compare0(a,b) {
    if (a[0]>b[0]) return 1;
    if (a[0]<b[0]) return -1;
    return 0;
  }

  function compare1(a,b) {
    if (a[1]>b[1]) return 1;
    if (a[1]<b[1]) return -1;
    return 0;
  }

  function compare01(a,b) {
    if (a[0]+a[1]>b[0]+b[1]) return 1;
    if (a[0]+a[1]<b[0]+b[1]) return -1;
    return 0;
  }

  document.write("排序前:<br>");
  displayItems();
  document.write("<br>按第一列排序<br>");
  tableObj.sort(compare0);
  displayItems();
  document.write("<br>按第二列排序<br>");
  tableObj.sort(compare1);
```

```
  displayItems();
  document.write("<br>按第一列和第二列排序<br>");
  tableObj.sort(compare01);
  displayItems();

  // 使用两个嵌套的 for…in 语句循环显示数组中的元素
  function displayItems() {
    for (item1 in tableObj) {
      for (item2 in tableObj[item1]) {
  document.write( tableObj[item1][ item2] + "    " );
      }
        document.write("<br>");
    }
  }
//-->
</script>
```

在浏览器中执行上述程序后，可得到下述结果。

```
一维数组排序:
排序前:9,10,32,4,100
直接使用 sort()方法排序后:10,100,32,4,9
使用比较函数 compare()排序后:4,9,10,32,100
两列数组的排序:
排序前:
a    9
c    1
z    3
c    0
m    2

按第一列排序
a    9
c    1
c    0
m    2
z    3

按第二列排序
c    0
c    1
m    2
z    3
a    9
```

```
按第一列和第二列排序
a    9
c    0
c    1
m    2
z    3
```

6.1.7 关联数组

所谓“关联数组”，实际上就是使用字符串代替标准数组中的序列号，例如如下数组。

```
person[0] = "John";
person[1] = "4031234";
person[2] = "4035678";
person[3] = "abc@def.com";
```

可以改写为如下形式。

```
person["name"] = "John";
person["phone"] = "4031234";
person["fax"] = "4035678";
person["email"] = "abc@def.com";
```

由上述示例可以看出，使用关联数组可以更有效地存储一组“名称—值”的数据对，特别是当存取关联数组元素值时，不用知道数组元素的序列号，直接引用其名称就可以了。

1. 新建关联数组

新建关联数组的方法如下。

```
var 关联数组变量名 = new Object();
```

也可用如下方法新建关联数组。

```
var 关联数组变量名 = {};
```

例如如下示例。

```
var person = {};
```

2. 使用关联数组

引用关联数组中某元素的方法如下。

```
关联数组变量名["元素名"]
```

也可用如下形式使用关联数组。

```
关联数组变量名.元素名
```

例如如下示例。

```
alert(person.name);
```

3. 删除关联数组已有值

删除关联数组已有值的方法如下。

```
delete 关联数组变量名["元素名"]
```

也可用如下形式删除关联数组已有值。

```
delete 关联数组变量名.元素名
```

例如如下示例。

```
delete (person.email);
```

示例 6-2　列出关联数组中的各元素值。

目的：使用 for…in 语句循环地读取或赋值关联数组中的各元素，使用关键字 typeof 测试所要选取的元素是否存在。

程序文件名：ch6_02.html。

```
<script> <!--
  var person = {"name":"John", "phone":"4031234", "fax":"4035678",
 "email":"abc@def.com"};    //新建一个关联数组

  // theItem 变量存储的是 person 中的属性名，从 person[theItem] 中可以得到各属性值
  for (var theItem in person) {
    document.write(theItem + " is " + person[theItem] +"<br>");
  }

  // 测试 person 中是否有属性 age
  if (typeof person["age"] == "undefined") {
    document.write ('No property "age"');
  }

//-->
</script>
```

在浏览器中执行上述程序后，可得到下述结果。

```
name is John
phone is 4031234
fax is 4035678
email is abc@def.com
No property "age"
```

6.2 字符串对象

6.2.1 使用字符串对象

字符串对象是 JavaScript 中最常用的内置对象。当使用字符串对象时，并不一定需要用关键字 new。任何一个变量，如果它的值是字符串，那么，该变量就是一个字符串对象。因此，下述两种方法产生的字符串变量效果是一样的。

```
var myString = "This is a sample";
var myString = new String("This is a sample");
```

6.2.2 字符串相加

字符串最常用的操作是相加，前面在介绍运算符相关内容时已经提到过，只要直接使用加号“+”就可以了。例如如下示例。

```
var myString = "This is " + "a sample";
```

也可以使用“+=”进行连续相加，示例如下。

```
myString += "<br>";
```

上述形式等效于如下形式。

```
myString = myString + "<br>";
```

6.2.3 在字符串中使用单引号、双引号及其他特殊字符

JavaScript 中的字符串既可以使用单引号，也可以使用双引号，但是前后必须一致。下述示例中字符串前后的引号不一致，因此在运行时就会出错。

```
var myString = "This is a sample';
```

如果字符串中需要加入引号，可以使用与字符串的引号不同的引号。例如如下示例。

```
var errorMessage = ' "Username" is invalid';
```

也可以使用反斜杠\实现引号添加，例如如下示例。

```
var errorMessage = "\"Username\" is invalid ";
```

如果要在字符串中加入回车符，可以使用\n，例如如下示例。

```
var errorMessage = "\"Username\" is invalid\n";
errorMessage  += "\"Password\" is invalid"
alert(errorMessage);
```

运行上述 3 行语句，都可得到图 6-1 所示的结果。

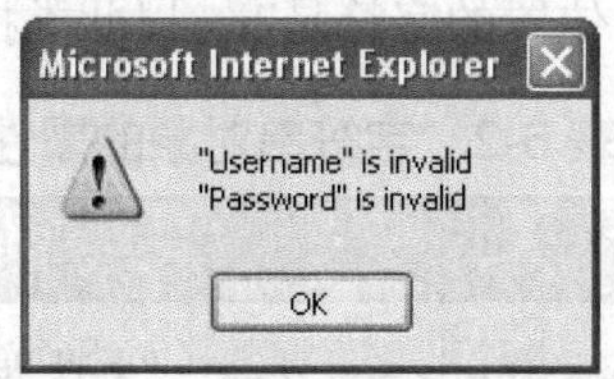

图 6-1 特殊字符的应用效果

6.2.4 比较字符串是否相等

比较两个字符串是否相等，只要直接使用逻辑比较符==就可以了。例如，下述函数用于判断字符串变量是否为空字符串或 null，如果是，返回 true，否则返回 false。

```
function isEmpty(inputString) {
  if (inputString == null || inputString =="")
    return true;
  else
    return false;
}
```

6.2.5 字符串与整数、浮点数之间的转换

如果要将字符串转换为整数或浮点数，只要使用函数 parseInt(s,b)或 parseFloat(s)就可以了，其中 s 表示所要转换的字符串，b 表示要转换成几进制的整数。

例如，下述示例计算的是用户在文本框中输入的水果数，假设用户输入了苹果（apples）个数为 3，香蕉（bananas）个数为 5，计算水果（fruits）的个数是 8，思考一下，如果第 3 行不用 parseInt()函数而直接写成 apples+bananas，变量 fruits 的值将会是什么？

```
var apples = document.form1.apples.value;                    // 苹果个数
var bananas = document.form1.bananas.value;                  // 香蕉个数
var fruits = parseInt(apples,10) + parseInt(bananas,10);// 所有水果的个数
```

如果要将整数或浮点数转换为字符串，只要直接与一个空字符串相加就可以了。例如下述示例，首先将整数转换为字符串，然后取出后两位数字。

```
var year = 1957 + "";
var twoDigits = year.substr(2);    // 57
```

6.2.6　字符串对象的属性和方法

字符串对象包含两个属性和大量的方法，其中，方法分为处理字符串内容、处理字符串显示及将字符串转换为 HTML 元素 3 类。

使用字符串对象属性的语法规则如下。

```
字符串对象名.字符串属性名
```

使用字符串对象方法的语法规则如下。

```
字符串对象名.字符串方法名(参数 1, 参数 2,…)
```

表 6-2 及表 6-3 列出了这些属性和方法的意义、示例，示例中假设 var myString = "This is a sample"，其中字符串对象的“位置”是从 0 开始的，例如字符串“This is a sample”中第 0 个位置的字符是 T，第 1 个位置的字符是 h，以此类推。

表 6-2　字符串对象的属性

属　性	意　义	示例 var myString = "This is a sample"
constructor	字符串对象的函数原型	myString.constructor 的结果为 function String() { [native code] }
length	字符串长度	myString.length 的结果为 17
prototype	添加字符串对象的属性	见示例 6-7

表 6-3　有关处理字符串内容的方法

方　法	意　义	示例 var myString = "This is a sample"
charAt(位置)	字符串对象在指定位置处的字符	myString.charAt(2)的结果为 I
charCodeAt(位置)	字符串对象在指定位置处的字符的 Unicode 值	myString.charCodeAt(2)的结果为 i
indexOf(要查找的字符串)	要查找的字符串在字符串对象中的位置	myString.indexOf("is")的结果为 2
LastIndexOf(要查找的字符串)	要查找的字符串在字符串对象中的最后位置	myString.lastIndexOf("is")的结果为 5
subStr(开始位置[,长度])	截取字符串	myString.subStr(10,3)的结果为 sam

续表

方　法	意　义	示例 var myString = "This is a sample"
字符串对象.subString(开始位置，结束位置)	截取字符串	myString.subString(5,9)的结果为 is a
split([分隔符])	分隔字符串到一个数组中	var　a = myString.split(" ")的结果为 a[0]= "This", a[1]= "is", a[2]= "a", a[3]= "sample"
replace(需替代的字符串，新字符串)	替换字符串	myString.replace("sample","apple") 的结果为"This is a apple"
toLowerCase()	变为小写字母	myString.toLowerCase()的结果为 this is a sample
toUpperCase()	变为大写字母	myString.toLowerCase()的结果为 THIS IS A SAMPLE

6.2.7　字符串对象的应用实例

示例 6-3　用 JavaScript 方法在网页上显示不同的字符串效果，如图 6-2 所示。

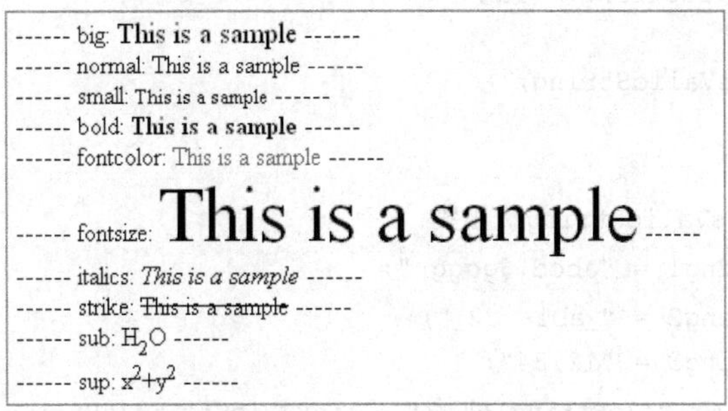

图 6-2　示例 6-3 的网页效果

目的：字符串对象中有关字符串显示方法的应用。

程序文件名：ch6_03.html。

```
<script>
<!--
  var myString="This is a sample";

  document.write("------ big: " + myString.big() + " ------" + "<br>");
  document.write("------ normal: " + myString + " ------" + "<br>");
  document.write("------ small: " + myString.small() + " ------" + "<br>");
  document.write("------ bold: " + myString.bold() + " ------" + "<br>");
  document.write("------ fontcolor: " + myString.fontcolor("red") + " ------" + "<br>");
  document.write("------ fontsize: " + myString.fontsize(9) + " ------" + "<br>");
  document.write("------ italics: " + myString.italics() + " ------" + "<br>");
  document.write("------ strike: " + myString.strike() + " ------" + "<br>");
  document.write("------ sub: " + "H"+"2".sub()+"O" + " ------" + "<br>");
  document.write("------ sup: " + "x"+"2".sup()+"+"+"y"+"2".sup() + " ------"
```

```
 + "<br>");

//-->
</script>
```

示例 6-4　检查字符串是否是有效的字符串。

目的：字符串对象中有关处理字符串内容方法的应用。

程序文件名：ch6_04.html。

```
1  <script>
2  <!--
3  /* 检查字符串是否是有效的字符串 */
4  function isValidString(inputString) {
5  /* validChars 为有效字符串集*/
6   var validChars = "0123456789abcdefghijklmnopqrstuvwxyz_- ";
7   var isValidString = true;
8   var aChar;
9   for (var i = 0; i < inputString.length && isValidString == true; i++)
10  {
11    aChar = inputString.toLowerCase().charAt(i);
12   if (validChars.indexOf(aChar) == -1)
13      isValidString = false;
14  }
15  return isValidString;
16 }
17
18  //  测试 isValidString()函数
19  var aString1 = "abcd $gggg ";
20  var aString2 = "_ab1-cd2_";
21  var aString3 = "12.34";
22  document.write(aString1+" 是" + (isValidString(aString1)?"有效的" : "无效的") + "字符串。<br>");
23  document.write(aString2+" 是" + (isValidString(aString2)?"有效的" : "无效的") + "字符串。<br>");
24  document.write(aString3+" 是" + (isValidString(aString3)?"有效的" : "无效的") + "字符串。");
25
26 //-->
27 </script>
```

说明

- 首先，第 6 行中将有效的字符串定义在 validChars 变量中。在该示例中，只有数字、大小写字母、下画线、破折号和空格为有效字符。
- 然后，将需要检测的字符串进行逐个字符检测（第 9～14 行）。
- 由于在 validChars 变量中只保存了小写字母，因此在循环中先将检测的字符变为小写字母（第 11 行）。
- 如果在循环检测中有一个字符不是有效的，就退出循环。

在浏览器上运行该程序后得出的结果如下。

```
abcd $gggg 是无效的字符串。
_ab1-cd2_ 是有效的字符串。
12.34 是无效的字符串。
```

示例 6-5 当用户在文本框中输入文字时，在文本框的上方显示用户输入文字的个数；如果用户输入的文字长度超出指定的个数，截取字符串，效果示例如图 6-3 所示。

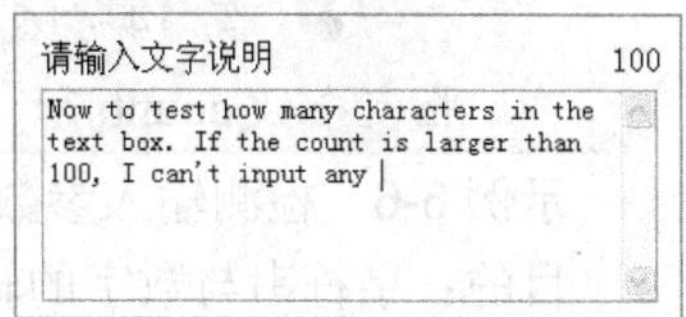

图 6-3 示例 6-5 的网页效果

目的：字符串对象中有关处理字符串内容方法的应用。

程序文件名：ch6_05.html。

```
1  <html>
2  <head>
3  <title>计算 TEXTAREA 的字符数</title>
4  <script>
5  <!--
6    function countChars() {
7      var s = document.getElementById("description").value;
8      // 如果字符串长度超过指定个数，截取字符串
9      if (!isValid(s,100))
   document.getElementById("description").value = s.substr(0,100);
10     document.getElementById("count").innerHTML = document.getElementById
   ("description").value.length;
11   }
12
13   /* 检查字符串长度是否超出指定的个数  */
14   function isValid(inputString,count) {
15     return (inputString.length <= count);
16   }
17
18 //-->
19 </script>
20 </head>
21 <body>
22   <table>
23     <tr>
24       <td width="250">请输入文字说明</td>
25       <td id="count" align="right"></td>
26     </tr>
27     <tr>
28       <td  colspan="2"><textarea  id="description"  style="width:300px;height:
   100px" onkeyup="countChars();"></textarea></td>
29     </tr>
30   </table>
31 </body>
32 </html>
```

- 第 28 行的 HTML<textarea>标记中使用了 onkeyup 事件调用 JavaScript 的函数 countChars()，用于计算用户输入字符的个数。

● 第 6 ~ 11 行为 countChars()函数，其中 document.getElementById("description").value 用于得到<textarea>标记中的字符串内容，document.getElementById("count").innerHTML 用于在第 25 行显示用户输入的字符个数。

● 第 14 ~ 16 行的函数 isValid()用于检测输入字符串 inputString 是否大于指定个数 count。

示例 6-6 检测输入参数是否在指定的两个数之间。

目的：字符串与数字的转换。

程序文件名：ch6_06.html。

```
1  <script>
2  <!--
3  /* 检查输入的参数是否在指定的两个数之间，
4     其中 s1 是下界，s2 是上界，s 是被测值。
5     如果 s1 <= s <= s2，返回 true，
6     否则返回 false。
7  */
8  function isRange(s,s1,s2) {
9    if (s1==null && s2==null)
10     return true;
11   else if ((s1==null) && parseFloat(s)>parseFloat(s2))
12     return false;
13   else if ((s2==null) && parseFloat(s)<parseFloat(s1))
14     return false;
15   else if (parseFloat(s)<parseFloat(s1) ||
16       parseFloat(s)>parseFloat(s2))
17     return false;
18   else
19     return true;
20 }
21
22   // 测试 isRange()函数
23   document.write(100+ (isRange(100,0,200) ? "在" : "不在") + "0 ~ 200 范围内。<br>");
24   document.write(100+ (isRange(100,null,99) ? "在" : "不在") + "<=99 范围内。<br>");
25   document.write(100+ (isRange(100,50,null) ? "在" : "不在") + ">=50 范围内。");
26
27 //-->
28 </script>
```

在浏览器上运行该程序后得出的结果如下。

```
100 在 0 ~ 200 范围内。
100 不在<=99 范围内。
100 在>=50 范围内。
```

为了比较数的大小，在第 11、13、15 和 16 行均使用了 parseFloat()函数，确保进行比较的是浮点数，而不会对字符串进行比较。

示例 6-7　使用字符串对象的 prototype 属性添加一个新方法 trim()，用于去掉字符串开始位置和结束位置的空字符，同时也将连续的空字符用一个空字符替换。

目的：应用字符串对象的 prototype 属性。

程序文件名：ch6_07.html。

```
1  <script> <!--
2  /*本程序为 JavaScript 的 String 对象添加一个新的方法
3    Trim——去掉字符串开始位置和结束位置的空字符，同时也将连续的空字符用一个空字符替换
4  */
5  
6  function trim(){
7     var retValue = this;  //this 是 String 对象
8     var ch = retValue.substring(0, 1);
9     while (ch == " ") { // 检查第一个字符是否为空字符
10       retValue = retValue.substring(1, retValue.length);
11       ch = retValue.substring(0, 1);
12    }
13    ch = retValue.substring(retValue.length-1, retValue.length);
14    while (ch == " ") { // 检查最后一个字符是否为空字符
15       retValue = retValue.substring(0, retValue.length-1);
16       ch = retValue.substring(retValue.length-1, retValue.length);
17    }
18    while (retValue.indexOf("  ") != -1) { // 检查是否有两个连续的空字符
19       retValue = retValue.substring(0, retValue.indexOf("  ")) +
   retValue.substring (retValue.indexOf("  ")+1, retValue.length);
20    }
21    return retValue; // 返回处理后的字符串
22 }
23 
24 //  将自定义的方法附加到 String 对象
25 String.prototype.trim=trim
26 
27 //  使用自定义的方法
28 var aString = " This   is a new book.  "
29 document.write("==="+aString.trim()+"===");
30 //-->  </script>
```

在浏览器上运行该程序后得出的结果如下。

```
===This is a new book.===
```

- 第 6～22 行是 trim()函数。
- 第 25 行使用字符串对象的 prototype 属性将 trim()函数附加到字符串对象上。
- 第 28 行和第 29 行使用字符串的新方法 trim()处理字符串“This　 is a new book.”。

6.3 数学对象

6.3.1 使用数学对象

JavaScript 的数学（Math）对象提供了大量的数学常数和数学函数，使用时不需要用关键字 new 就可以直接使用。例如，下述示例展示了使用数学常数π计算圆的面积。

```
var r = 10;
var area = Math.PI * Math.pow(r,2);   // π* r * r
```

如果语句中需要大量使用数学对象，可以使用 with 语句简化程序。例如，上述程序可以简化为如下形式。

```
with (Math) {
   var r = 10;
   var area = PI * pow(r,2);              // π* r * r
}
```

6.3.2 数学对象的属性和方法

使用数学对象属性的语法规则如下。

```
Math.属性名
```

使用数学对象方法的语法规则如下。

```
Math.方法名(参数 1, 参数 2, …)
```

表 6-4 列出了数学对象的常用属性，表 6-5 列出了常用的方法函数。

表 6-4 数学对象的常用属性

属性示例	数学意义	值
E	欧拉常量，自然对数的底	约等于 2.7183
LN2	2 的自然对数	约等于 0.6931
LN10	10 的自然对数	约等于 2.3026
LOG2E	以 2 为底的 e 的自然对数	约等于 1.4427
LOG10E	以 10 为底的 e 的自然对数	约等于 0.4343
PI	π	约等于 3.14159
SQRT1_2	0.5 的平方根	约等于 0.707
SQRT2	2 的平方根	约等于 1.414

表 6-5 数学对象的常用方法

方法	意义	示例
abs(x)	返回 x 的绝对值	abs(2)的结果为 2，abs(-2)的结果为 2
acos(x)	返回某数的反余弦值（以弧度为单位）。x 在−1 ~ 1 范围内	acos(1)的结果为 0

续表

方　法	意　义	示　例
asin(x)	返回某数的反正弦值（以弧度为单位）	asin(0.5)的结果约为 0.5236
atan(x)	返回某数的反正切值（以弧度为单位）	atan(1)的结果约为 0.7854
ceil(x)	返回与某数相等或大于该数的最小整数	ceil(-15)的结果为-15 ceil(-15.6)的结果为-15 ceil(15.2)的结果为 16 ceil(15)的结果为 15
cos(x)	返回某数（以弧度为单位）的余弦值	cos(Math.PI*2/6)的结果为 0.5
exp(x)	返回 e 的 x 次方	exp(2)的结果约为 7.389
floor(x)	与 ceil()相反，返回与某数相等或小于该数的最小整数	floor (-15)的结果为-15 floor (-15.6)的结果为-16 floor (15.2)的结果为 15 floor (15)的结果为 15
log(x)	返回某数的自然对数（以 e 为底）	log(Math.E)的结果为 1
max(x,y)	返回两数中的较大值	max(1,3)的结果为 3
min(x,y)	返回两数中的较小值	min(1,3)的结果为 1
pow(x,y)	返回 x 的 y 次方	pow(2,3)的结果为 8
random()	返回 0 ~ 1 之间的一个伪随机数	—
round(x)	返回某数四舍五入之后的整数	round(3.4)的结果为 3
sin(x)	返回某数（以弧度为单位）的正弦值	sin(Math.PI/6)的结果为 0.5
sqrt(x)	返回某数的平方根	sqrt(9)的结果为 3
tan(x)	返回某数的正切值	tag(Math.PI/4)的结果为 1
toFixed(x)	返回某数四舍五入之后保留 x 位小数的值（JavaScript 1.5）	var num1=1204.238; num1.toFixed(2) 其结果为 1204.24
toPrecision(x)	返回某数四舍五入之后保留 x 位字符的值（JavaScript 1.5）	var num1=1204.238; num1. toPrecision(5) 其结果为 1204.2

6.3.3　特殊的常数和函数

除上述数学对象外，JavaScript 还提供了如下所述的一些特殊常数和函数来用于数学计算。

1．常数 NaN 和函数 isNaN()

在使用 JavaScript 数学对象的过程中，当得到的结果无意义时，JavaScript 将返回一个特殊的值 NaN，表示不是一个数（Not a Number）。例如，在使用 acos(x)时，如果 x 不在−1 ~ 1 范围内，将返回 NaN；又如，当使用 parseInt(x)转换成整数时，如果 x 是字符，如 parseInt("B")，也将返回 NaN。

使用 JavaScript 的 isNaN()函数，可以测试其参数是否为 NaN 值。例如如下示例。

```
<script>  <!--
var alpha = Math.acos(2);
if (isNaN(alpha))
  document.write("acos 函数的参数错误");
else
  document.write("acos 函数的结果是"+alpha);
//-->  </script>
```

在浏览器中执行上述程序，得出的结果如下。

```
acos 函数的参数错误
```

2. 常数 Infinity 和函数 isFinite ()

JavaScript 还有一个特殊的常数 Infinity，表示无限。例如下述示例，由于等式右侧的表达式都是被 0 除，因此 x1 的值是 Infinity，x2 的值是-Infinity。

```
x1 = 3/0;
x2 = -3/0;
```

JavaScript 中用于测试是否是有限数的函数为 isFinite(x)。例如，在上述两个语句后加入下述两个语句，它们都将返回 false。

```
flag1 = isFinite(x1);
flag2 = isFinite(x2);
```

6.3.4 格式化数字

格式化数字指的是将整数或浮点数按指定的格式显示出来，例如，数字 1204.6237 按不同的格式要求可以显示表 6-6 所示的不同效果。

表 6-6 格式化数字的不同效果

格 式 要 求	显 示 效 果
无格式要求	1204.6237
保留 2 位小数	1204.62
保留 3 位小数	1204.624
保留 6 位小数	1204.623700
百分数（%）	120462.37
千分位符	1,204.6237

1. 保留小数位数

一般通过下述两种方法进行数字保留位数的操作。

（1）数学对象的 round(x)方法，格式如下。

```
Math.round ( aNum * Math.pow(10,n) ) / Math.pow(10,n);  // 保留 n 位小数
```

这种方法用于需要保留的位数少于或等于原数字的小数位数的情况，截取小数位数时采用四舍五入的方法。例如如下示例。

```
var aNum = 1204.6237;
var r1 = Math.round (aNum*100)/100;     //  保留 2 位小数，结果为 1204.62
var r2 = Math.round (aNum*1000)/1000;  //  保留 3 位小数，结果为 1204.624
```

（2）JavaScript 1.5 版本提供的 toFixed(n)和 toPrecision(n)方法，语法规则如下。

```
数字.toFixed(n);                             // 保留 n 位小数
数字.toPrecision (n);                        // 保留 n 位数字
```

使用这两种函数可以进行保留小数位数、数字位数的各种操作。当需要保留的小数位数小于原数字的小数位数时，采用四舍五入的方法截取小数位数；当需要保留的小数位数大于原数字的小数位数时，将进行补零操作；当需要保留的数字位数小于原数字位数时，采用科学表示法显示数字。例如如下示例。

```
var aNum = 1204.6237;
var r1 = aNum.toFix(2);               //  保留 2 位小数，结果为 1204.62
var r2 = aNum.toFix(3);               //  保留 3 位小数，结果为 1204.624
var r3 = aNum.toFix(6);               //  保留 6 位小数，结果为 1204.623700
var r4 = aNum.toPrecision (6);        //  保留 6 位数字，结果为 1204.62
var r5 = aNum.toPrecision (7);        //  保留 7 位数字，结果为 1204.624
var r6 = aNum.toPrecision (10);       //  保留 10 位数字，结果为 1204.623700
var r7 = aNum.toPrecision (2);        //  保留 2 位数字，结果为 1.2e+3
```

如果要检测当前的浏览器是否支持这两种函数，可以采用下述方法。

```
var aNum = 1204.6237;
if (aNum.toFixed)                     //如果浏览器支持 toFixed()函数
    aNum.toFixed(2)
```

2. 添加千分位符

利用 JavaScript 1.5 版本提供的 toLocalString("en")方法可以添加千分位符，语法规则如下。

```
数字. toLocalString("en");
```

例如如下示例。

```
12046237.toLocalString("en");   //12,046,237
```

示例 6-8　格式化数字为带有千分位和小数位的格式（原理如图 6-4 所示）及还原数字。

目的：格式化数字。

程序文件名：ch6_08.html。

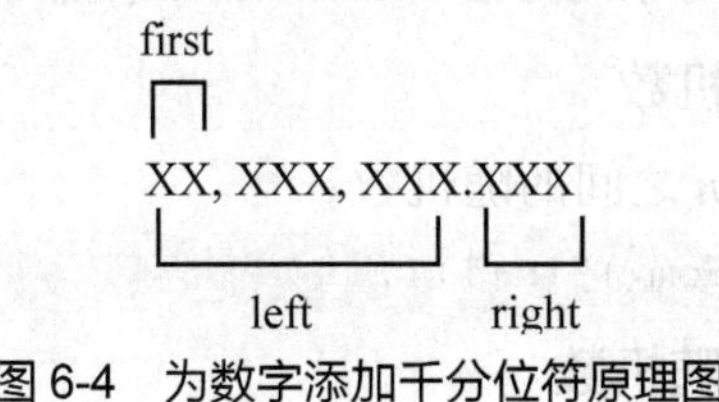

图 6-4　为数字添加千分位符原理图

```
<script> <!--
```

```
/* 格式化数字 */
function formatFloat(inputString, dec) { /*dec:小数点以后的位数*/
  dec = typeof dec==='undefinded' ? 0 : dec; /*没有变量 dec 表示没有小数点*/
  var float = parseFloat(inputString+'');/*无论输入的是数字或字符，都转换为数字*/
  var left = Math.floor(float);
  var right = dec>0 ? '.'+float.toFixed(dec).split('.')[1]:'';
  return left.toLocaleString('en')+right;
}
/* 取消格式 */
function unformat(input) {
  return replaceStrAll(input+'',',','');
}
/*替换所有字串*/
function replaceStrAll(inStr,oldStr,newStr) {
  var ret = inStr;
  while (ret.indexOf(oldStr)>-1) {
    ret = ret.replace(oldStr,newStr);
  }
  return parseFloat(ret);
}

document.write(formatFloat(12345678.123,2)+'<br>');
document.write(formatFloat(12345678,2)+'<br>');
document.write(formatFloat(12345678.123));
document.write('<br><br>');
document.write(unformat('123,456.22')+'<br>');
document.write(unformat('7,123,456.00'));
//--> </script>
```

在浏览器中执行上述程序，得到的结果如下。

```
12,345,678.12
12,345,678.00
12,345,678

123456.22
7123456
```

6.3.5 产生随机数

1. 产生 0 ~ 1 之间的随机数

直接使用 JavaScript 数学对象的方法 Math.random()就可以产生 0 ~ 1 之间的随机数。

2. 产生 0 ~ *n* 之间的随机数

用如下代码可以产生 0 ~ *n* 之间的随机数。

```
Math.floor(Math.random()*(n+1));
```

3. 产生 *n*1 ~ *n*2 之间的随机数

用如下代码可以产生 *n*1 ~ *n*2 之间的随机数，其中 *n*1 小于 *n*2。

```
Math.floor(Math.random() * (n2 - n1)) + n1;
```

6.3.6 数学对象的应用实例

示例 6-9 随机产生 *n* 位字符串密码。

目的：数学对象中随机方法的应用。

程序文件名：ch6_09.html。

```
<script> <!--
function randomString(stringLen) {   // stringLen 为随机字符串长度
  //定义有效字符集
  var validChar =
"0123456789ABCDEFGHIJKLMNOPQRSTUVWXTZabcdefghiklmnopqrstuvwxyz";

  var ret = "";  //ret 为返回字符串变量
  for (var i=0; i< stringLen; i++) {
    //从有效字符集中得到一个随机字符，并附加到返回字符串变量中
    var rnum = Math.floor(Math.random() * validChar.length);
    ret += validChar.substring(rnum,rnum+1);
  }
  return ret;
}

//测试随机字符串函数
document.write(randomString(8)+"<br>");
document.write(randomString(9)+"<br>");
document.write(randomString(9)+"<br>");
//--> </script>
```

如果在浏览器中执行该程序，就会得到类似下述 3 个字符串，但是每次执行该程序都会得到不同的结果。

```
oUmMTF9n
8Gy0MAqSP
cD3gMtWHO
```

示例 6-10 产生拼写单词试题。例如，对于英文单词 instruction，产生 3 字符拼写 in_tru_ti_n 或 5 字符拼写 _ _ _tr_cti_n 的试题。

目的：数学对象中随机方法的应用。

程序文件名：ch6_10.html。

```
<script> <!--
function fillString(inputString,n) {
  var count = 0, ret = inputString;  //ret 为返回字符串变量
  while (count<n) {
    //从输入的字符串中得到一个随机字符，如果不是“_”，则用“_”替换
    var rnum = Math.floor(Math.random() * inputString.length);
    if (ret.substring(rnum,rnum+1)!="_")  {
      ret = ret.substr(0,rnum)+"_"+ret.substr(rnum+1);
      count++;
    }
```

```
  }
  return ret;
}

//测试拼写单词函数
document.write(fillString("instruction",3)+"<br>");
document.write(fillString("communication",5)+"<br>");
document.write(fillString("study",3)+"<br>");
//-->  </script>
```

如果在浏览器中执行该程序，就会得到类似于下述的 3 个字符串，但是每次执行该程序都会得到不同的结果。

```
inst__ctio_
com__ni_a_i_n
_tu__
```

示例 6-11　在网页中画出 sin(x)的数学曲线，如图 6-5 所示。

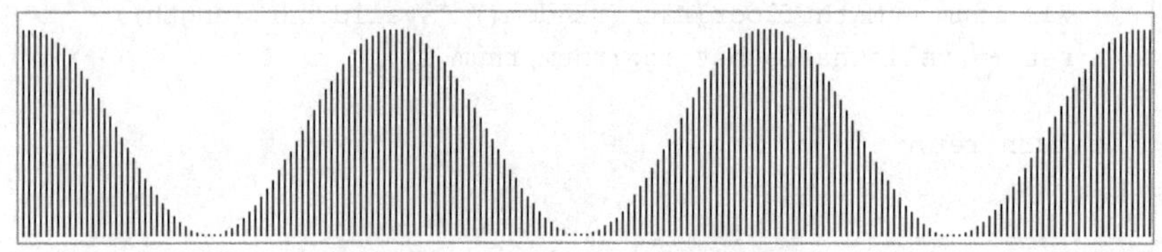

图 6-5　示例 6-11 的网页效果

目的：学习使用数学对象的方法来得到数学函数值，使用 document.write 语句输出 HTML 内容。

程序文件名：ch6_11.html。

```
1   <script>  <!--
2   function data(y) {
3     return '<IMG SRC="dot.gif" WIDTH="1" HEIGHT="' +
    Math.floor((y*50)+51) + '">';
4   }
5   var output = '<TABLE CELLPADDING="1" CELLSPACING="0" BORDER="0"><TR>';
6   for (var i=0; i<40; i+=.1) {
7     output += '<TD VALIGN="BOTTOM">' + data(Math.sin(i)) + '<\/TD>';
8   }
9   output += '<\/TR><\/TABLE>';
10  document.write(output);
11  //--></script>
```

- 本示例通过 JavaScript 将 HTML 的标记等作为字符串保存在变量 output 中，最后通过第 10 行的 document.write 语句向屏幕输出，得到网页效果。
- 数学函数的值是在第 7 行通过 Math.sin(i)得到的，然后通过第 2～4 行的函数 data(y)将 Math.sin(i)的值转换成图像的高度。因此，在该示例中，应有一个文件名为 dot.gif 的图像文件，该图像是一个长、宽分别为 1 像素的黑色方点。

6.4 日期对象

6.4.1 新建日期

使用关键字 new 新建日期对象时，可以用下述 4 种方法。

```
new Date();
new Date(日期字符串);
new Date(年,月,日[,时,分,秒,毫秒]);
new Date(毫秒);
```

如果新建日期对象时不包含任何参数，得到的将是当日的日期。

如果使用“日期字符串”作为参数，则可以使用 Date.parse()方法能够识别的任何一种表示日期、时间的字符串，例如，“April 10, 2003”“12/24/1988 16:12:0”“Sat Sep 18 09:22:28 EDT 2004”等。

如果使用“年,月,日[,时,分,秒,毫秒]”作为参数，这些参数都是整数，其中“月”从 0 开始计算，即 0 表示一月份，1 表示二月份，以此类推。方括号中的参数可以不填写，若不填写，其值就表示 0。

如果使用“毫秒”作为参数，该数代表的是从 1970 年 1 月 1 日至指定日期的毫秒数值。

新建日期得到的结果是标准的日期字符串格式，如果没有指定时区，返回的将是当地时区（计算机设定）的时间。

示例 6-12　新建日期对象。

程序文件名：ch6_12.html。

```
<script> <!--
  var myDate1 = new Date();
  var myDate2 = new Date("April 10, 2003 ");
  var myDate3 = new Date("April 10, 2003 8:20:4");
  var myDate4 = new Date(04,2,1,1);  // 2004年3 月1日1时
  var myDate5 = new Date(1988,0,1,16,25,0,0);
  var myDate6 = new Date(200000000);
  for (var i=0; i<6; i++) {
    document.write("myDate"+(i+1)+" is " + eval("myDate"+(i+1)) + "<br>");
  }
//--></script>
```

在浏览器中执行上述程序，得到的结果如下。

```
myDate1 is Fri Oct 27 2017 09:42:53 GMT-0400 (Eastern Daylight Time)
myDate2 is Thu Apr 10 2003 00:00:00 GMT-0400 (Eastern Daylight Time)
myDate3 is Thu Apr 10 2003 08:20:04 GMT-0400 (Eastern Daylight Time)
myDate4 is Tue Mar 01 1904 01:00:00 GMT-0500 (Eastern Standard Time)
myDate5 is Fri Jan 01 1988 16:25:00 GMT-0500 (Eastern Standard Time)
myDate6 is Sat Jan 03 1970 02:33:20 GMT-0500 (Eastern Standard Time)
```

6.4.2 日期对象的属性和方法

除了对象所特有的两个属性 constructor 和 prototype（详见“6.1.5 数组对象的常用属性和方法”及“6.2.6 字符串对象的属性和方法”）外，日期对象没有其他属性。

除了对象所具有的 toString()和 toSource()方法外，日期对象的其他方法如表 6-7 所示。值得注意的是，大部分方法用于日期对象变量，而 parse()和 UTC()两个方法不需要日期对象变量，可以直接使用日期对象关键字 Date。

表 6-7　日期对象的其他方法

日期对象方法语法规则	意　义	时　区
日期对象.getDate()	返回整数，表示日期对象月份中的日期数（1～31）	计算机指定时区
日期对象.getDay()	返回整数，表示日期对象中的星期数，0 表示星期日，6 表示星期六	计算机指定时区
日期对象.getMonth()	返回整数，表示日期对象中的月份数，0 表示一月，1 表示二月，以此类推	计算机指定时区
日期对象.getFullYear()	返回 4 位整数，表示日期对象中的年。可用该方法代替 getYear()方法使用	计算机指定时区
日期对象.getYear()	返回两位整数，表示日期对象中的年。应避免使用该方法，而用 getFullYear()方法	计算机指定时区
日期对象.getHours()	返回整数，表示日期对象中的小时数（0～23）	计算机指定时区
日期对象.getMinutes()	返回整数，表示日期对象中的分钟数（0～59）	计算机指定时区
日期对象.getSeconds()	返回整数，表示日期对象中的秒数（0～59）	计算机指定时区
日期对象.getMilliseconds()	返回整数，表示日期对象中的毫秒数（0～999）	计算机指定时区
日期对象.getTime()	返回整数，表示自 1970 年 1 月 1 日 0:0:0 起的毫秒数	计算机指定时区
日期对象.getTimezoneOffset()	返回整数，表示计算机设定时区与格林尼治标准时间相差的分钟数	格林尼治标准时间
日期对象.getUTCDate()	与 getDate()意义基本相同，只是表示的时区不同	格林尼治标准时间
日期对象.getUTCDay()	与 getDay()意义基本相同，只是表示的时区不同	格林尼治标准时间
日期对象.getUTCMonth()	与 getMonth()意义基本相同，只是表示的时区不同	格林尼治标准时间
日期对象.getUTCFullYear()	与 getFullYear()意义基本相同，只是表示的时区不同	格林尼治标准时间
日期对象.getUTCHours()	与 getHours()意义基本相同，只是表示的时区不同	格林尼治标准时间
日期对象.getUTCMinutes()	与 getMinutes()意义基本相同，只是表示的时区不同	格林尼治标准时间
日期对象.getUTCSeconds()	与 getSeconds()意义基本相同，只是表示的时区不同	格林尼治标准时间
日期对象.getUTCMilliseconds()	与 getMilliseconds()意义基本相同，只是表示的时区不同	格林尼治标准时间
Date.parse(日期字符串)	返回整数，表示自 1970 年 1 月 1 日 0:0:0 起的毫秒数	计算机指定时区

续表

日期对象方法语法规则	意义	时区
日期对象.setDate(日期数)	设置日期对象月份中的日期数 1～31	计算机指定时区
日期对象.setFullYear(年[,月,日])	设置日期对象中的年数，4 位整数	计算机指定时区
日期对象.setHours(小时[,分,秒,毫秒])	设置日期对象中的小时数	计算机指定时区
日期对象.setMilliseconds(毫秒)	设置日期对象中的毫秒数	计算机指定时区
日期对象.setMinutes(分[,秒,毫秒])	设置日期对象中的分钟数	计算机指定时区
日期对象.setMonth(月[,日])	设置日期对象中的月份数	计算机指定时区
日期对象.setSeconds(秒[,毫秒])	设置日期对象中的秒数	计算机指定时区
日期对象.setTime(总毫秒数)	设置日期对象中自 1970 年 1 月 1 日 0:0:0 起的毫秒数	计算机指定时区
日期对象.setYear()	设置日期对象中的年数，如果位数小于等于两位，则年份表示为 19××	计算机指定时区
日期对象.setUTCDate()	与 setDate()意义基本相同，只是表示的时区不同	格林尼治标准时间
日期对象.setUTCDay()	与 setDay()意义基本相同，只是表示的时区不同	格林尼治标准时间
日期对象.setUTCMonth()	与 setMonth()意义基本相同，只是表示的时区不同	格林尼治标准时间
日期对象.setUTCFullYear()	与 setFullYear()意义基本相同，只是表示的时区不同	格林尼治标准时间
日期对象.setUTCHours()	与 setHours()意义基本相同，只是表示的时区不同	格林尼治标准时间
日期对象.setUTCMinutes()	与 setMinutes()意义基本相同，只是表示的时区不同	格林尼治标准时间
日期对象.setUTCSeconds()	与 setSeconds()意义基本相同，只是表示的时区不同	格林尼治标准时间
日期对象.setUTCMilliseconds()	与 setMilliseconds()意义基本相同，只是表示的时区不同	格林尼治标准时间
日期对象.toUTCString()	将日期对象转换成格林尼治标准时间的日期字符串	格林尼治标准时间
日期对象.toLocaleString()	将日期对象转换成当地时区的日期字符串	计算机指定时区
Date.UTC(年,月,日[,时,分,秒,毫秒])	返回整数，表示自 1970 年 1 月 1 日 0:0:0 起的毫秒数	格林尼治标准时间

6.4.3 日期对象的应用实例

示例 6-13 用下述不同的格式显示当天的日期。

- 格式 1：月/日/年×/×/××××。
- 格式 2：月/日/年××/××/××××。
- 格式 3：××××年×月×日星期×。
- 格式 4：用图像表示日期，效果如图 6-6 所示。

目的：日期对象方法的应用。

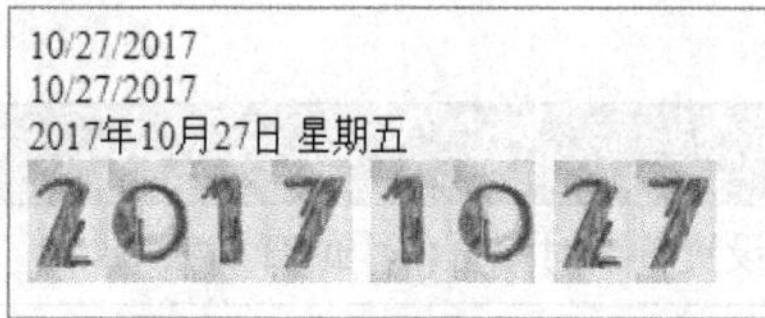

图 6-6　用图像表示的日期

程序文件名：ch6_13.html。

```
<script>  <!--
var sWeek = ["日","一","二 ","三","四","五","六"];

var myDate = new Date();    // 当天的日期

var sYear = myDate.getFullYear();       // 年
var sMonth = myDate.getMonth()+1;            // 月
var sDate = myDate.getDate();                // 日
var sDay = sWeek[myDate.getDay()];           // 星期

//  格式 1
document.write(sMonth + "/" + sDate + "/" + sYear + "<br>");
//  格式 2
document.write(formatTwoDigits(sMonth) + "/" +
               formatTwoDigits(sDate) + "/" +
               sYear + "<br>");
//  格式 3
document.write(sYear + "年" + sMonth + "月" + sDate + "日" + " 星期" + sDay
+ "<br>");
//  格式 4
document.write(imageDigits(sYear) + "  " +
               imageDigits(sMonth) + "  " +
               imageDigits(sDate) +  "<br>");

//  如果输入的数是 1 位数，在十位数上补 0
function formatTwoDigits(s) {
  if (s<10) return "0"+s;
  else return s;
}

//  将数字转换为图像，注意，在本文件的相同目录下已有对应 0 ~ 9 的图像文件，文件名为 0.gif、
//  1.gif，以此类推
function imageDigits(s) {
  var ret = "";
  s = s + "";
  for (var i=0; i<s.length; i++) {
    ret += '<img src="' + s.charAt(i) + '.gif">';
  }
  return ret;
}
//--></script>
```

示例 6-14　校验用户输入的日期字符串。例如用户输入两个日期数据后校验，如图 6-7 所示。

图 6-7　校验用户输入的日期

（1）用户输入的是合法的日期字符串，格式为 mm/dd/yyyy。

（2）用户输入的第一个日期小于等于第二个日期。

（3）显示两个日期相差的天数。

目的：日期对象方法的应用。

程序文件名：ch6_14.html。

```
<html>
<head>
  <script> <!--
    function checkdate(input){
      var inVal = input.value, ret = false;
      if (!(inVal.length==10 && inVal.split('/')[0].length==2 &&
              inVal.split('/')[1].length==2 &&
              inVal.split('/')[2].length==4 &&
              inVal.split('/')[0]>0 &&
              inVal.split('/')[1]>0 &&
              inVal.split('/')[2]>0))
        alert("输入的日期无效.");
      else{
        var month = inVal.split("/")[0];
        var day = inVal.split("/")[1];
        var year  = inVal.split("/")[2];
        var dayobj = new Date(year, month-1, day);
        if ((dayobj.getMonth()+1!=month) || (dayobj.getDate()!=day) ||
    (dayobj.getFullYear()!=year))
          alert("输入的日期无效.");
        else
          ret = true;
      }
      if (!ret) input.select();
      return ret;
    }

  function doDateCheck(from, to) {
    if (!doDateFormatCheck(from)) return;
    if (!doDateFormatCheck(to)) return;
    if (Date.parse(from.value) <= Date.parse(to.value)) {
      alert("输入的日期有效。相差" + diffDays(from.value,to.value) + "天");
    }
```

```
    else {
      if (from.value == "" || to.value == "")
        alert("请输入两个日期");
      else
        alert("'至'日期必须大于'从'日期");
    }
  }
  // 得到两个日期的相差天数
  function diffDays(from,to) {
    var dFrom = new Date(from);
    var dTo = new Date(to);
    var dateDiffDays = parseInt((dTo - dFrom) / (1000 * 60 * 60 * 24));
    return dateDiffDays;
  }
  //--></script>
</head>
<body>
<form>日期格式：mm/dd/yyyy<br>
从<input type="text" name="from" size="11" maxlength="11">
至<input type="text" name="to" size="11" maxlength="11">
<input type=button onClick="doDateCheck(this.form.from, this.form.to);"
value="校验">
</form>
</body>
</html>
```

第 7 章 JavaScript 常用文档对象

本章主要内容：

- HTML 文档对象及其常用元素对象
- 动态改变网页内容和样式

7.1 HTML 文档对象结构

HTML 文档包括网页显示的各个元素对象，结构示例如图 7-1 所示。HTML 文档中的元素静态地提供了各级文档对象的内容，CSS 设置了网页显示的样式。本章将使用 JavaScript 程序动态地改变网页中各级文档对象的内容及网页样式，而 HTML 元素中的事件项，则是达到这一目的的“必经之路”，如图 7-2 所示。

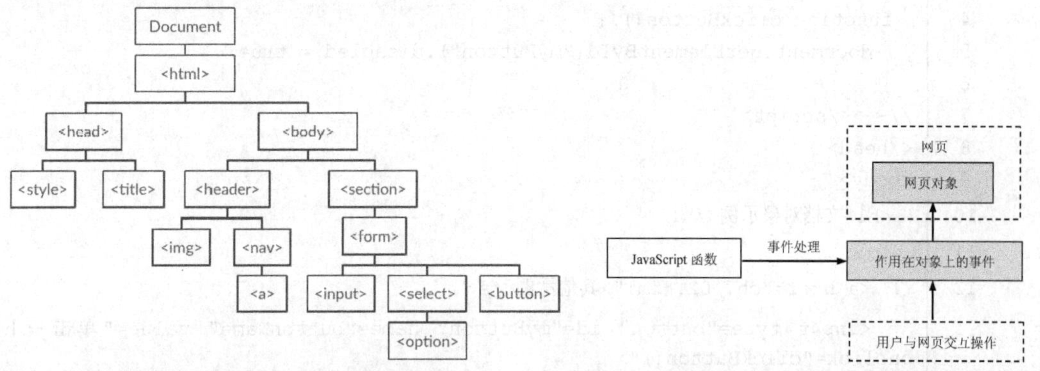

图 7-1　HTML 文档对象结构示例　　　　图 7-2　网页对象与 JavaScript 事件处理的关系

文档对象及其包含的各种元素对象与 JavaScript 对象一样，具有属性和方法两大要素。通过 JavaScript 改变网页的内容和样式，实际上就是通过调用 JavaScript 函数改变文档中各个元素对象的属性值，或使用文档对象的方法模仿用户操作的效果，示例 7-1 简单地说明了这一过程。

本章以后的示例中将主要给出 HTML 和 JavaScript 的相关程序语句，而不会给出全部的程序内容，读者在应用时应该加上 HTML 的一些必须的程序内容，如 doctype 语句、html 元素、head 元素及 body 元素等，示例如下。

```
<!DOCTYPE HTML>
<head>
    <meta charset="UTF-8">
    <meta name="viewport" content="width=device-width, initial-scale=1">
    <title>…</title>
```

```
    </head>
    <body>
      …
    </body>
  </html>
```

示例 7-1　在图 7-3 左图所示的网页中，编程实现用户单击一次“单击一下”按钮后，不可以再次单击，如图 7-3 右图所示。

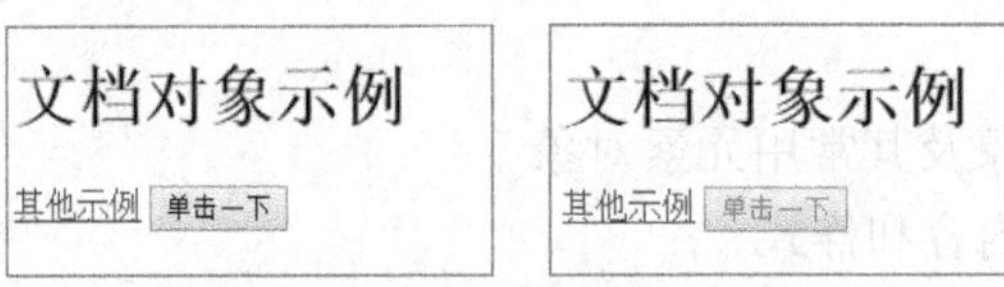

图 7-3　示例 7-1 的网页效果

目的：初步了解如何使用 JavaScript 得到文档中的元素对象，以及如何使用其属性、方法及事件。

程序文件名：ch7_01.html。

```
1   <head>
2   <title>文档对象</title>
3   <script><!--
4     function clickButton() {
5       document.getElementById("myButton").disabled = true;
6     }
7   //--></script>
8   </head>
9   <body>
10    <h1>文档对象示例</h1>
11    <p>
12      <a href="ch7_02.html">其他示例</a>
13      <input type="button" id="myButton" name="buttonName" value="单击一下"
    onclick="clickButton()">
14    </p>
15  </body>
```

该示例的 HTML 文档中有一个按钮元素，第 13 行中设置了它的标识名是 myButton，设置的事件是 onclick，作用在事件上的 JavaScript 函数是 clickButton()，当用户单击按钮时，这一函数就会被调用。在这个函数中，JavaScript 通过按钮的标识名 myButton 得到按钮元素对象——document.getElementById ("myButton")，然后设置元素对象上的属性 disabled 为 true，使得按钮处于不能再次被单击的状态。

7.1.1　文档对象的结点树

从图 7-1 中可以看出，文档对象中的内容与 HTML 文档中的元素是相对应的。实际上，每个 HTML 文档都可以用结点树结构来表现，并且通过元素、属性和文字内容三要素来描述每个结点。例如，示例 7-1 中的 HTML 文档对应的文档对象结点树如图 7-4 所示。

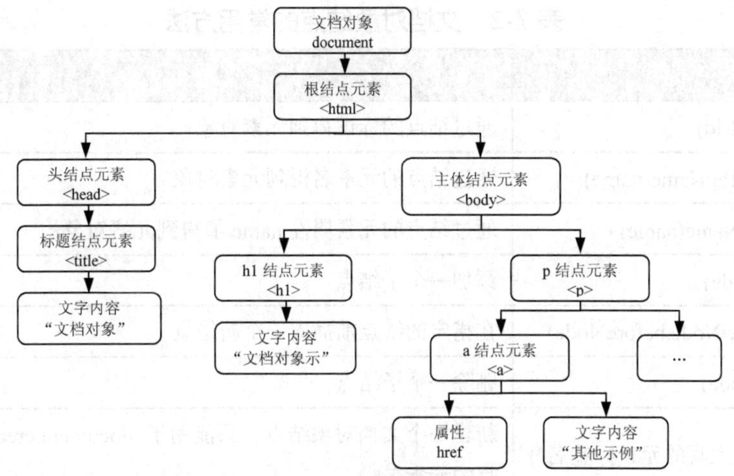

图 7-4　文档对象结点树

文档对象结点树有以下特点。

（1）每个结点树有一个根结点，如图 7-4 所示的 html 元素。

（2）除了根结点外，每个结点都有一个父结点，如图 7-4 所示的除了 html 元素外的其他元素。

（3）每个结点都可以有许多子结点。

（4）具有相同父结点的结点为“兄弟结点”，如图 7-4 所示的 head 元素和 body 元素、h1 元素和 p 元素等。

文档对象结点树中的每个结点代表一个元素对象，这些元素对象的类型虽然可以各不相同，但是它们都具有相同的结点属性和方法（每种元素对象还有一些特有的属性和方法，详见“7.2 HTML 文档对象”）。通过这些结点属性和方法，JavaScript 就可以方便地得到每个结点的内容，并且可以进行添加、删除结点等操作。表 7-1 和表 7-2 分别列出了文档对象结点的常用属性和方法。

表 7-1　HTML 文档对象结点的常用属性

属　性	意　义
body	只能用于 document.body，得到 body 元素
innerHTML	文档对象结点中的文字内容，可以包括 HTML 元素内容
nodeName	文档对象结点的名字，是只读的，对于文档对象结点就是大写的元素名，对于文字内容就是“#text”，对于 document 就是“#document”
parentElement	文档对象结点的父结点
firstElementChild	第一个子结点
lastElementChild	最后一个子结点
previousElementSibling	前一个兄弟结点
nextElementSibling	后一个兄弟结点
children	文档对象结点的子结点数组
attributes	文档对象结点的属性数组

表 7-2　文档对象结点的常用方法

方　法	意　义
getElementById(id)	通过结点的标识得到元素对象
getElementsByTagName(name)	通过结点的元素名得到元素对象
getElementsByName(name)	通过结点的元素属性 name 值得到元素对象
appendChild(node)	添加一个子结点
insertBefore(newNode,beforeNode)	在指定的结点前插入一个新结点
removeChild(node)	删除一个子结点
createElement("大写的元素标签名")	新建一个文档对象结点，只能用于 document.createElement（"大写的元素名"）

7.1.2　得到文档对象中元素对象的一般方法

JavaScript 通过使用结点的属性和方法得到文档对象中的各个元素对象，下面介绍几种方法。

（1）document.getElementById。如果 HTML 元素中设置了标识名 id 属性，就可以通过这一方法直接得到该元素对象，格式如下。

```
document.getElementById('元素标识名')
```

例如示例 7-1 中的第 5 行就是通过按钮的标识得到按钮对象。

（2）document.getElementsByTagName。这种方法是通过元素标签名得到一组元素对象数组（array），格式如下。

```
document.getElementsByTagName('元素标签名')
```

也可用如下格式。

```
结点对象.getElementsByTagName('元素标签名')
```

使用第二种格式，将得到该“结点对象”下的所有指定元素标签名的对象数组。例如，示例 7-1 中的按钮元素对象也可以通过下述语句得到，表示一组元素标签名是 input 中的第一个元素，因为这个网页中只有一个按钮元素。

```
document.getElementsByTagName('input')[0]
```

（3）document.querySelectorAll。这种方法是通过 CSS 样式得到一组元素对象数组（array），格式如下。

```
document.querySelectorAll('CSS 样式定义')
```

也可用如下格式。

```
结点对象.querySelectorAll('CSS 样式定义')
```

如果将示例 7-1 的第 5 行修改为下述语句，结果是一样的。

```
document.querySelectorAll("p")[0].querySelectorAll("input")[0].disabled
= true;
```

（4）document.getElementsByName。这种方法是通过元素名（name）得到一组元素对象数组（array），格式如下。

```
document.getElementsByName('元素名')
```

也可用如下格式。

```
结点对象.getElementsByName('元素名')
```

它一般用于结点具有 name 属性的元素，大部分表单及其控件元素都具有 name 属性（详见“7.2.3 表单及其控件元素对象”）。因此，示例 7-1 中的按钮元素对象也可以通过下述语句得到，表示所有 name 是 buttonName 的元素中的第一个元素。

```
document. getElementsByName('buttonName')[0]
```

（5）结点关系。通过结点的一些关系属性，如 parentElement、firstElementChild、lastElementChild、previousElementSibling、nextElementSibling、children[0]等，也可以得到元素对象。例如，示例 7-1 中的按钮元素也可以通过下述语句得到。

```
document.getElementsByTagName('p')[0].lastElementChild
```

（6）其他方法。JavaScript 还保留着以前版本中得到文档对象中的元素对象的方法，例如如下几种。

- document.forms：得到一组表单对象数组。
- document.links：得到一组链接对象数组。
- document.images：得到一组图像对象数组。

7.2 HTML 文档对象

文档对象不仅本身具有属性和方法，它还包含了各种不同类型的元素对象（见图 7-1），这些元素对象也具有不同的属性和方法。本节将介绍文档对象及其一些常用元素对象的属性和方法。

7.2.1 文档对象的属性和方法

文档对象本身具有表 7-3 所示的常用属性及表 7-4 所示的常用方法。另外，除了大多数网页事件都可用于文档对象外（详见“5.6 事件及事件处理程序”），文档对象还有 onload 和 onunload 事件。onload 事件发生于载入网页后，onunload 事件发生于离开网页前，具体用法详见示例 7-2。

表 7-3 文档对象的常用属性

属性	意义
title	网页标题
cookie	用于记录用户操作状态，是由“变量名=值”组成的字符串，详见“7.2.2 文档对象的 cookie 属性”
domain	网页域名
lastModified	上一次修改日期

表 7-4　文档对象的常用方法

属　性	意　义
write	向网页中输出 HTML 内容
writeln	与 write 的作用一样
open	打开用于 write 的输出流
close	关闭用于 write 的输出流

示例 7-2　在网页的标题中显示当前日期，在网页中显示网页的更新日期，当用户进入网页时说“您好”，如图 7-5 左图所示；当用户单击网页中的链接时更换网页内容，如图 7-5 右图所示。

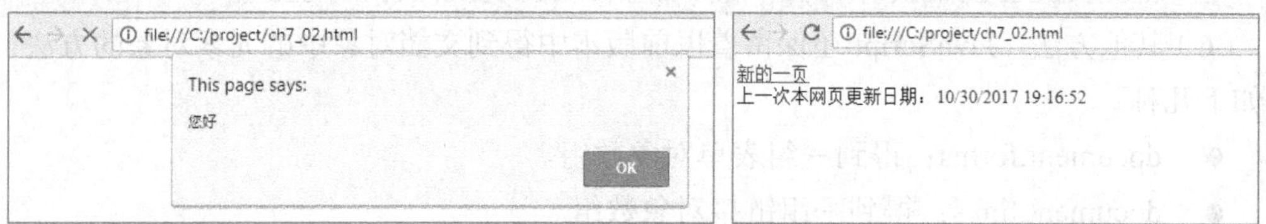

图 7-5　示例 7-2 的网页效果

目的：使用文档对象的属性、方法及事件。

程序文件名：ch7_02.html。

```
<script><!--
  //设置网页标题
  function setTitle() {
    document.title = "Today is " + new Date();
  }
  //弹出"您好"
  function hello() {
    alert("您好");
  }
  //显示网页的最后更新日期
  function updateInfo() {
    document.write("上一次本网页更新日期：");
    document.write(document.lastModified);
  }
  //显示新的网页内容
  function newWindow() {
    var msg1 = "这是新的一页。";
    var msg2 = "大家好。";
    document.open("text/html", "replace");
    document.write(msg1);
    document.write(msg2);
    document.close();
}
//--></script>
<!-- 以下是 HTML 内容 -->
```

```
26  <body onload="setTitle();hello();">
27    <div><a href="javascript:newWindow()">新的一页</a><div>
28    <script><!--
29      updateInfo();
30    //--></script>
31  </body>
```

- 该示例的 JavaScript 第 1～24 行包含 4 个函数。
- 当载入该网页时，通过<body>标记中的事件 onload 调用了 setTitle()和 hello()函数，因此，显示该网页时，浏览器的标题栏将显示当前的日期，并且弹出信息“您好”。
- 第 10～14 行通过 JavaScript 的函数直接向网页显示了该网页的更新日期。
- 当用户单击链接“新的一页”时，将执行函数 newWindow()，输出图 7-5 右图所示的网页内容。

7.2.2 文档对象的 cookie 属性

cookie 是文档对象的一个属性，它用于记录用户在浏览器中执行程序时的一些状态。用户在使用相同的浏览器显示相同的网页内容时，JavaScript 可以通过比较 cookie 属性值来显示不同的网页内容。例如，通过 cookie 可以显示用户在某网页的访问次数，可以自动显示登录网页中的用户名；对于不同语言版本的网页，可以自动进入用户设置过的语言版本中，等等。

值得注意的是，用户可以在浏览器中删除已有的 cookie 或设置不使用 cookie，在使用 cookie 的过程中应该考虑到。

1. 设置 cookie

浏览器保存 cookie 时是用一系列由“变量名=值”组成的字符串表示的，并以分号“;”相隔。设置 cookie 的字符串格式如下。

```
cookie 名=cookie 值;expires=过期日期字符串;[domain=域名;path=路径;secure;]
```

其中，expires 值设置的是该 cookie 的有效日期，如果网页显示时的日期超过了该日期，该 cookie 将会无效。domain 和 path 是可选项，如果不设置 domain 和 path，则表示默认为网页所在的域名和路径。例如某网页的地址是 http://www.usitd.com/sat，那么，domain 就是 www.usitd.com，path 就是/sat。如果使用 secure，则表示客户端与服务器端传送 cookie 时将通过安全通道。

用 JavaScript 设置 cookie，实际上就是用 JavaScript 的方法组成上述 cookie 的字符串。示例 7-3 中的第 3～10 行就是用于设置 cookie 的 JavaScript 函数。

2. 取出 cookie

取出 cookie 时的字符串表示格式如下。

```
cookie1 名=cookie1 值; cookie2 名=cookie2 值;…
```

同样，用 JavaScript 的方法可以分解上述字符串，以得到指定的 cookie 名所对应的值。

示例 7-3 中的第 13 ~ 27 行就是用于取出 cookie 值的 JavaScript 函数。

3．删除 cookie

删除 cookie 实际上是设置指定的 cookie 名的值为空字符串，过期日期是当前日期以前的日期。示例 7-3 中的第 30 ~ 37 行就是用于删除 cookie 的 JavaScript 函数。

示例 7-3 在网页中显示用户访问该网页的次数。

目的：设置、取出、删除 cookie 值。

程序文件名：ch7_03.html。

```
1  <script><!--
2  //设置 cookie
3  function setCookie(name, value, expires, path, domain, secure) {
4    var curCookie = name + "=" + escape(value) +
5        ((expires) ? "; expires=" + expires.toGMTString() : "") +
6        ((path) ? "; path=" + path : "") +
7        ((domain) ? "; domain=" + domain : "") +
8        ((secure) ? "; secure" : "");
9    document.cookie = curCookie;
10 }
11
12 //取出 cookie
13 function getCookie(name)
14 {
15   //cookie 是以分号相间隔的
16   var aCookie = document.cookie.split("; ");
17   for (var i=0; i < aCookie.length; i++)
18   {
19     // 每一组以分号分隔的内容都为"变量名=值"的格式
20     var aCrumb = aCookie[i].split("=");
21     if (name == aCrumb[0])
22       // 使用 decodeURIComponent()函数以保证 cookie 值为有效的字符串
23       return decodeURIComponent(aCrumb[1]);
24   }
25   // 要取出的 cookie 值不存在
26   return null;
27 }
28
29 //删除 cookie
30 function deleteCookie(name, path, domain) {
31   if (getCookie(name)) {
32     document.cookie = name + "=" +
33     ((path) ? "; path=" + path : "") +
34     ((domain) ? "; domain=" + domain : "") +
35     "; expires=Thu, 01-Jan-70 00:00:01 GMT";
36   }
37 }
38
39 //当前日期
```

```
var now = new Date();
//设置 cookie 一年以后过期
now.setTime(now.getTime() + 365 * 24 * 60 * 60 * 1000);

//取出名字为“counter”的 cookie 值
var visits = getCookie("counter");
//如果 cookie 值没有找到，说明用户是第一次访问该网页
if (!visits) {
  visits = 1;
  document.write("欢迎您第一次访问这里.");
} else {
  //将取出的 cookie 值加 1
  visits = parseInt(visits) + 1;
  document.write("欢迎您回到这里，这是您第" + visits + "次访问这里.");
}

//重新设置 cookie 值
setCookie("counter", visits, now);
//--></script>
```

另外，利用 HTML5 新增的窗口对象的 localStorage 和 sessionStorage 属性同样可以完成上述一些功能，详见“9.2.2 浏览器上数据的读取与储存”。

7.2.3 表单及其控件元素对象

1. 表单对象

表单对象是文档对象的一个主要元素，包含许多用于收集用户输入内容的元素对象，如文本框（text）、按钮（button）、单选按钮（radio）、复选框（checkbox）、重置按钮（reset）及列表（select）等。通过这些元素对象，表单将用户输入的数据传递到服务器端进行处理。

表 7-5、表 7-6 和表 7-7 分别列出了表单对象的常用属性、方法和事件，示例中的 myForm 是一个表单对象，它可以用“7.1.2 得到文档对象中元素对象的一般方法”小节中介绍的任意一种方法得到。示例 7-4 展示了表单提交操作中的表单属性和方法的使用过程。

表 7-5 表单对象的常用属性

属性	意义	示例
action	表单提交后的 URL	myForm.action="/doLogin.jsp"; myForm.action= "mailto:john@abc.com";
elements	表单中包含的元素对象（如文本框、按钮等）数组	—
length	表单中元素的个数	myForm.length（与 myForm.elements.length 一样）
method	提交表单的方式，post 或 get	myForm.method="post";
name	表单的名字，可以直接用于引用表单	var formName=myForm.name;
target	提交表单后显示下一网页的位置	myForm.target="_top";

表 7-6　表单对象的常用方法

方　法	意　义	示　例
reset()	将表单中的各元素值恢复到默认值，与单击重置按钮（reset）的效果是一样的	myForm.reset()
submit()	提交表单，与单击提交按钮（submit）的效果是一样的	myForm.submit()

表 7-7　表单对象的常用事件

属　性	意　义
Onreset(JavaScript 语句或函数)	当进行重置表单操作时执行指定的 JavaScript 语句或函数
Onsubmit(JavaScript 语句或函数)	当进行提交表单操作时执行指定的 JavaScript 语句或函数

示例 7-4　在图 7-6 左图所示的表单中，输入电子邮件地址、主题和内容，单击“发送”按钮后，打开 Outlook 软件进行发送电子邮件的操作，这时用户输入的参数就会一起带到 Outlook 中，如图 7-6 右图所示。

目的：使用表单对象的属性、方法和事件。

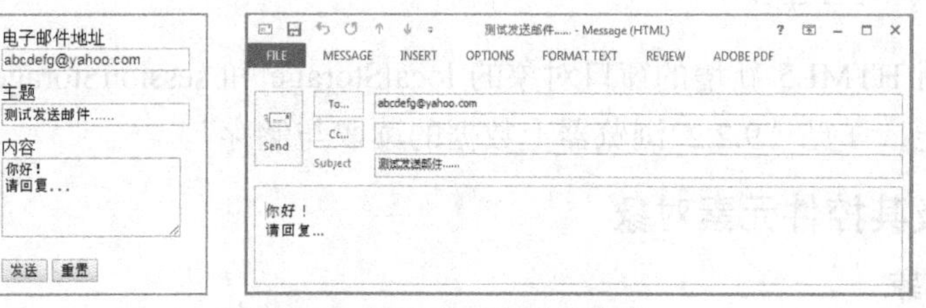

图 7-6　发送电子邮件的表单

程序文件名：ch7_04.html。

```
<script> <!--
  // 通过表单的 onsubmit 事件调用该函数
  function doSubmit() {
   //  得到表单对象
   var myForm = document.getElementById("emailForm");
   //  用户输入的电子邮件地址
   var sEmail = document.getElementById("txtEmail").value;
   //  用户输入的电子邮件主题
   var sSubject = document.getElementById("txtSubject").value;
   //  用户输入的电子邮件内容
   var sContent = document.getElementById("txtContent").value;
   //  表单中 action 的内容
   var sAction = "mailto:";
   //  将用户输入的电子邮件地址和主题附加到 action
   //  使用函数 encodeURI()将字符串中的特殊字符转换为 URL 可识别的字符
   sAction += encodeURI(sEmail) + "?subject="+encodeURI(sSubject) +'&body='+
encodeURI(sContent);
   myForm.action = sAction;
  }  //--></script>
```

```
<style>
    .email-box input,.email-box label {display:block}
    .email-box label {margin-top:10px;}
</style>
<!-- 以下是 HTML 内容 -->
<form name="emailForm" id="emailForm" action="mailto:" method="post" onsubmit=
"doSubmit()">
  <p class="email-box">
     <label for="txtEmail">电子邮件地址</label>
     <input type="text" id="txtEmail">
     <label for="txtSubject">主题</label>
    <input type="text" id="txtSubject">
     <label for="txtContent">内容</label>
    <textarea id="txtContent"></textarea>
  </p>
  <p>
    <input type="submit"  value="发送">
    <input type="reset" value="重置">
  </p>
</form>
```

2．表单中的控件元素对象

表单中的控件元素对象一般都可以与 HTML 的元素一一对应，表 7-8 列出了表单中常用的控件元素对象名称及相应的 HTML 元素示例。

表 7-8　表单中常用的控件元素对象及相应的 HTML 元素示例

控件元素对象名称	type 属性值	HTML 元素示例
单行文本框	text	<input type="text" name="txtUsername" id="txtUsername" value="john" onblur="checkString();">
多行文本框	textarea	<textarea name="txtNotes" id="txtNotes"></textarea>
按钮	button	<input type="button" name="btnGo" id="btnGo" value="ok" onclick="doValidate()">
单选按钮	radio	<input type="radio" name="rdoAgree" id="rdoAgreeYes" checked="checked" value="yes"> <input type="radio" name="rdoAgree" id="rdoAgreeNo" value="no">
复选框	checkbox	<input type="checkbox" name="chkA" id="chkA1" checked="checked">
列表　单选列表	select-one	<select name="listProvince" id="listProvince"> <option>Beijing</option> <option>Shanghai</option> </select>

续表

控件元素对象名称		type 属性值	HTML 元素示例
列表	多选列表	select-multiple	<select size=10 multiple="multiple" name="listProvince" id="listProvince"> <option>Beijing</option> <option>Shanghai</option> </select>
密码框		password	<input type="password" name="txtPassword" id="txtPassword">
重置按钮		reset	<input type="reset" name="btnReset" id="btnReset">
提交按钮		submit	<input type="submit" name="btnSubmit" id="btnSubmit">
隐含变量		hidden	<input type="hidden" name="actionParam" id="actionParam" value="delete">

表 7-9、表 7-10 和表 7-11 分别列出了表单控件元素对象的常用属性、方法及事件。由于不同类型的表单控件元素会有不同的属性、方法和事件，例如，种类为 radio、checkbox 的表单控件元素都会有“是否选上（checked）”属性，而种类为 text、password、textarea 等的表单控件元素都是用于用户输入文字的，因此，它们就不会有“是否选上（checked）”属性，学习中应特别注意这些共同点和不同点。

表 7-9　表单控件元素对象的常用属性

属　性	意　义
form	返回当前元素属于的表单的名称
name	元素对象的名字，用于识别元素，提交至服务器端时作为变量名
type	元素对象的种类，有的是在 HTML 的标记中直接设置的，详见示例 7-5
value	元素对象的值
defaultValue	元素对象的初始值（text、password、textarea）
defaultChecked	元素对象初始时是否选上（checkbox、radio）
checked	元素对象是否选上（checkbox、radio）
readonly	该元素不可以被编辑，但变量仍传递到服务器端
disabled	该元素不可以被编辑，且变量将不传递到服务器端

表 7-10　表单控件元素对象的常用方法

方　法	意　义
blur()	让鼠标指针离开当前元素
focus()	让鼠标指针落到当前元素上
select()	用于种类为 text、textarea、password 的元素，选择用户输入的内容
click()	模仿鼠标单击当前元素的事件

表 7-11 表单控件元素对象的常用事件

事件	意义
onblur	当鼠标指针离开当前元素时
onchange	当前元素的内容变化时
onclick	鼠标单击当前元素时
ondblClick	鼠标双击当前元素时
ondragdrop	拖曳当前元素时
onfocus	当鼠标指针落到当前元素上时
onkeydown	当按住键盘时
onkeypress	当按一下键盘按键时
onkeyup	当释放键盘按键时
onmousedown	当按下鼠标时
onmousemove	当移动鼠标指针时
onmouseout	当鼠标指针移出当前元素时
onmouseover	当鼠标指针移到当前元素时
onmouseup	当释放鼠标时
onmove	当移动当前元素时
onselect	当选择当前元素内容时（用于种类为 text、textarea、password 的元素）

同样，表单中的控件元素对象都可以用“7.1.2 得到文档对象中元素对象的一般方法”小节中介绍的任意一种方法得到。

3. 列表及列表选项控件元素对象

select 元素不同于其他控件元素对象，它包含的下一级的对象为“列表选项”对象 option，如图 7-7 所示。因此，对于列表控件元素对象，除了具有表 7-8 列出的属性外，还具有表 7-12 列出的一些特殊的属性。图 7-7 显示了列表元素的不同属性设置所得到的不同类型的列表。列表选项数组中的每个选项对象 option 还具有表 7-13 列出的属性，表 7-13“示例”中的 myList 为图 7-7 中的列表控件元素对象，定义如下。

```
myList = document.getElementById("province");
```

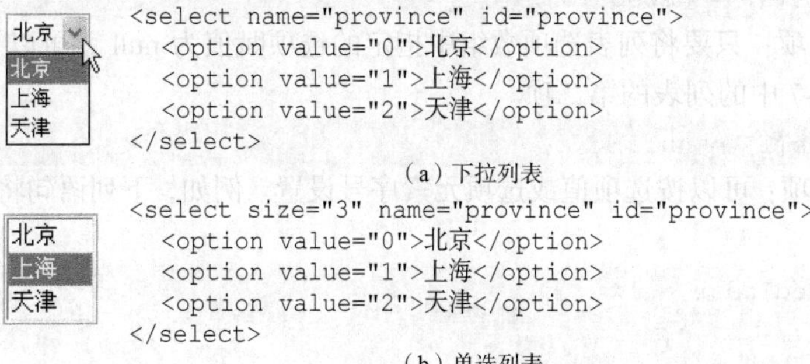

```
<select name="province" id="province">
  <option value="0">北京</option>
  <option value="1">上海</option>
  <option value="2">天津</option>
</select>
```

（a）下拉列表

```
<select size="3" name="province" id="province">
  <option value="0">北京</option>
  <option value="1">上海</option>
  <option value="2">天津</option>
</select>
```

（b）单选列表

图 7-7 列表元素对象

```
<select size="3" name="province" id="province" multiple>
  <option value="0">北京</option>
  <option value="1">上海</option>
  <option value="2">天津</option>
</select>
```

（c）多选列表

图 7-7　列表元素对象（续）

表 7-12　列表的特殊属性

属　性	意　义	示　例
options	列表选项数组	myList.options[1]表示列表中的第二个选项
length	列表选项长度，与 options.length 相同	myList.length 的结果为 3
selectedIndex	对于单选列表，它是当前选择项在选项数组中的元素序号；对于多选列表，它是第一个选择项在选项数组中的元素序号	对于图 7-7（b）所示的单选列表，myList.selectedIndex 的结果为 1

表 7-13　列表选项的属性

属　性	意　义	示　例
selected	选项是否选上	对于图 7-7（c）所示的多选列表，myList.options[1].selected 和 myList.options[2].selected 的结果都是 true
defaultSelected	选项初始时是否选上	—
text	选项的文字内容	myList.options[1].text 的结果为“上海”
value	选项的值	myList.options[1].value 的结果为“1”

在 JavaScript 中对列表选项进行添加、删除和选择的操作如下。

（1）添加列表选项：首先新建一个选项对象，然后将该对象赋值给列表选项数组。新建选项对象的语法规则如下，方括号中的参数项可以省略。

```
new option([选项的文字内容,[ 选项的值[,初始是否选上[,是否选上]]]]);
```

例如，下述两行语句将为图 7-7 中的列表又添加一个选项。

```
var newoption = new option("重庆","3");
myList.options[3] = newoption;
```

（2）删除列表选项：只要将列表选项数组中指定的选项赋值为 null 就可以了。例如，下列语句将删除图 7-7 中的列表的第二项。

```
myList.options[1] = null;
```

（3）选择列表选项：可以按选项值或选项元素序号设置。例如，下列语句将选择图 7-7 中的列表的第二项。

```
myList.selectedIndex = 1;
myList.value = 1
myList.options[1].selected = true;
```

4. 表单元素对象的应用实例

示例 7-5 如图 7-8 左图所示，网页中列出了表单中各种类型的元素，当用户单击“开始测试”按钮后，JavaScript 根据表单元素的种类 type 自动进行填写文字内容、选择按钮、选择列表项等操作，得到图 7-8 右图所示的效果；最后在提示信息对话框中单击“OK”按钮，JavaScript 就会自动单击“重置”按钮，清空表单内容。

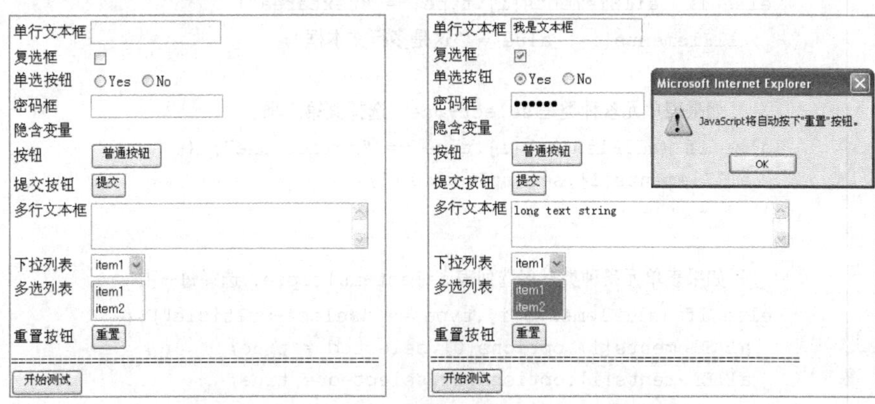

图 7-8 用 JavaScript 程序操作网页中的表单内容

目的：学习如何使用表单及其控件元素的属性、方法和事件，学习如何用 JavaScript 程序对表单中的元素进行赋值、选择等操作。

程序文件名：ch7_05.html。

```
<script> <!--
 function doTest() {
  // allElements 表示所有表单元素对象数组
  var allElements = document.getElementById("myForm").elements;

  // 对表单元素对象数组中的每个元素对象进行比较判断
  for (var i=0; i<allElements.length; i++) {

    // 如果表单元素种类是 text，设置其值
    if (allElements[i].type == "text")
      allElements[i].value = "我是文本框";

    // 如果表单元素种类是 checkbox，将其选上并赋值
    else if (allElements[i].type == "checkbox") {
      allElements[i].checked = true;
      allElements[i].value = "checkboxValue";
    }

    // 如果表单元素种类是 radio，由于一组单选按钮的名称是一样的
    // 因此，通过比较其值进行选择
    else if (allElements[i].type == "radio") {
      if (allElements[i].value=="yes")
        allElements[i].checked=true;
    }
```

```
        // 如果表单元素种类是 password，设置其值，屏幕上将不会显示内容
        // 用当前时间值作为密码
        else if (allElements[i].type == "password")
          allElements[i].value = new Date().getTime();

        // 如果表单元素种类是 textarea，设置其值
        else if (allElements[i].type == "textarea")
          allElements[i].value = "这是多行文本框";

        // 如果表单元素种类是 select-one，选择其第二项
        else if (allElements[i].type == "select-one") {
          allElements[i].selectIndex = 1;
        }

        // 如果表单元素种类是多选列表 select-multiple，选择每一项
        else if (allElements[i].type == "select-multiple") {
          allElements[i].options[0].selected = true;
          allElements[i].options[1].selected = true;
        }

        // 如果表单元素种类是 reset，出现提示框后单击
        else if (allElements[i].type == "reset") {
          alert("JavaScript 将自动按下\"重置\"按钮。");
        }
      }
    } //--></script>

    <style>
     label:first-child, input[type=text], textarea, select {
       display:block; float:left; width:150px;
     }
     label:first-child {
       width:100px;padding-right:20px;
     }
     p {
       margin-bottom:10px;
     }
    .clearfix {
     clear: both;
    }
     .clearfix:after {
       clear: both;
       content: "";
       display: table;
     }
    </style>
<!-- 以下是 HTML 内容 -->
<form id="myForm">
```

```
<p class="clearfix">
  <label for="myText">单行文本框</label>
  <input type="text" name="myText" id="myText">
</p>
<p class="clearfix">
  <label for="myCheckbox">复选框</label>
  <input type="checkbox" name="myCheckbox" id="myCheckbox"><br>
</p>
<p class="clearfix">
  <label>单选按钮</label>
  <input type="radio" name="myRadio" id="myRadioYes" value="yes" class="short">
  <label for="myRadioYes" class="inline">是</label>
<input type="radio" name="myRadio" id="myRadioNo" value="no">
<label for="myRadioNo" class="inline">否</label>
</p>
<p class="clearfix">
  <label for="myPassword">密码框</label>
  <input type="password" name="myPassword" id="myPassword">
</p>
<p class="clearfix">
  <label for="myHidden">隐含变量</label>
  <input type="hidden" name="myHidden" id="myHidden">
</p>
<p class="clearfix">
  <label for="myButton">按钮</label>
  <input type="button" name="myButton" id="myButton" value="按钮">
</p>
<p class="clearfix">
  <label for="mySubmit">提交按钮</label>
  <input type="submit" name="mySubmit" id="mySubmit" value="提交">
</p>
<p class="clearfix">
  <label for="myTextarea">多行文本框</label>
 <textarea name="myTextarea" id="myTextarea" cols="40" rows="3"> </textarea>
</p>
<p class="clearfix">
  <label for="mySelect1">下拉列表</label>
  <select name="mySelect1" id="mySelect1">
    <option>选项 1</option>
  <option>选项 2</option>
</select>
</p>
<p class="clearfix">
  <label for="mySelect2">多选列表</label>
  <select name="mySelect2" id="mySelect2" multiple size="2">
    <option>选项 3</option>
```

```
        <option>选项 4</option>
      </select>
    </p>
    <p class="clearfix">
      <label for="myReset">重置按钮</label>
      <input type="reset"    name="myReset" id="myReset" value="重置">
    </p>
    <hr>
    <p>
      <input type="button" value="开始测试" onclick="doTest()">
    </p>
  </form>
```

示例 7-6 如图 7-9 所示，表单 myForm 中有两个多选列表，用户可以从左侧列表中选择任意项，单击“>>”按钮将所选项移动到右侧列表中；同样也可以从右侧列表中选择任意项，然后单击“<<”按钮将所选项移动到左侧列表中。

目的：学习如何使用表单中的列表及列表选项元素，特别是如何进行列表项的添加、删除等操作。

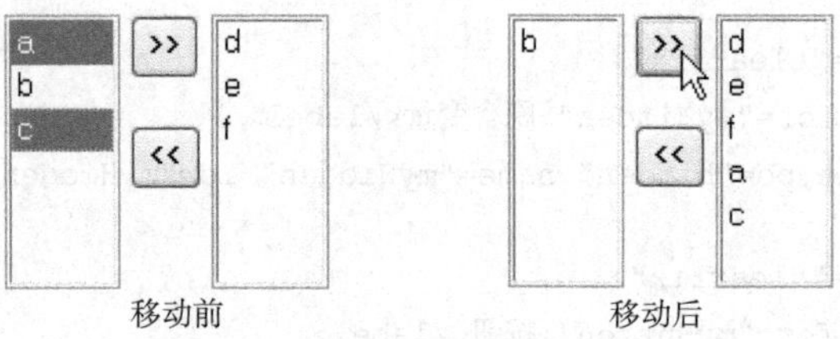

图 7-9 移动多选列表中的元素

程序文件名：ch7_06.html。

```
<script> <!--
// moveList()用于对两个多选列表进行选项的移动操作
// from 为“需要移动”的列表名称，to 为“移动到”的列表名称
function moveList(fromId,toId) {
  var fromList = document.getElementById(fromId);
  var fromLen = fromList.options.length;
  var toList = document.getElementById(toId);
  var toLen = toList.options.length;
  // current 为“需要移动”列表中的当前选项序号
  var current = fromList.selectedIndex;
  // 如果“需要移动”列表中有选择项，则进行移动操作
  while (current>-1) {
    // o 为“需要移动”列表中的当前选择项对象
    var o = fromList.options[current];
    var t = o.text;
    var v = o.value;
    // 根据已选项新建一个列表选项，将该选项添加到“移动到”列表中
    toList.options[toLen]= new Option(t, v, false, false);
    toLen++;
```

```
      // 将该选项从“需要移动”列表中清除
      fromList.options[current]=null;
      current = fromList.selectedIndex;
    }
  }
  //--></script>
  <style>
    form {display:flex;}
    select,div {margin:10px}
    select {width:150px;}
    input[type=button] {width:40px;display:block;margin:10px 0;}
  </style>
  <!-- 以下是HTML内容 -->
  <form id="myForm" >
        <select id="leftList"  multiple size="6">
          <option>a</option>
          <option>b</option>
          <option>c</option>
        </select>
        <!-- 通过事件onclick调用JavaScript的moveList()函数 -->
        <div>
        <input type="button" id="to" value=" >> "  onclick="moveList('leftList','rightList')">
        <input type="button" name="backTo" value=" << " onclick="moveList('rightList','leftList')">
        </div>
        <select id="rightList" multiple size="6">
          <option>d</option>
          <option>e</option>
          <option>f</option>
        </select>
  </form>
```

示例 7-7 如图 7-10 所示，有 3 个文本框和一个提交按钮，每个文本框中的字符串长度都是 3，当用户输入 3 个字符时，光标自动到下一个文本框中；另外，初始时，光标在第一个文本框，并且提交按钮是不可单击的状态，仅当 3 个文本框中都填写内容后，提交按钮才变为可单击的状态。

图 7-10 控制表单中的光标

目的：学习如何在表单中定位光标，学习如何使用表单元素的 disabled 属性及事件。

程序文件名：ch7_07.html。

```
<script> <!--
function go(currentId,nextId) {
  //以$开始的变量表示元素对象变量
  var $current = document.getElementById(currentId),
       $next = document.getElementById(nextId),
       t1 = document.getElementById('t1').value,
       t2 = document.getElementById('t2').value,
```

```
      t3 = document.getElementById('t3').value;
    // 当输入 3 个字符时，光标自动移到下一个文本框
    if ($current.value.length==3 && nextId=null) {
      $next.focus();
    }
    // 如果任何一个文本框的字符长度小于 3，提交按钮为不可单击状态
    document.getElementById("submitBtn").disabled =
          t1.length<3 || t2.length<3 || t3.length<3;
  }
  } //--></script>
  <!-- 以下是 HTML 内容 -->
  <form name="myForm" id="myForm" method="post">
    <input  type="text"  name="t1"  id="t1"  size="3"  onkeyup="go('t1','t2')"
  autofocus> <!--初始时光标在第一个文本框-->
    <input type="text" name="t2" id="t2" size="3" onkeyup="go('t2','t3')">
    <input type="text" name="t3" id="t3" size="3" onkeyup="go('t3')">
    <input type="submit" id="submitBtn" value="Submit" disabled="disabled">
  </form>
```

7.2.4 链接对象

链接对象对应的 HTML 中的元素是 a，它同样可以用“7.1.2 得到文档对象中元素对象的一般方法”小节中介绍的任意一种方法得到。链接对象所包含的属性与窗口（window）对象中的 location 对象（详见“8.4 网址对象”）的属性完全一样，如表 7-14 所示，主要包括链接地址的内容及链接目标等。JavaScript 可以通过改变这些属性值而改变链接对象的内容。

表 7-14 的示例中的链接对象 linkObj 为某一网页中的一个链接，其 HTML 的内容如下。

```
<a   href="http://67.85.238.132:18/cbx/e.jsp?username=admin&group=grp1#blue" id="myLink"
target="_blank">Blue</a>
```

用 JavaScript 得到该链接对象的语句如下。

```
linkObj = document.getElementById("myLink");
```

表 7-14　链接对象的属性

属　性	意　义	示　例
href	链接地址字符串，如果要调用 JavaScript 函数，要以 JavaScript:开始	linkObj.href 的结果为链接地址 http://67.85.238.132:18/cbx/e.jsp?username=admin&group=grp1#blue
hash	href 中的以＃开始的表示锚点的一个字符串	linkObj.hash 的结果为#blue
hostname	href 中的服务器名、域名或 IP 地址	linkObj.hostname 的结果为 67.85.238.132
port	href 中的端口名	linkObj.port 的结果为 18
host	href 中的 hostname 和 port	linkObj.host 的结果为 67.85.238.132:18
pathname	href 中的子目录名及文件名	linkObj.pathname 的结果为/cbx/e.jsp

续表

属　性	意　义	示　例
protocol	href 中从开始至:间的字符串	linkObj.protocol 的结果为 http
search	href 中从?开始表示变量部分的字符串	linkObj.search 的结果为?username=admin&group=grp1
target	显示链接地址的位置	linkObj.target 的结果为_blank，表示新的一页
text	链接的文字部分	linkObj.text 的结果为 Blue

另外，大多数网页事件都可用于链接对象，有关网页事件项的介绍详见“5.6 事件及事件处理程序”，示例 7-8 就是一个在链接对象中应用 onclick 事件的例子。

示例 7-8　单击图 7-11 左图所示的一个链接，将会显示提示信息“是否离开当前页？”，如果单击“OK”按钮，将会显示图 7-11 右图所示的下一页的内容，否则保持在当前页。

目的：在链接对象中使用 onclick 事件，并且中断链接操作。

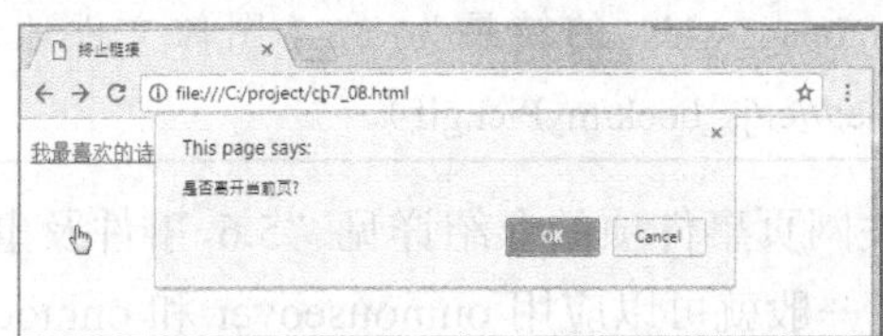

图 7-11　示例 7-8 的网页效果

程序文件名：ch7_08.html。

```
1  <script> <!--
2  function info(e) {
3    if (confirm('是否离开当前页?')) {}
4    else {
5      e.preventDefault(); /*中断链接操作*/
6    }
7  }
8  //--></script>
9  <!-- 以下是 HTML 内容 -->
10 <p>
11   <a href="ch1_04_1.html" onclick="info(event)">我最喜欢的诗</a>
12 </p>
```

- 第 11 行为链接元素，如果没有 onclick 事件，单击链接将直接显示下一个网页，这里，onclick 事件调用了 info 程序。注意，onclick 的参数必须为 event，这是专门用于事件的参数。
- 第 3 行的 confirm 语句将显示一个提示对话框。

7.2.5　图像对象

图像对象对应的 HTML 中的元素是 img，它也可以用“7.1.2 得到文档对象中元素对象的一般方法”小节中介绍的任意一种方法得到。图像对象所包含的属性如表 7-15 所示，其中有的属性是只可以读取，不可以改变的；示例中的 myImage 为某一网页中的一个图像，其 HTML 元素对象如下。

```
<img src="myPict.gif" id="myImg" alt="这个图片用于示例说明">
```

因此，myImage 对象定义如下。

```
myImage = document.getElementById("myImg");
```

表 7-15　图像对象的属性

属　性	意　义	示　例
src	图像文件地址	myImage.src 的结果为 file:///c:/js_book/myPict.gif
alt	关于图像对象功能的文字说明	myImage.alt 的结果为“这个图片用于示例说明”
complete	浏览器显示图像是否完成（只读）	其值是 true 或 false
height	图像高度，单位是像素（只读）	myImage.height 的结果为 50（图像文件地址为 file:///c:/js_book/myPict.gif）
width	图像宽度，单位是像素（只读）	myImage.width 的结果为 35（图像文件地址为 file:///c:/js_book/myPict.gif）

大多数网页事件都可用于图像对象，有关网页事件项的介绍详见“5.6 事件及事件处理程序”节。例如，要制作翻转图片的效果，一般就可以应用 onmouseover 和 onmouseout 事件，详见示例 7-9。

示例 7-9　制作翻转图片的效果。如图 7-12 所示，左上图为正常显示时的效果，当将鼠标指针移动到不同的链接上时，图片就会出现不同的效果。

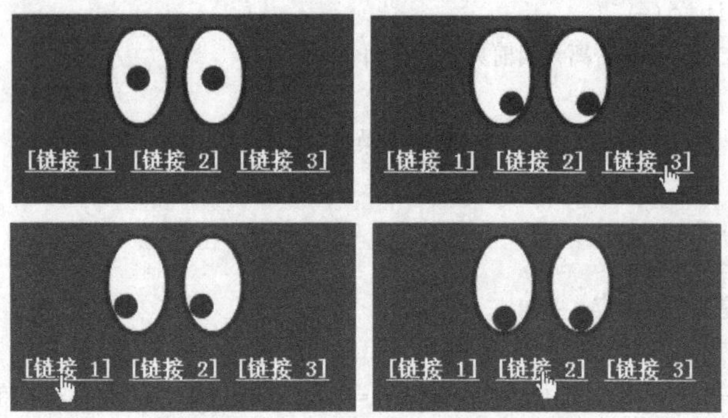

图 7-12　示例 7-9 的网页效果

目的：在图像对象上应用 onmouseover 和 onmouseout 事件。

程序文件名：ch7_09.html。

```
<style>
 body {color:#eee;background:#00f}
 a, a:link,a:visited,a:hover,a:active {color:#eeee00; font-weight:bold}
</style>
<!-- 以下是 HTML 内容 -->
<div>
 <img id="lefteye" src="eye_c.gif" border="0" height="75" width="50">
 <img id="righteye" src="eye_c.gif" border="0" height="75" width="50">
```

```
</div>
<div>
<a href="#" onmouseover="document.getElementById('lefteye').src='eye_l.gif';document.getElementById('righteye').src='eye_l.gif';" onmouseout="document.getElementById('lefteye').src='eye_c.gif';document.getElementById('righteye').src='eye_c.gif';"> [链接1]</a>
<a href="#" onmouseover="document.getElementById('lefteye').src='eye_d.gif';document.getElementById('righteye').src='eye_d.gif';" onmouseout="document.getElementById('lefteye').src='eye_c.gif';document.getElementById('righteye').src='eye_c.gif';"> [链接2]</a>
<a href="#" onmouseover="document.getElementById('lefteye').src='eye_r.gif';document.getElementById('righteye').src='eye_r.gif';" onmouseout="document.getElementById('lefteye').src='eye_c.gif';document.getElementById('righteye').src='eye_c.gif';"> [链接3]</a>
</<div>
```

说明

- 该示例虽然没有包含任何 JavaScript 函数，但是每个链接标记中的 onmouseover 和 onmouseout 事件中都包含了 JavaScript 语句，用于改变图像对象的文件名。
- 该示例中包含 4 幅图片，即左上图的 eye_c.gif、右上图的 eye_r.gif、左下图的 eye_l.gif 和右下图的 eye_d.gif。

示例 7-10　在网页的固定位置处，即图 7-13 所示的右上角，一星期的每日都会显示不同的图像内容。

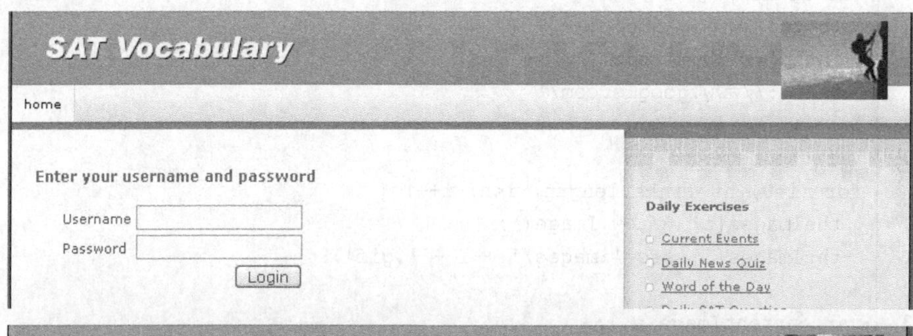

图 7-13　示例 7-10 的网页效果

目的：使用日期对象、图像对象的属性。

程序文件名：ch7_10.html。

```
<script><!--
function changeImage() {
```

```
3    var today = new Date();
4    var number = today.getDay();
5    document.getElementById("myImage").src = "images/" + number + ".gif";
6  }
7  //--></script>
8  <!-- 以下是 HTML 内容 -->
9  <body onload="changeImage()">
10 <!-- 其他 HTML 语句 -->
11 <!-- 需要替换的图像 --><img src="images/1.gif" id="myImage">
12 <!-- 其他 HTML 语句 -->
13 </body>
```

说明 首先用 HTML 元素指定显示图像的位置，如第 11 行所示；当网页显示完后，通过 body 标记的 onload 事件调用 JavaScript 函数 changeImage()，该函数通过计算当天的星期数对应修改图像对象的文件名。

示例 7-11 网页中有 3 幅图片交替显示，当单击不同的图片时，将在新的窗口中打开不同的网页。

目的：使用图像对象数组及其属性和方法，使用 setTimeout()函数动态显示图片。

程序文件名：ch7_11.html。

```
<script><!--
// 预装载链接
var links = [
  'http://www.yahoo.com/',
  'http://www.msn.com/',
  'http://www.google.com/'
];
var theImages = [];
for (i=0, n= links.length; i<n; i++) {
  theImages[i] = new Image();
  theImages[i].src='images/' + i + '.gif';
}
var currentImage = 1;
var run = true;
var speed = 1000; // 1s

// 动画图片
function animate() {
  if (!document.images) return;
  if (!run) return;
  document.getElementById("myImage").src = theImages[currentImage].src;
  currentImage++;
  if (currentImage > theImages.length-1) currentImage=0;
  setTimeout('animate()',speed);
}

// 打开链接的网页
function go() {
```

```
29     window.open(links[currentImage],'_blank');
30   }
31   //--></script>
32   <!-- 以下是 HTML 内容 -->
33   <body onLoad="animate()">
34     <a href="javascript:go();"><img id="myImage" src="0.gif" border="0"></a>
35   <body>
```

- 该示例的 JavaScript 程序通过第 1～15 行首先定义了一些全局变量，包括预装载的图像对象数组 theImages、链接地址数组 links、当前动画图像序号以及动画间隔时间 speed 等。其中，图像对象数组的顺序与链接地址数组的顺序是一致的，图像文件名分别是 0.gif、1.gif 和 2.gif 等。
- 该示例的主要 JavaScript 函数是第 18～25 行的 animate()，它的主要作用是使用 setTimeout()函数每隔设定的时间 speed 执行本身，以达到动画的效果。初始时，该函数通过 body 标记的 onload 事件调用。
- 在第 34 行的链接元素中使用了 JavaScript 函数 go()作为链接地址，即当用户单击图片时，将调用 JavaScript 的函数 go()从链接数组中得到当前图片所对应的链接地址，然后在新窗口中打开该网页。

7.3 动态改变网页内容和样式

7.3.1 动态改变网页内容

1. innerHTML 的方法

通过文档结点树中结点的 innerHTML 属性，不仅可以得到指定元素中的 HTML 语句内容，还可以通过重新设置元素中的内容来改变网页的显示内容。下面通过示例来学习这种方法。

示例 7-12　用 innerHTML 的方法显示、修改网页中的文字内容。如图 7-14 左图所示，当单击“显示”按钮时，信息框中显示网页中的内容，如图 7-14 中图所示；当单击“修改”按钮时，将可修改网页中的文字内容，如图 7-14 右图所示。

目的：学习使用 innerHTML 的方法改变网页内容。

程序文件名：ch7_12.html。

图 7-14　示例 7-12 的网页效果

```
<script><!--
function display() {
  var title = document.getElementById("titleBar").innerHTML;
  alert(title);
}
function change() {
  document.getElementById("titleBar").innerHTML = '这是<span style="border:
```

```
     1px solid">改变后</span>的标题';
8    }
9    //--> </script>
10   <-- 以下是 HTML 内容 -->
11   <h1 id="titleBar">这是一个测试标题</h1>
12   <div style="margin-top:10px;">
13     <input type="button" value="显示"  onclick="display();">
14     <input type="button" value="修改" onclick="change()">
15   </div>
```

- 示例中第 2～5 行的 display()函数用于显示 id 为 titleBar 的<h1></h1>标记中的内容。
- 第 6～8 行中的 change()函数用于改变 id 为 titleBar 的<h1></h1>标记中的内容，这时在新的内容中包括了 HTML 的标记<span></span>，因此，在图 7-14 右图就可以看到改变后的内容不仅包括了文字，也包括了<span></span>标记中的样式表的设置效果。

2．添加、删除结点的方法

通过文档结点树中结点的 appendChild(node)、removeChild(node)、insertBefore (newNode,beforeNode)和 createElement("大写的元素标签名")等方法，可以方便地在 HTML 文档中添加或删除元素。

示例 7-13 在示例 7-12 中加一个“添加”按钮和一个“删除”按钮，单击“添加”按钮后在按钮行前加一个 div 元素，如图 7-15 所示；单击“删除”按钮，将删除一个添加的元素。

目的：学习使用添加、删除结点的方法来改变网页内容。

这是一个测试标题

这是新加入的一行

显示 修改 添加 删除

图 7-15 动态添加网页内容

程序文件名：ch7_13.html。

操作步骤如下。

（1）在 ch7_12.html 文档的第 14 行和第 15 行之间插入下述语句。

```
<input type="button" value="添加" onclick="add()">
<input type="button" value="删除" onclick="remove()">
```

（2）在 ch7_12.html 文档的第 8 行和第 9 行之间插入下述 JavaScript 函数。

```
function add() {
  var newObj = document.createElement('DIV');
  var beforeObj = document.getElementsByTagName('DIV')[0];
  newObj.innerHTML='这是新加入的一行';
  newObj.className='new-div';
```

```
        document.body.insertBefore(newObj,beforeObj);
    }
    function remove() {
      var objs = document.getElementsByClassName('new-div');
      if (objs.length>0)
        document.body.removeChild(document.getElementsByClassName
('new-div')[0]);
    }
```

这样就可以得到图 7-15 所示的效果。

7.3.2 动态改变网页样式

动态改变网页样式指的是通过 JavaScript 程序来设置或改变指定的 HTML 元素对象的网页样式属性，从而可以改变网页的表现方式。其语法规则如下。

```
网页元素对象.style.属性名 = 属性值
```

其中，“属性名”和“属性值”相关内容详见“2.2.3 常用的样式属性”小节。值得注意的是，如果属性名中带有减号“-”，那么，在 JavaScript 中，减号后的字母就应该变为大写字母，如 border-color 在 JavaScript 中就应该变为 borderColor。

另外，文档对象提供了各种类型元素对象的定位及尺寸属性，图 7-16 给出了<body>标记和一个<div>标记的定位及尺寸属性意义。这些属性基本上用于读取，而不可以进行设置。

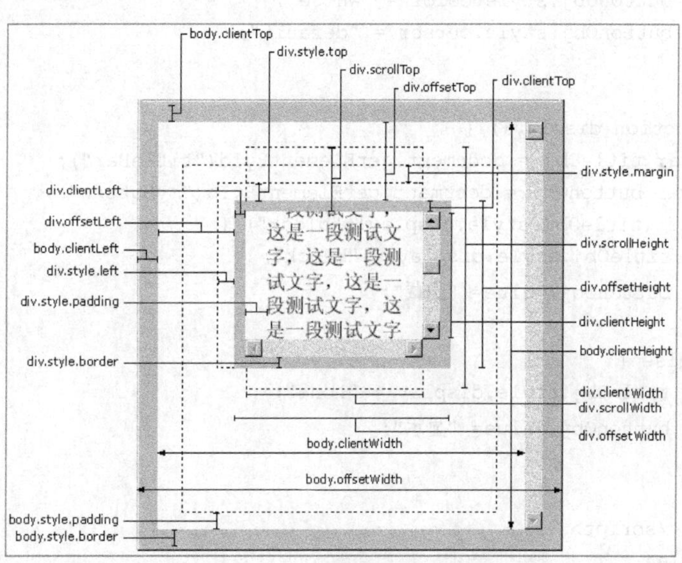

图 7-16 文档对象的尺寸属性

（1）属性名中包含 client 的宽度和高度，表示的是真正能够显示网页内容的区域；属性名中包含 offset 的宽度和高度，表示的是包括了元素对象边线在内的所有区域；属性名中包含 scroll 的宽度和高度，表示的是包含全部网页内容的区域。

（2）属性名中包含 offset 的定位，表示相对于包含当前元素对象的上一级标记的原点，如果没有上一级标记，则表示相对于<body>的原点坐标；属性名中包含 scroll 的定位，表示相对于网页内容区域端点的坐标。

示例 7-14　图 7-17 上图所示的网页中只有一个“显示”按钮，当将鼠标指针移动到按钮上时，改变按钮的背景色与文字颜色，并且改变鼠标指针的样式，如图 7-17 中图所示；当将鼠标指针移动到按钮外时，恢复按钮的背景色与文字颜色；单击按钮后，显示网页内容“这是一个测试标题”，并且改变按钮上的文字为“隐藏”，如图 7-17 下图所示；单击“隐藏”按钮后，按钮上的文字恢复为“显示”，并且隐藏网页内容。

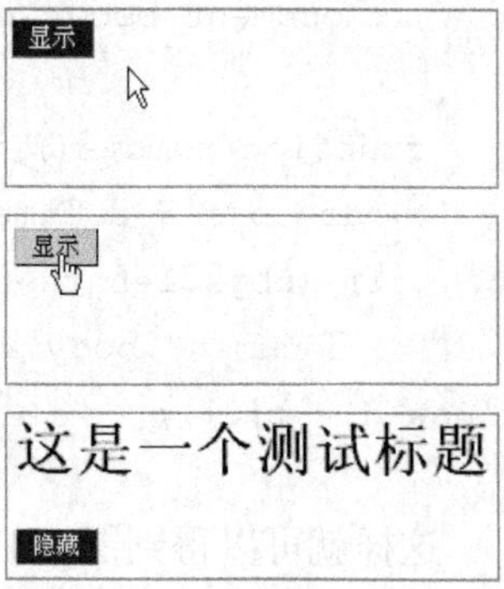

图 7-17　示例 7-14 的网页效果

目的：动态改变网页样式属性。

程序文件名：ch7_14.html。

```
<script><!--
  function changeButton(flag) {
    var buttonObj = document.getElementById("myButton");
    if (flag==1) {
      buttonObj.style.backgroundColor = "lightBlue";
      buttonObj.style.color = "black";
      buttonObj.style.cursor = "pointer";
    }
    else {
      buttonObj.style.backgroundColor = "darkBlue";
      buttonObj.style.color = "white";
      buttonObj.style.cursor = "default";
    }
  }
  function display() {
    var titleObj = document.getElementById("titleBar");
    var buttonObj = document.getElementById("myButton");
    if (titleObj.style.display!="block") {
      titleObj.style.display = "block";
      buttonObj.value= "隐藏";
    }
    else {
      titleObj.style.display = "none";
      buttonObj.value= "显示";
    }
  }
--> </script>
<style>
  #myButton {
    background-color:darkBlue; border:1px outset;color:white;
  }
  #titleBar {
    display:none;
  }
</style>
<-- 以下是 HTML 内容 -->
```

```
37 <h1 id="titleBar">这是一个测试标题</h1>
38 <div style="margin-top:10px;">
39   <input id="myButton" type="button" value="显示" onclick="display();"
   onmouseover="changeButton(1)" onmouseout="changeButton(0)">
40 </div>
```

- 示例中的第 1～27 行为 JavaScript 程序，第 28～35 行为网页样式定义。对于标题区域，其 display 属性值是 none，因此，初始状态网页中没有显示内容。
- 第 39 行的 HTML 语句中，通过 onmouseover 和 onmouseout 事件调用了 changeButton()函数，通过 onclick 事件调用了 display()函数。
- 第 2～14 行的 changeButton()函数中，首先通过 flag 参数确定当前的按钮状态，然后进行改变背景色、文字色及鼠标指针样式等属性的设置。
- 第 15～26 行的 display()函数中，首先通过第 18 行的语句判断当前内容是否显示，然后进行改变内容的显示状态及按钮上文字内容的设置。

示例 7-15 图 7-18 所示有两个单选按钮，如果用户选中“正方形”单选按钮，则隐藏第二行的“宽度”栏；如果用户选中“长方形”单选按钮，则显示第二行的“宽度”栏。

目的：分别用 display 和 visibility 两种属性进行显示、隐藏设置。

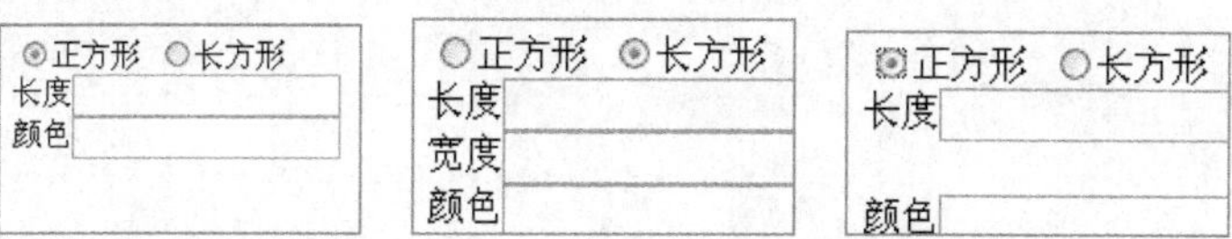

图 7-18 用 display 和 visibility 属性控制网页内容的显示

程序文件名：ch7_15.html。

```
<script><!--
 function display() {
  if (document.getElementById("type1").checked)
    document.getElementById("width").parentElement.style.display = "none";
//document.getElementById("width").parentElement.style.visibility= "hidden";
  else
    document.getElementById("width").parentElement.style.display = "block";
//document.getElementById("width").parentElement.style.visibility="visible";
 }
--></script>
<body onload="display()">
  <input type="radio" name="type" id="type1" checked onclick="display();">
  <label for="type1">正方形</label>
  <input type="radio" name="type" id="type2" onclick="display();">
  <label for="type2">长方形</label>
<div>
  <label for="length">长度</label>
  <input type="text" id="length">
</div>
<div>
  <label for="width">宽度</label>
```

```
22    <input type="text" id="width">
23  </div>
24  <div>
25    <label for="color">颜色</label>
26    <input type="text" id="color">
27  </div>
28  </body>
```

- 本示例第 12 行的单选按钮中设置了事件 onclick，该事件调用了函数 display()。
- JavaScript 函数 display()通过判断单选按钮是否被选择来设置第二行“宽度”栏是否被显示。
- 图 7-18 左图与中图是设置 display 属性的效果，对应于示例中第 4 行与第 7 行的程序内容；图 7-18 中图与右图是设置 visibility 属性的效果，对应于示例中第 5 行与第 8 行代码注释行的程序内容。
- 从图 7-18 可以看出，使用 display 和 visibility 属性会获得不同效果。

第 8 章 JavaScript 常用浏览器对象

本章主要内容：

- 屏幕（screen）对象
- 浏览器信息（navigator）对象
- 窗口（window）对象
- 历史（history）记录对象
- 网址（location）对象
- 框架（iframe）对象

8.1 屏幕对象

屏幕对象是 JavaScript 运行时自动产生的对象，它主要包括计算机屏幕的尺寸及颜色信息，如表 8-1 所示。这些信息只能读取，不可以设置，使用时只要直接引用 screen 对象就可以了，格式如下。

```
screen.属性
```

表 8-1　屏幕对象的常用属性

属　性	意　义
height	显示屏幕的高度
width	显示屏幕的宽度
availHeihgt	可用高度
availWidth	可用宽度
colorDepth	每个像素中用于颜色的位数，其值为 1、4、8、15、16、24 或 32

表 8-1 中，availHeihgt（可用高度）指的是屏幕高度减去系统环境所需要的高度。如对于 Windows 系统，“可用高度”一般指的是屏幕高度减去 Windows 任务栏的高度，如图 8-1 所示。

图 8-1　屏幕高度与可用高度

通过使用屏幕的可用高度和可用宽度，可以设置窗口对象的尺寸，如可以用 JavaScript 程序将网页窗口充满全屏幕。

8.2 浏览器信息对象

浏览器信息对象主要包括浏览器及用户使用的计算机操作系统的有关信息，如表 8-2 所示。这些信息也只能读取，不可以设置，使用时只要直接引用浏览器信息对象就可以了，格式如下。

```
navigator.属性
```

例如，下述信息是在 Google Chrome 61.0 浏览器中得到的。

```
appVersion: 5.0 (Windows NT 6.1; Win64; x64) AppleWebKit/537.36 (KHTML, like Gecko) Chrome/61.0.3163.100 Safari/537.36
appCodeName: Mozilla
appName: Netscape
cookieEnabled: true
geolocation: [object Geolocation]
onLine: true
platform: Win32
userAgent: Mozilla/5.0 (Windows NT 6.1; Win64; x64) AppleWebKit/537.36 (KHTML, like Gecko) Chrome/61.0.3163.100 Safari/537.36
language: en-US
```

又如，下述信息是在 Microsoft Internet Explorer 11.0 浏览器中得到的。

```
appVersion: 5.0 (Windows NT 6.1; WOW64; Trident/7.0; SLCC2; .NET CLR 2.0.50727; .NET CLR 3.5.30729; .NET CLR 3.0.30729; Media Center PC 6.0; .NET4.0C; .NET4.0E; InfoPath.3; zoomrc 4.4.0; rv:11.0) like Gecko
appCodeName: Mozilla
appName: Netscape
cookieEnabled: true
geolocation: [object Geolocation]
onLine: true
platform: Win32
userAgent: Mozilla/5.0 (Windows NT 6.1; WOW64; Trident/7.0; SLCC2; .NET CLR 2.0.50727; .NET CLR 3.5.30729; .NET CLR 3.0.30729; Media Center PC 6.0; .NET4.0C; .NET4.0E; InfoPath.3; zoomrdddc 4.4.0; rv:11.0) like Gecko
language: en-US
```

表 8-2 浏览器信息对象的常用属性

属 性	意 义
appVersion	浏览器版本号
appCodeName	浏览器内码名称

续表

属　性	意　义
appName	浏览器名称
platform	用户操作系统
userAgent	该字符串包含了浏览器的内码名称及版本号，它被包含在向服务器端请求的头字符串中，用于识别用户
cookieEnabled	浏览器是否允许使用 cookie
language	浏览器设置的语言
geolocation	用户位置信息
onLine	是否连接上了互联网

由于不同的浏览器具有不同的文档对象模型的属性和方法，因此在 JavaScript 的开发过程中，往往需要识别浏览器的类型、版本以及是否是智能设备（智能手机或平板）等，以便区分哪些功能适用于用户的浏览器，哪些功能不适用于用户的浏览器。

示例 8-1　识别当前所使用的浏览器的类型、版本以及是否是智能设备，如图 8-2 所示。

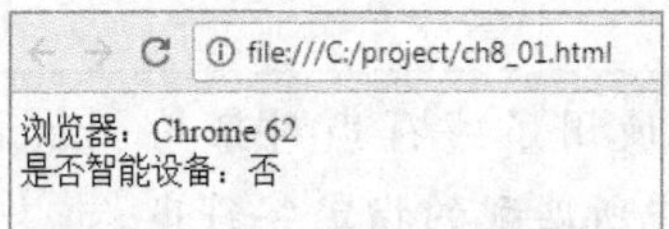

图 8-2　示例 8-1 的网页效果

目的：学习使用浏览器信息对象。

程序文件名：ch8_01.html。

```
<script><!--
  var browser = (function(){
    var ua= navigator.userAgent, tem,
M= ua.match(/(opera|chrome|safari|firefox|msie|trident(?=\/))\/?\s*(\d+)/i) || [];
    if(/trident/i.test(M[1])){
        tem= /\brv[ :]+(\d+)/g.exec(ua) || [];
        return 'IE '+(tem[1] || '');
    }
    if(M[1]=== 'Chrome'){
        tem= ua.match(/\b(OPR|Edge)\/(\d+)/);
        if(tem!= null) return tem.slice(1).join(' ').replace('OPR', 'Opera');
    }
    M= M[2]? [M[1], M[2]]: [navigator.appName, navigator.appVersion, '-?'];
    if((tem= ua.match(/version\/(\d+)/i))!= null) M.splice(1, 1, tem[1]);
    return M.join(' ');
})();

var isMobile = {
    Android: function() {
        return navigator.userAgent.match(/Android/i) ? true : false;
```

```
21        },
22        BlackBerry: function() {
23           return navigator.userAgent.match(/BlackBerry/i) ? true : false;
24        },
25        iOS: function() {
26           return navigator.userAgent.match(/iPhone|iPad|iPod/i) ? true : false;
27        },
28        iPad: function() {
29           return navigator.userAgent.match(/iPad/i) ? true : false;
30        },
31        Windows: function() {
32           return navigator.userAgent.match(/IEMobile/i) ? true : false;
33        },
34        any: function() {
35           return (isMobile.Android() || isMobile.BlackBerry() || isMobile.iOS() || isMobile.Windows());
36        }
37    };
38    document.write("浏览器: "+browser);
39    document.write("<br>");
40    document.write("是否智能设备: "+(isMobile.any()?"是":"否"));
41    //--></script>
```

- 该示例大量使用了字符串对象的 match 方法，即通过正则表达式（regEx）找出字符串中所匹配的指定字符串。
- 第 2 行的 browser 用于返回当前浏览器的类型及版本号。
- 第 18 行的 isMobile 用于返回当前设备是否为智能设备。

8.3 窗口对象

窗口对象是浏览器网页的文档对象模型结构中的最高级的对象，如图 8-3 所示，甚至 HTML 文档对象也是它的一个子对象。只要网页的 HTML 标记中包含<body>或<frameset>标记，该网页就会包含一个窗口对象。

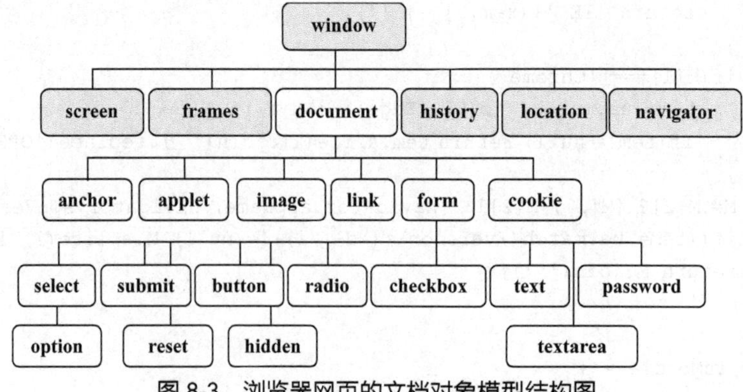

图 8-3 浏览器网页的文档对象模型结构图

8.3.1 窗口对象的常用属性和方法

窗口对象的常用属性和方法如表 8-3 和表 8-4 所示，大致可分为以下 3 类。

（1）子对象类。例如文档对象、历史记录对象、网址对象、屏幕对象及浏览器信息对象等，这一部分的内容将在本章的不同章节中进行介绍。

（2）窗口内容、位置及尺寸类。如新建窗口、多个窗口的控制、滚动窗口的内容等。

（3）输入/输出信息与动画。其中，动画控制的方法为 setInterval()、setTimeout()、clearInterval()、clearTimeout()等，详见“9.7 动画技术”。

表 8-3 窗口对象的常用属性

属 性	意 义
document	文档对象
frames	框架对象
screen	屏幕对象
navigator	浏览器信息对象
length	框架数组的长度
history	历史记录对象
location	网址对象
name	窗口名字
opener	打开当前窗口的窗口对象
parent	当前框架的上一级窗口对象
self	当前窗口或框架
innerWidth/innerHeight	不包括状态栏和滚动条的窗口尺寸
outerWidth/outerHeight	包括状态栏和滚动条的窗口尺寸
pageXoffset/pageYOffset (scrollX/scrollY)	网页滚动后左上角的位置值
screenX/screenY	窗口左上角的位置值
localStorage	将数据以变量名-值的方式保存在浏览器中（关闭浏览器后再打开浏览器仍有效）
sessionStorage	将数据以变量名-值的方式保存在浏览器中（只对当前打开的浏览器有效）

表 8-4 窗口对象的常用方法

方 法	意 义
alert(信息字符串)	打开一个包含信息字符串的提示对话框
confirm(信息字符串)	打开一个包含信息、确定和取消按钮的对话框
prompt(信息字符串,默认的用户输入信息)	打开一个用户可以输入信息的对话框

续表

方　法	意　义
focus()	聚焦到窗口
blur()	离开窗口
open(网页地址,窗口名[,特性值])	打开窗口
close()	关闭窗口
setInterval(函数,毫秒)	每隔指定的毫秒时间执行调用一下函数
setTimeout(函数,毫秒)	指定毫秒时间后调用函数
clearInterval(id)	取消 setInterval 设置
clearTimeout(id)	取消 setTimeout 设置
scrollBy(水平像素值,垂直像素值)	窗口相对滚动设置的尺寸
scrollTo(水平像素点,垂直像素点)	窗口滚动到设置的位置
resizeBy(水平像素值,垂直像素值)	按设置的值相对改变窗口尺寸
resizeTo(宽度像素值,高度像素值)	改变窗口尺寸至设置的值
moveBy(水平像素值,垂直像素值)	按设置的值相对移动窗口
moveTo(水平像素点,垂直像素点)	将窗口移动到设置的位置

8.3.2　多窗口控制

1. 新建窗口

通过窗口对象方法 window.open()可以在当前网页中弹出新的窗口，该方法的语法规则如下。

```
窗口对象 = window.open([网页地址, 窗口名, 窗口特性]);
```

其中，窗口名可以是有效的字符串或 HTML 保留的窗口名，如_self、_top、_parent 及_blank 等。窗口特性的格式为“特性名 1=特性值 1;特性名 2=特性值 2;…”，特性名及特性值选项如表 8-5 所示，图 8-4 所示为各特性名在浏览器中的分布。

表 8-5　窗口特性名及特性值选项

特 性 名	意　义	特 性 值
height	窗口高度	单位为像素
width	窗口宽度	单位为像素
top	窗口左上角至屏幕左上角的高度距离	单位为像素
left	窗口左上角至屏幕左上角的宽度距离	单位为像素
menubar	是否有菜单栏	有：1；没有：0；默认为 1
scrollbar	是否有滚动条（只用于 IE、Firefox 和 Opera）	有：1；没有：0；默认为 1

续表

特 性 名	意 义	特 性 值
toolbar	是否有工具条（只用于 IE 和 Firefox）	有：1；没有：0；默认为 1
status	是否有状态栏	有：1；没有：0；默认为 1
resizable	是否可改变窗口尺寸（只用于 IE）	可以：1；不可以：0；默认为 1

示例 8-2　通过单击当前网页上的链接打开一个新窗口，在新的窗口中打开指定地址的网页，如图 8-4 所示。新窗口的宽度为 640 像素，高度为 280 像素，窗口左上角距屏幕左上角的高度与宽度分别为 100 像素和 200 像素。

目的：学习使用窗口对象的属性和方法。

程序文件名：ch8_02.html。

```
1  <script><!--
2    function winOpen(url, width, height , top , left) {
3      var attr = "width=" + width + ",height=" + height + ",menubar=0,
   scrollbars=1, toolbar=1,status=1,resizable=1,top="+top+",left="+left;
4      var myWin = window.open(url,"testWindow",attr);
5      myWin.focus();
6    }
7  //--></script>
8  <!-- 以下是 HTML 内容 -- >
9   <a href = "javascript:winOpen('http://www.yahoo.com',640,280,100,200);">
   新窗口</a>
```

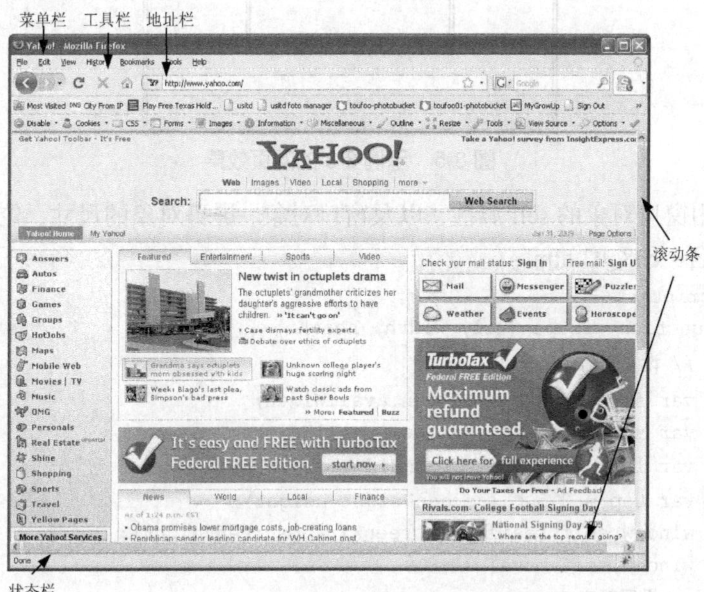

图 8-4　浏览器窗口各部分的名称

● 该示例的第 2～6 行为打开新窗口的函数。在这个函数中，用户可以设置新窗口网页的地址、宽度、高度及窗口左上角的位置等。

- 该示例将 menubar 特性设置为 0，在浏览器 Chrome 中，新窗口就不会弹出在新的标签页上，而是弹出新的窗口。其他窗口特性设置为 1，即在新窗口中显示所有窗口特性。
- 第 5 行中使用了窗口聚焦的方法 focus()，使新打开的窗口处于屏幕的最上层而不被其他窗口覆盖。

2. 窗口的尺寸及位置

如果要设置新窗口的尺寸，即新窗口的宽度和高度，可以使用 window.open 语句中的特性 width（宽度）、height（高度）；如果要重新设置已有窗口的尺寸，可以使用窗口对象的 resizeTo()和 resizeBy()方法。

如果要设置新窗口的位置，可以使用 window.open 语句中的特性 top（窗口左上角与屏幕左上角的高度距离）、left（窗口左上角与屏幕左上角的宽度距离）；如果要设置已有窗口的位置，可以使用窗口对象的 moveTo()方法。

示例 8-3 当前窗口为一个弹出窗口。首先单击当前窗口网页上的链接，将当前窗口充满全屏幕，然后打开一个新窗口，在新的窗口中打开指定地址的网页，新窗口的宽度为 640 像素，高度为 280 像素，并将新窗口移动到屏幕的中心，如图 8-5 所示。

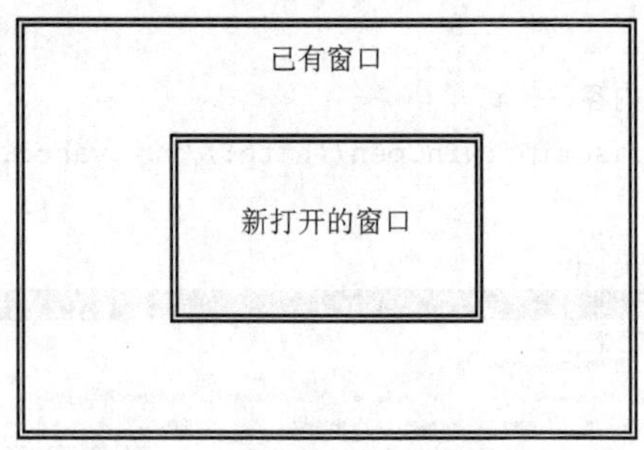

图 8-5 示例 8-3 的网页效果

目的：使用窗口对象的 self 属性，以及窗口对象、屏幕对象的尺寸、位置属性和方法。

程序文件名：ch8_03.html。

```
<script><!--
  function winOpen(url, width, height) {
    // 设置当前弹出窗口
    var screenWidth = screen.availWidth;
    var screenHeight = screen.availHeight;
    var left = 0.5 * (screenWidth-width);
    var top = 0.5 * (screenHeight-height);
    window.self.resizeTo(screenWidth,screenHeight);
    window.self.moveTo(0,0);
    // 设置新窗口
    var attr ="scrollbars=1,toolbar=1,status=1,resizable=1,width="+width+
",height="+height;
    var myWin = window.open(url,"newWindow",attr);
    myWin.focus();
  }
```

```
15  //--></script>
16  <!-- 以下是 HTML 内容 -->
17   <a href="javascript: winOpen('http://www.yahoo.com',640,480);"> 新 窗 口 1</a>
```

- 第 3～9 行处理当前弹出窗口，首先通过第 4 行和第 5 行计算出屏幕的尺寸，然后计算出新窗口左上角的位置，最后使用表示当前窗口的 self 属性将当前窗口放大至全屏幕的尺寸，并移动到屏幕的左上角(0,0)处。
- 第 10～14 行打开新的窗口。
- 测试时，首先修改 ch8_02.html 中的第 9 行，将 http://www.yahoo.com 修改为 ch8_03.html。然后在浏览器中打开 ch8_02.html，单击“新窗口”链接，就会弹出 ch8_03.html 网页。

3. 滚动网页

使用窗口对象的方法 scrollTo()和 scrollBy()可以“移动”网页的内容到指定的坐标位置，如果与动画方法 setTimeout()一起使用，可以得到真正的“滚动”网页效果。

示例 8-4 让网页自动滚动起来，效果如图 8-6 所示。

目的：使用窗口对象的 scrollBy()及 setTimeout()等方法。

图 8-6 示例 8-4 的网页效果

程序文件名：ch8_04.html。

```
<script><!--
function myScroll() {
  window.scrollBy(0,100);
  setTimeout('myScroll()',1000); // 每 1s 滚动一下
}
myScroll();
//--></script>
     <!-- 很长的网页内容 -->
     …
```

- 示例中的第 2～5 行是设置自动滚动网页的函数，它让网页每 1s 向下滚动 100 像素，从而达到自动滚动的效果。第 6 行为第一次使用该函数的语句。
- 测试时，在网页中添加很长的内容，并且缩小浏览器窗口以显示窗口的滚动条。

4．窗口之间的控制及关闭窗口

当打开多个窗口时，可以通过窗口对象的“相对”属性，如 opener（打开者）、parent（上一级）或窗口名称，进行窗口之间的控制。

使用窗口对象的 close()方法可以进行关闭窗口的操作。值得注意的是，对于使用窗口对象的 open()方法打开的窗口，可以无条件地通过 close()方法进行关闭；对于不是使用窗口对象的 open()方法打开的窗口，有些浏览器不允许使用 close()方法进行关闭，有的则会出现确认窗口后才会关闭。

示例 8-5 从当前弹出窗口中打开一个新窗口，并将两个窗口并列在屏幕上，如图 8-7 所示；然后在主窗口中关闭子窗口，也可以在子窗口中关闭主窗口。

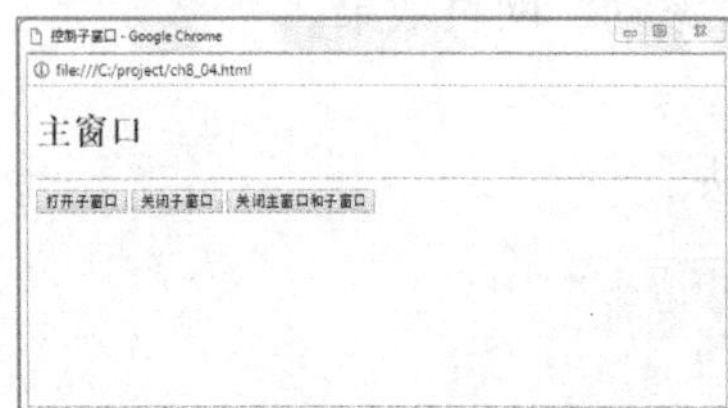

（a）打开子窗口前

（b）打开子窗口后

图 8-7　打开子窗口前后

目的：使用窗口对象的 opener、parent 等属性及 open()、close()等方法。

程序文件名：主窗口程序 ch8_05.html、子窗口程序 ch8_05_1.html。

主窗口程序 ch8_05.html 如下。

```
<script><!--
 var myWin;
 function winOpen(url) {
   var screenWidth = screen.availWidth;
   var screenHeight = screen.availHeight;
   window.self.resizeTo(0.5*screenWidth,screenHeight);
   window.self.moveTo(0,0);
   var attr = "scrollbars=1,toolbar=1,status=1,resizable=1";
   myWin = window.open(url,"newWindow",attr);
   myWin.resizeTo(0.5*screenWidth,screenHeight);
   myWin.moveTo(0.5*screenWidth,0);
   myWin.focus();
 }
 // 控制子窗口
 function closeSubWin() {
  if (myWin) myWin.close();
 }
```

```
18 //--></script>
19 <!-- 以下是 HTML 的内容 -->
20   <h1>主窗口</h1>
21   <hr>
22   <input type="button" value="打开子窗口" onclick="winOpen ('ch8_05_1.html')">
23   <input type="button" value="关闭子窗口" onclick="closeSubWin()">
24   <input  type="button"  value="关闭主窗口和子窗口"  onclick="closeSubWin();
self.close();">
```

子窗口程序 ch8_05_1.html 如下。

```
<!DOCTYPE HTML>
<html>
<body >
  <h1>子窗口</h1>
  <hr>
  <input type="button" value="关闭子窗口" onclick="self.close();">
  <input type="button" value="关闭主窗口" onclick="opener.close();">
<body>
</html>
```

程序 ch8_05.html 中第 3～13 行的 winOpen()函数与示例 8-3 中的 winOpen()函数完全一样，不同的是，这里在第 2 行中将 myWin 定义成了全局变量，这样可以被所有其他函数调用。

8.3.3　输入/输出信息

JavaScript 向用户输入/输出信息的方法主要有下述 3 种。

（1）使用窗口对象的 alert()方法。它将信息放在对话框中，如图 8-8 所示，主要用于输出各种信息。例如校验用户输入值失败时的提示信息、调试 JavaScript 程序时的中间调试信息等。其语法规则如下。

```
window.alert(提示信息字符串);
```

也可用如下格式。

```
alert(提示信息字符串);
```

如果要在信息中换行，可使用特殊字符\n。例如，下述 JavaScript 语句将会得到图 8-9 左图所示的效果。

```
var s = "用户名输入无效\n";
s += "密码输入无效";
alert(s);
```

使用特殊字符\t 可以输出表格式对齐的信息。例如，下述 JavaScript 语句将会得到图 8-9 右图所示的效果。

```
var s = "姓名\t 职业\t 年龄\n";
s += "张三\t 工人\t26\n";
s += "李四\t 干部\t39\n";
```

```
    s += "王小二\t 退休\t66";
    alert(s);
```

图 8-8　alert 信息框

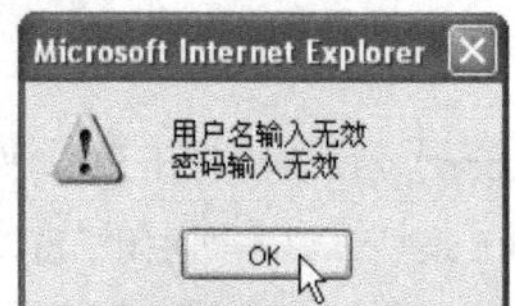

图 8-9　使用特殊字符输出提示信息

（2）窗口对象的 confirm()方法。它除了输出信息外，还要求用户单击“OK”按钮或“Cancel”按钮，JavaScript 程序就可以根据用户的操作决定程序的执行内容。其语法规则如下。

```
window.confirm(提示信息字符串);
```

也可使用如下格式。

```
confirm(提示信息字符串);
```

例如，下述 JavaScript 语句将得到图 8-10 所示的效果。

```
var answer = confirm("是否继续执行？");
if (answer)
   alert("正在执行……");
else
   alert("停止执行");
```

（3）窗口对象的 prompt()方法。它用于要求输入信息内容，其语法规则如下。

```
window.prompt(提示信息字符串,默认输入值);
```

也可使用如下格式。

```
prompt(提示信息字符串,默认输入值);
```

例如，下述 JavaScript 语句将得到图 8-11 所示的效果。

```
    var s = prompt("请输入用户名：","张三");
```

图 8-10　窗口对象的确认语句

图 8-11　要求用户输入内容的对话框

8.4 网址对象

网址对象是窗口对象的子对象，它包含了窗口对象的网页地址内容，即 URL。网址对象既可以作为窗口对象中的一个属性直接赋值或提取值，也可以通过网址对象的属性分别赋值或提取值。

当前窗口使用网址对象的语法规则如下。

```
window.location            或  location
window.location.属性       或  location.属性
```

```
window.location.方法          或  location.方法
```

指定窗口使用网址对象的语法规则如下。

```
窗口对象.location
窗口对象.location.属性
窗口对象.location.方法
```

8.4.1 网址对象的常用属性和方法

表 8-6 和表 8-7 分别列出了网址对象的常用属性和方法，其中，网址对象常用属性表中示例的 URL 假设如下。

```
http://67.85.238.132:18/cbx/essay.jsp?username=admin&group=grp1#blue
```

表 8-6 网址对象的常用属性

属　性	意　义	示　例
href	整个 URL 字符串	http://67.85.238.132:18/ cbx/essay.jsp?username= admin&group=grp1#blue
protocol	URL 中从开始至冒号（包括冒号）的部分表示通信协议的字符串	http:
hostname	URL 中的服务器名、域名、子域名或 IP 地址	67.85.238.132
port	URL 中的端口名	18
host	URL 中的 hostname 和 port 部分	67.85.238.132:18
pathname	URL 中的文件名或路径名	/cbx/essay.jsp
hash	URL 中由#开始的锚点名称	#blue
search	URL 中从问号开始至结束的表示变量的字符串	?username=admin&group=grp1 #blue

表 8-7 网址对象的常用方法

属　性	意　义
Reload([是否从服务器端刷新])	刷新当前网页，其中“是否从服务器端刷新”参数的值是 true 或 false
Replace(URL)	用 URL 网址刷新当前网页

从网址对象常用属性表中可以看出，href 属性包含了全部 URL 字符串，而其他属性则是 URL 中的某一部分字符串。因此，按下述程序设置网址。

```
location = "http://www.yahoo.com";
```

上述设置等效于如下设置。

```
location.href = "http://www.yahoo.com";
```

8.4.2 网址对象的应用实例

示例 8-6 如图 8-12 所示，使用 3 种方法改变当前网页的网址。

（1）window.open()的方法。

（2）location.href 的方法。

（3）location.replace()的方法。

window.open()
location.href
location.replace()

图 8-12 示例 8-6 的网页效果

目的：使用网址对象和窗口对象的属性及方法。

程序文件名：ch8_06.html。

```
<!-- 方法一：window.open()的方法 -->
<a href="javascript:window.open('http://www.yahoo.com','_self');">
window.open()</a><br>
<!-- 方法二：赋值 location.href 的方法 -->
<a href="javascript:location.href='http://www.yahoo.com'">
location.href</a><br>
<!-- 方法三：赋值 location.replace()的方法 -->
<a href="javascript:location.replace('http://www.yahoo.com')">
location.replace()</a><br>
```

该示例使用 3 种不同的方法改变了当前网页的地址，从而改变了网页内容。这 3 种方法得到的网页效果是相同的，它们有什么区别呢？详见“8.5.2 历史记录对象的应用实例”。

8.5 历史记录对象

历史记录对象是窗口对象的一个子对象，它实际上是一个对象数组，包含了一系列用户访问过的 URL 地址，用于浏览器工具栏中的“Back to …（后退）”和“Forward to …（前进）”按钮，如图 8-13 所示的左边两个按钮。

图 8-13 浏览器工具栏中的后退按钮和前进按钮

当前窗口使用历史记录对象的语法规则如下。

```
window.history.属性 或 history.属性
window.history.方法 或 history.方法
```

指定窗口使用历史记录对象的语法规则如下。

```
指定窗口.history.属性
指定窗口.history.方法
```

8.5.1 历史记录对象的常用属性和方法

历史记录对象最常用的属性是 length（历史记录对象长度），它就是浏览器历史记录列表中访问过的地址个数。例如，图 8-14 左图所示为浏览器中历史记录地址列表，如果在单击当前网页的“历史对象的个数”链接中要求显示历史记录对象的个数，语法如下。

```
alert(history.length);
```

单击该链接，就会得到图 8-14 右图所示的效果。

图 8-14 历史记录对象的长度

历史记录对象的常用方法如表 8-8 所示，其中 back()和 forward()分别对应的是浏览器工具栏中的前进、后退按钮，通过方法 go()可以改变当前网页至曾经访问过的任何一个网页。因此，history.back() 与 history.go(-1)等效，history.forward()与 history.go(1)等效。

值得注意的是，如果 go()中的参数超过了历史记录列表中的网址个数，或者 go()中的参数“网址”不在浏览器的历史记录列表中，这时不会出现任何错误，只是当前网页没有发生变化。

表 8-8 历史记录对象的常用方法

方 法	意 义
back()	显示浏览器的历史记录列表中后退一个网址的网页
forward()	显示浏览器的历史记录列表中前进一个网址的网页
go(n)或 go（网址）	显示浏览器的历史记录列表中第 n 个网址的网页，n>0 表示前进，反之，n<0 表示后退，或显示浏览器的历史记录列表中对应的“网址”网页

8.5.2 历史记录对象的应用实例

1. 使当前的链接不写入历史记录列表中

示例 8-6 中使用了 3 种方法改变当前网页的网址，如果再次运行该示例，每次单击完一个方法的链接后检查浏览器的历史记录列表，会发现，只有 window.open()的方法和 location.href 的方法会写入浏览器的历史记录列表，location.replace()的方法不会写入浏览器的历史记录列表。

2. 使浏览器的后退按钮失效

JavaScript 没有提供任何方法可以阻止用户单击浏览器的后退按钮后进行的操作，但是，可以通过 history.forward()的方法使浏览器的后退按钮失效，详见示例 8-7。

示例 8-7 网页中有一个显示 Yahoo 网页的链接，如图 8-15 左图所示，单击该链接后将显示 Yahoo 网页。这时，单击浏览器的后退按钮，或单击历史记录列表中的网页地址，当前页仍然显示 Yahoo 网页而不能回到上一个网页，如图 8-15 右图所示。

目的：使用历史记录对象的方法。

程序文件名：ch8_07.html。

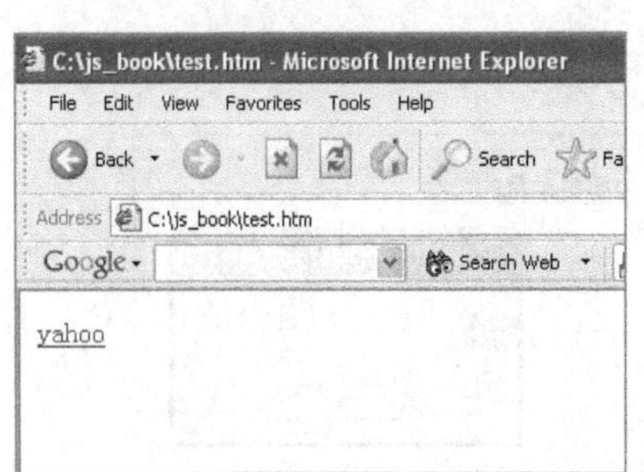

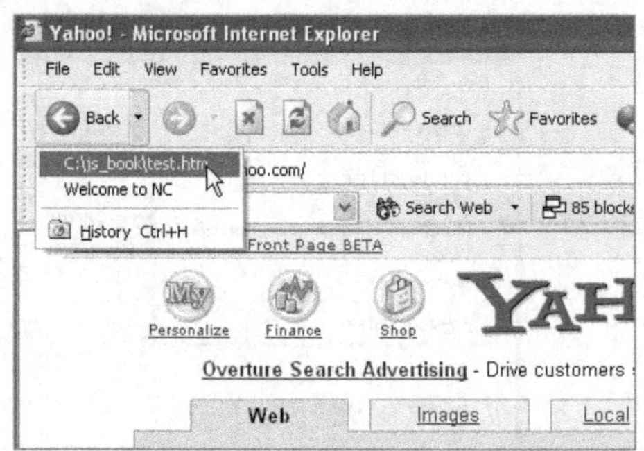

图 8-15　示例 8-7 的网页效果

```
<!DOCTYPE HTML>
<html>
<body onload="history.forward()">
<a href="http://www.yahoo.com">yahoo</a>
</body>
</html>
```

在<body>标记中的 onload 事件调用了历史记录对象的 forward()方法，因此，只要载入该网页，它就会显示前进一个网址的网页，好像浏览器的后退按钮失效了一样。

3. 显示历史记录列表中第一个网址的网页

示例 8-8　显示历史记录列表中第一个网址的网页。

目的：使用历史记录对象的属性和方法。

程序文件名：ch8_08.html。

```
<!DOCTYPE HTML>
<html>
<body>
<a href="javascript:history.go(1-history.length)">历史记录列表中的第一个网址
</a>
</body>
</html>
```

该示例中的链接总是指向历史记录列表中的第一个网址，它通过（1-history.length）计算出历史记录列表中的第一个网址项。

8.6 框架对象

8.6.1 框架对象的常用属性和方法

框架对象是由 HTML 中的<iframe>标记产生的，它的效果与弹出窗口很相似，只是嵌入在网页中，但它实际上就是窗口下独立的一个窗口，因此，它具有与窗口对象几乎相同的属性和方法。与真正的窗口对象不同的是，它总是与上一级窗口对象在同一个浏览器的窗口中。例如，引用框架对象中文档对象中的各种元素对象的语法规则如下。

```
框架对象.contentWindow.文档对象中的元素对象
```

引用框架对象中的 JavaScript 函数或全局变量的语法规则如下。

```
框架对象.contentWindow.JavaScript 函数名
框架对象.contentWindow.JavaScript 全局变量名
```

那么，在多框架对象中，要从一个框架对象中引用另一个框架中文档对象中的元素对象，就可以使用窗口对象中的关系属性 parent，语法规则如下。

```
parent.另一框架对象.contentWindow. 文档对象中的元素对象
```

同样，使用上述方法可以从一个框架对象中引用另一个框架中的 JavaScript 函数或全局变量，语法如下。

```
parent.另一框架对象.contentWindow.JavaScript 函数名
parent.另一框架对象.contentWindow.JavaScript 全局变量名
```

框架对象的常用属性详如表 8-9 所示。

表 8-9　框架对象的常用属性

方　法	意　义
width	框架宽度
height	框架高度
name	框架名字
src	框架链接地址

8.6.2　框架对象的应用实例

示例 8-9　如图 8-16 所示，在当前窗口中显示另一个网页内容。

目的：使用框架对象的属性。

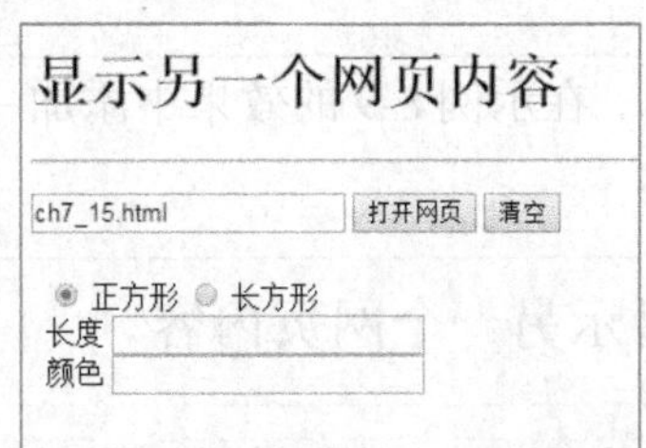

图 8-16　示例 8-9 的网页效果

程序文件名：ch8_09.html。

```
<script><!--
function openFrame() {
  var theFrame;
  var url = document.getElementById("url").value; /*得到链接地址*/
  var iFrames=document.getElementsByTagName('iframe');/*检查是否已有框架元素*/
  if (iFrames.length>0) { /*已有框架元素*/
    theFrame = iFrames[0];
    theFrame.setAttribute("src", url); /*设置框架中的网页地址*/
```

```
9      }
10     else {
11       theFrame = document.createElement("IFRAME"); /*新建框架元素*/
12       theFrame.style.width=screen.availWidth+'px'; /*设置框架宽度为屏幕宽度*/
13       theFrame.style.border=0; /*设置无边框线*/
14       theFrame.setAttribute("src", url); /*设置框架中的网页地址*/
15       document.body.appendChild(theFrame);  /*在网页中添加框架元素*/
16     }
17   }
18   function removeFrame() {
19     var iFrames = document.getElementsByTagName('iframe');
20     if (iFrames.length>0) {
21       var theFrame = iFrames[0];
22       theFrame.setAttribute("src", "");
23     }
24   }
25   //--></script>
26   <!-- 以下是 HTML 的内容 -->
27   <h1>显示另一个网页内容</h1>
28   <hr>
29   <p>
30     <input type="text" id="url" value="ch7_15.html">
31     <input type="button" value="打开网页" onclick="openFrame()">
32     <input type="button" value="清空" onclick="removeFrame()">
33   </p>
```

- openFrame 用于添加框架元素。
- removeFrame 用于清空框架元素。

示例 8-10　如图 8-17 所示，在示例 8-9 的效果中添加一个按钮，用于模仿选中框架中的“长方形”单选按钮。

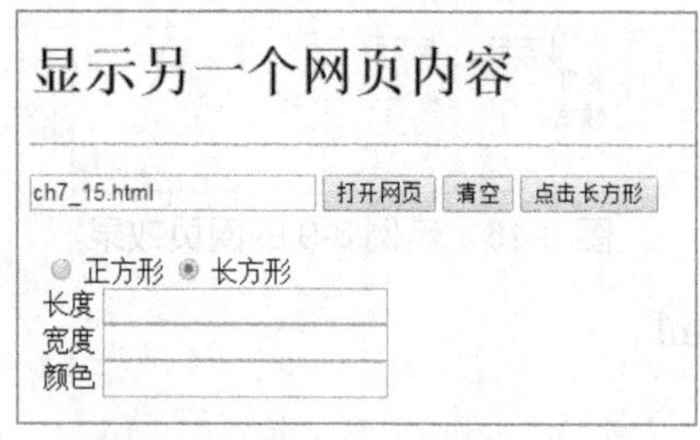

图 8-17　示例 8-10 的网页效果

目的：调用框架中的 JavaScript 函数。

程序文件名：ch8_10.html。

操作步骤如下。

① 在第 24 行和第 25 行之间插入下述 JavaScript 函数，其中，iFrames[0].contentWindow.document.getElementById('type2')用于得到框架中文档对象中的元素对象。

```
        function doFrame() {
            var iFrames = document.getElementsByTagName('iframe');
            if (iFrames.length &&
                document.getElementById('url').value=='ch7_15.html') {
              iFrames[0].contentWindow.document.getElementById('type2').
click();
            }
        }
```

② 在第 32 行和第 33 行之间插入下述 HTML 代码。

```
        <input type="button" value="点击长方形" onclick="doFrame()">
```

这样就可以得到图 8-17 所示的效果。

第 9 章 JavaScript 实用技巧

本章主要内容：

- 建立函数库
- 读取与储存数据
- 检验用户输入
- 弹出窗口
- 下拉菜单
- 事件冒泡处理
- 动画技术

9.1 建立函数库

在实际的网页设计与制作过程中，往往会重复应用一些 JavaScript 函数。一般应将这些常用的函数集中在一起，放在一个外置的 JavaScript 文件中作为网页制作的 JavaScript 函数库。函数库中的函数一般可以分为下述几种类型：

- 用于简化程序的函数（如示例 9-1）；
- 用于校验用户输入的函数（如示例 9-2 和示例 9-3）；
- 用于取值与设置值的函数（如示例 9-4）；
- 用于处理字符串的函数（如示例 9-5）；
- 用于处理列表的函数（如示例 9-6、示例 9-7、示例 9-8 和示例 9-9）；
- 用于显示网页元素的函数（如示例 9-10）。

下述示例列出了一些常用的 JavaScript 函数及其应用。

示例 9-1 根据元素 id 得到元素对象的 getObj()函数及其应用。

程序文件名：ch9_01.html。

```
function getObj(id) {
    return document.getElementById(id);
}
<!-- 应用 getObj()函数，以下是 HTML 内容，网页显示后将得到 admin -->
<body onload="alert(getObj('username').value)">
  <input type="text" id="username" value="admin">
</body>
```

示例 9-2 判断是否是空字符串的函数 isEmptyString()及其应用。

程序文件名：ch9_02.html。

```
function isEmptyString(s) {
```

```
  if (trim(s).length==0) return true; // trim()函数详见示例 6-7
  else return false;
}
// 应用 isEmptyString()函数
alert(isEmptyString(" "));      // 得到 true
```

示例 9-3　判断用户是否设置了单选按钮的函数 isCheckedRadio()及其应用。

程序文件名：ch9_03.html。

```
function isCheckedRadio(radioName) {
  return
document.querySelectorAll('input[name='+radioName+']:checked').length>0;
}
function msg() {
  if (isCheckedRadio('myRadio')) alert('选择了单选按钮');
  else  alert('没有选择单选按钮');
}
…
<!-- 下面是在 HTML 中的语句 -->
 <input type="radio" name="myRadio" value="top">上
 <input type="radio" name="myRadio" value="middle">中
 <input type="radio" name="myRadio" value="bottom">下
 <input type="button" value="Go" onclick=" msg()">
```

示例 9-4　返回选上了的单选按钮值的函数 getRadio()及其应用。

程序文件名：ch9_04.html。

```
function getRadio(rName) {
  var $r = document.querySelectorAll('input[name='+rName+']:checked');
  return $r.length>0?$r[0].value:'';
}
…
<!-- 下面是在 HTML 中的语句，显示网页后将得到“middle” -->
<body onload="alert(getRadio('myRadio'))">
  <input type="radio" name="myRadio" value="top">上
  <input type="radio" name="myRadio" value="middle" checked>中
  <input type="radio" name="myRadio" value="bottom">下
</body>
```

示例 9-5　替换字符串函数 replaceStrAll()及其应用。

程序文件名：ch9_05.html。

```
function replaceStrAll(inStr,oldStr,newStr) {
  var ret = inStr;
  while (ret.indexOf(oldStr)>-1) {
      ret = ret.replace(oldStr,newStr);
  }
  return ret;
}
// 应用 replaceStrAll()函数
var s = "This is a book";
```

```
alert(replaceStrAll(s, "is","_")); // 得到 Th_ _ a book
```

示例 9-6 根据列表选项值或选项序号选择列表的函数 setSelection()及其应用。

程序文件名：ch9_06.html。

```
function setSelection(listId,options) { //options: {index:idx, value: val}
  if (options.index!=null) {
    getObj(listId).selectedIndex = options.index;
  }
  if (options.value!=null) {
    getObj(listId).value = options.value;
  }
}

function example() {
  setSelection('myList1',{index:0}); //使用函数时根据需要填写 option 参数
  setSelection('myList2',{value:'v5'});
}

<!-- 下面是 HTML 内容，网页显示后得到图 9-1 所示的效果 -->
<body onload="example()">
<select id="myList1" multiple>
  <option value="v1">白菜</option>
  <option value="v2">萝卜</option>
  <option value="v3">青椒</option>
</select>
<select id="myList2" multiple>
  <option value="v4">春天</option>
  <option value="v5">夏天</option>
  <option value="v6">秋天</option>
  <option value="v7">冬天</option>
</select>
```

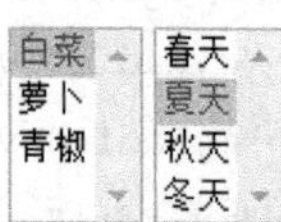

图 9-1 示例 9-6 的网页效果

示例 9-7 将多选列表中的全部项选上。

程序文件名：ch9_07.html。

```
//options: {index:idx, value: val, isAll:true}
function setSelection(listId,options) {
  if (options.index!=null) {
    getObj(listId).selectedIndex = options.index;
  }
  if (options.value!=null) {
    getObj(listId).value = options.value;
  }
```

```
9    if (options.isAll) {  在示例 9-6 的代码中加上第 9～14 行
10     var list = getObj(listId);
11     for (var i=0; i<list.options.length; i++) {
12       list.options[i].selected = true;
13     }
14   }
15 }
16     <!-- 下面是 HTML 内容，网页初始时如图 9-2 左图所示，
17      单击“全选”按钮后得到图 9-2 右图所示的效果 -->
18     <select id="myList" multiple  size="6">
19         <option value="0">白菜</option>
20         <option value="1">萝卜</option>
21         <option value="2">青椒</option>
22     </select>
23     <input type="button" value="全选"
       onclick  =  "setSelection ('myList',{isAll:true})">
```

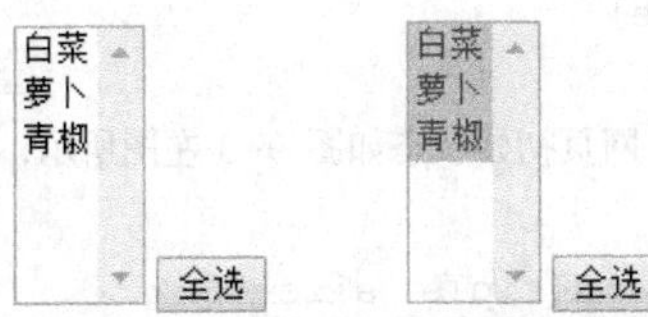

图 9-2 示例 9-7 的网页效果

示例 9-8 清除列表项函数 clearList()及其应用。

程序文件名：ch9_08.html。

```
function clearList(alist,isDummy) {
  var lst = getObj(alist);    // getObj()函数见示例 9-1
  var len = lst.options.length;
  for (var i = (len-1); i >= 0; i--){
    lst.options[i]= null;
  }
}
<!-- 下面是 HTML 内容 -->
<select id="myList" multiple  size="6" style="width:100px">
 <option value="0">白菜</option>
 <option value="1">萝卜</option>
 <option value="2">青椒</option>
</select>
<input type="button" value="清除" onclick  =  " clearList ('myList')">
```

示例 9-9 排序列表函数 sortList()及其应用。

程序文件名：ch9_9.html。

```
function sortList(listId) {
  var aList = new Array();
  var aText = new Array();
  var lst = getObj(listId); // getObj()函数见示例 9-1
  for (var i=0;i<lst.length;i++) {
    aList[i] = new listObj(lst.options[i].text,lst.options[i].value);
```

```
    aText[i] = lst.options[i].text;
  }
  aText.sort();
  clearList(listId);  //见示例 9-8
  for (var i=0;i<aText.length;i++) {
    lst.options[i]=new Option(aText[i],getValueByKey(aList,aText[i]));
  }
}
function getValueByKey(aList,key) {
  for (var i=0; i<aList.length; i++) {
    if (aList[i].text == key) return aList[i].value;
  }
  return "";
}
function listObj(text,value) {
  this.text = text;
  this.value = value;
}
<!--下面是 HTML 内容，网页初始状态如图 9-3 左图所示，单击“排序”按钮后得到图 9-3 右图所示的效果-->
<select id="myList" multiple  size="6">
 <option value="0">book</option>
 <option value="1">pen</option>
 <option value="2">pencil</option>
 <option value="3">amount</option>
 <option value="4">music</option>
 <option value="5">basic</option>
</select>
<input type="button" value="排序" onclick="sortList('myList')">
```

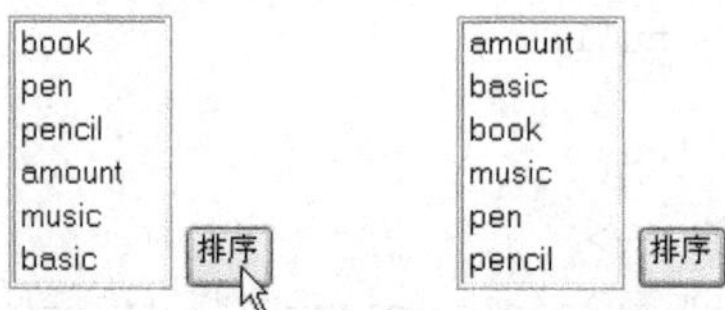

图 9-3　示例 9-9 的网页效果

示例 9-10　切换显示、隐藏函数 toggleShow()及其应用。

程序文件名：ch9_10.html。

```
function show(id) {
  getObj(id).style.display="block"; // getObj()函数见示例 9-1
}

function hide(id) {
  getObj(id).style.display="none";
}

function toggleShow(id) {
  if (getObj(id).style.display == "none")
```

```
    show(id);
  else
    hide(id);
}
<!-- 下面是 HTML 内容，网页初始时如图 9-4 左图所示，勾选“隐藏”复选框后得到图 9-4 右图所示的效果 -->
<input type="checkBox" onclick="toggleShow('content')">隐藏
<div id="content">这里放的是所要显示或隐藏的内容</div>
```

☐隐藏
这里放的是所要显示或隐藏的内容

☑隐藏

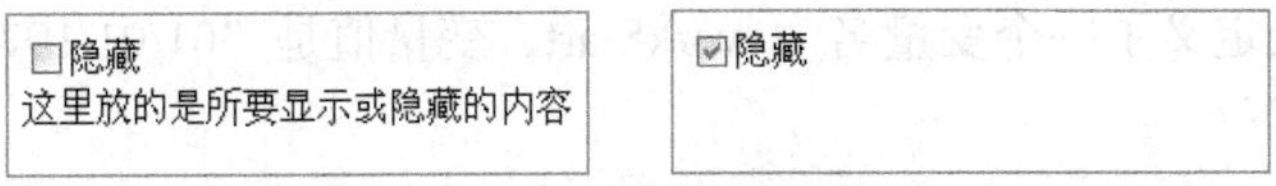

图 9-4　示例 9-10 的网页效果

9.2 读取与储存数据

9.2.1 页面上数据的读取与储存

1. HTML 元素中的 data 属性

页面上的数据通过 data 属性保存在 HTML 元素的标签上，然后通过 JavaScript 程序进行读取操作。

页面上的数据设置规则如下。

- 以 data-开始。
- data-后面紧跟的是变量名，必须全部为小写字母。

例如下述示例，div 元素 myDiv 中定义了一个变量名为 address、变量值是“中南路 1 号”的数据；div 元素 testDiv 中定义了一个变量名为 student-name、变量值是“John”的数据。

```
<div id="myDiv" data-address="中南路 1 号">单位地址：中南路 1 号</div>
<div id="testDiv" data-student-name="John">My Name is John</div>
```

2. JavaScript 用 dataset 读取与储存页面上的数据

（1）JavaScript 读取页面上的数据规则如下。

- 格式为“元素对象.dataset.变量名”。
- 如果 HTML 元素标签中的变量名带有“–”，那么，JavaScript 中的变量名应该去掉“–”，然后将“–”后的第一个字母改为大写字母。

例如上述示例，在 JavaScrip 中读取变量 address 的方法如下。

```
<script><!–
  var myDiv = document.getElementById("myDiv");
  var address = myDiv.dataset.address;   // HTML: data-address
//--></script>
```

读取变量 student-name 的方法如下。

```
<script><!–
  var anotherDiv = document.getElementById("testDiv");
  var myName = anotherDiv.dataset.studentName; // HTML: data-student-name
```

```
//--></script>
```

（2）JavaScript 设置页面上的数据的规则如下。

- 格式为“元素对象.dataset.变量名=变量值;”。
- 如果 JavaScript 中的变量名中带有大写字母，那么对于 HTML 元素标签中的 data 变量名，大写字母前要插入“–”，然后大写字母改为小写字母。例如，workStart 对应的是 work-start。

上述示例中，在 HTML 的 div 元素 myDiv 中定义了一个变量名为 city、变量值是“定西市”的数据；又定义了一个变量名为 workStart，变量值是“01/01/1977”的数据，那么，JavaScript 代码如下。

```
<script><!–
 myDiv.dataset.city = "定西市";  // HTML: data-city
 myDiv.dataset.workStart = "01/01/1977"; // HTML: data-work-start
//--></script>
```

示例 9-11　网页显示时，读取学生的成绩并计算出平均成绩，如图 9-5 左图所示；用户输入新的学生名字和成绩后，重新计算平均成绩，如图 9-5 右图所示。

目的：页面上数据的读取和设置。

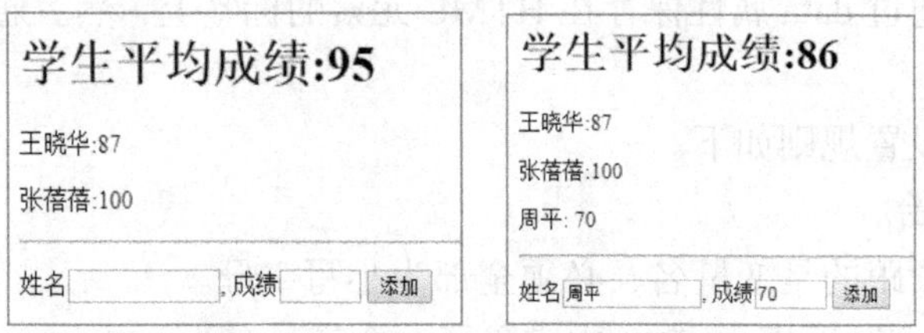

图 9-5　示例 9-11 的网页效果

程序文件名：ch9_11.html。

```
<script><!--
  var students = [];
  function loadData() { //保存网页信息
   var rows = document.querySelectorAll('#myDiv p');
   for (var i=0;i< rows.length;i++) {
    var student = {};
     student.name = rows[i].dataset.studentName;
     student.math = parseInt(rows[i].dataset.math);
     students.push(student);
   }
   averageScore();
  }
  function add() {   //添加记录
   var newName = document.getElementById('newName').value,
     newMath = parseInt(document.getElementById('newMath').value);

   var div = document.getElementById("myDiv");
```

```
    var newRow = document.createElement('p');
    newRow.innerHTML = newName+': '+newMath;
    newRow.dataset.studentName = newName;
    newRow.dataset.math = newMath;
    div.appendChild(newRow);

    var student = {};
    student.name = newName;
    student.math = newMath;
    students.push(student);
    averageScore();
  }
      function averageScore() { //计算平均成绩
    var b = document.querySelectorAll('h1 b')[0];
    var total = 0;
    for (var i=0;i<students.length;i++) {
      total+=students[i].math;
    }
    b.innerHTML = Math.round(total/students.length);
  }
//--></script>
  <!-- 下面是 HTML 内容 -->
<body onload="loadData()">
  <h1>学生平均成绩:<b></b></h1>
  <div id="myDiv">
    <p data-student-name="王晓华" data-math="87">王晓华:87</p>
    <p data-student-name="张蓓蓓" data-math="100">张蓓蓓:100</p>
  </div>
  <hr>
  <p><label for="newName">姓名</label><input type="text" id="newName" size="10">,
     <label for="newMath">成绩</label><input type="text" id="newMath" size="3">
     <input type="button" value="添加" onClick="add()">
  </p>
</body>
```

9.2.2 浏览器上数据的读取与储存

浏览器上数据的读取与储存可以通过 HTML5 新增的本地存储功能来实现，本地存储功能有如下两种。

- localStorage：数据将永不过期地保存在浏览器上，除非用户清理浏览器的数据。

也就是说，用户关闭浏览器后再打开浏览器，数据仍然在浏览器上。

- sessionStorage：数据将保存在浏览器上，直到用户关闭浏览器。也就是说，用户关闭浏览器后再打开浏览器，数据就没有了。

1．本地存储保存数据

本地存储保存数据的格式如下。

localStorage.setItem（变量名, 变量值）;

sessionStorage.setItem（变量名, 变量值）;

2．本地存储读取数据

本地存储读取数据的格式如下。

localStorage.getItem（变量名）;

sessionStorage.getItem（变量名）;

3．本地存储删除数据

本地存储读取数据的格式如下。

localStorage.removeItem（变量名）;

sessionStorage.removeItem（变量名）;

示例 9-12 让用户选择网页的语言，当用户再次打开该网页时，网页自动设置为用户已选的语言。该示例效果如图 9-6 所示。

目的：浏览器上数据的读取和存储。

图 9-6 示例 9-12 的网页效果

程序文件名：ch9_12.html。

```
<script><!--
  function userLanguage(o) {
    localStorage.setItem('userLanguage', o.value);
  }
  function setUserLanguage() {
    var userLanguage = localStorage.getItem('userLanguage');
    if (userLanguage==null) ul='cn';   //默认为中文
    var radios =
document.querySelectorAll('input[type=radio][name=rdoLanguage]');
    for (var i=0;i<radios.length;i++) {
      if (radios[i].value==userLanguage) radios[i].checked=true;
    }
  }
//--></script>
<!-- 下面是 HTML 内容 -->
<body onload="setUserLanguage()">
```

```
  <p>
    <input type="radio" name="rdoLanguage" id="cn"
onclick="userLanguage(this)" value="cn">
    <label for="cn">中文</label>
        
    <input type="radio" name="rdoLanguage" id="en"
onclick="userLanguage(this)"  value="en">
    <label for="en">English</label>
  </p>
</body>
```

值得注意的是，“7.2.2 文档对象的 cookie 属性”小节中介绍了通过文档对象的 cookie 属性读取和存储浏览器上数据的方法，这种方法保存的数据量较少（小于 4KB），而本地存储的方法可以保存的数据多达 5MB。

9.3 校验用户输入

HTML5 除了在表单控件中新增了一些表单校验属性外，例如 required、pattern 等，还提供了表单校验方法和属性，这样可以有效提高编程效率。表 9-1 为常用表单验证的属性和方法，每一个表单控件元素都可以通过表单验证的方法 checkValidity()进行校验，经过校验的表单控件元素就会包含一个校验属性 validity。表 9-2 为 validity 对应的不同表单控件的一些属性。

表 9-1 常用表单验证的属性和方法

属性和方法	意 义
checkValidity()	如果校验成功，返回 true，否则返回 false
setCustomValidity()	设置所需要的验证提示信息
validity	校验返回信息
validationMessage	校验失败所显示的信息
willValidate	控件是否被校验

表 9-2 varidity 的属性

属性	意 义
customError()	如果设置了校验信息，返回 true
patternMismatch	如果输入值与 pattern 属性不符，返回 true
rangeOverflow	如果输入值大于 max 属性值，返回 true
rangeUnderflow	如果输入值小于 min 属性值，返回 true
stepMismatch	如果有 step 属性但是用户输入值无效，返回 true
tooLong	如果输入值超出最大长度，返回 true
typeMismatch	如果输入值的类型不对，返回 true

续表

属性	意　义
valueMissing	如果有 required 属性但是用户没有输入值，返回 true
valid	如果校验成功，返回 true

示例 9-13　如图 9-7 所示，校验一个用户登录表单，要求如下。

（1）必须填写用户名和密码。

（2）密码不能小于 6 个字符。

（3）光标自动在“用户名”文本框中。

（4）必填项显示图标。

（5）如果输入无效的数据，显示图标。

（6）如果输入有效的数据，显示图标。

（7）自定义出错信息。

目的：使用 HTML5 表单校验方法和属性。

程序文件名：ch9_13.html。

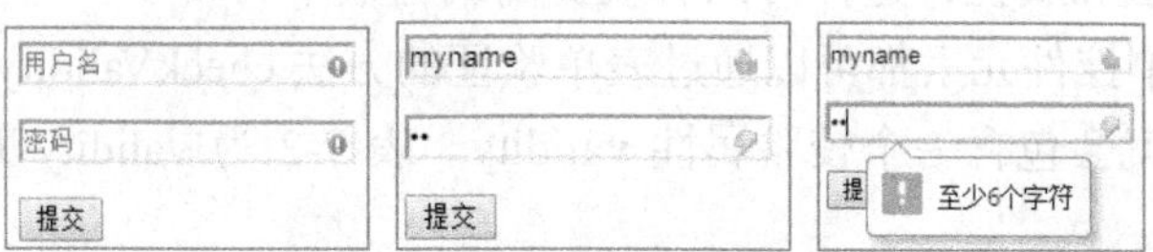

图 9-7　示例 9-13 的网页效果

```
<style>
  input:required:invalid {
    background:url("images/required.png") no-repeat right center;  /* 要求(4)*/
  }
  input:invalid:not(:placeholder-shown)  {
    background:url("images/invalid.png") no-repeat right center; /* 要求(5)*/
  }
  input:valid  {
    background:url("images/valid.png") no-repeat right center; /* 要求(6)*/
  }
</style>
<!-- 以下是 HTML 的内容  -->
<form id="mainForm" method="post">
  <!--required: 要求(1), autofocus:  要求(3), oninvalid:  要求(7)-->
 <p>
   <input type="text" name="username" id="username" placeholder="用户名"
         autofocus required
         oninvalid="this.setCustomValidity(validity.valueMissing ? '请输入用户名' : '');">
 </p>
 <!--minLength(Chrome): 要求(2), pattern,title(IE): 要求(3), oninvalid:  要求(7)-->
 <p>
   <input type="password" name="password" id="password" required placeholder="密码"
         minLength="6" pattern=".{6,}" title="至少 6 个字符"
```

```
        oninvalid="this.setCustomValidity(validity.valueMissing ? '请输入密码' : validity.tooShort ? '至少6个字符' :'');">
 </p>
  <button>提交</button>
</form>
```

在示例 9-13 中，用户单击“提交”按钮时进行表单校验，并且逐一弹出错误信息。下述示例 9-14 将表单校验和显示出错信息设置在用户离开控件元素的时候发生。

示例 9-14 如图 9-8 所示，当用户离开控件元素时进行表单校验，并在控件下方显示出错信息，要求如下。

（1）所有项都是必填项，如图 9-8 左图所示。

（2）用户名不能小于 3 个字符，如图 9-8 中图所示。

目的：使用 HTML5 表单校验方法和属性。

程序文件名：ch9_14.html。

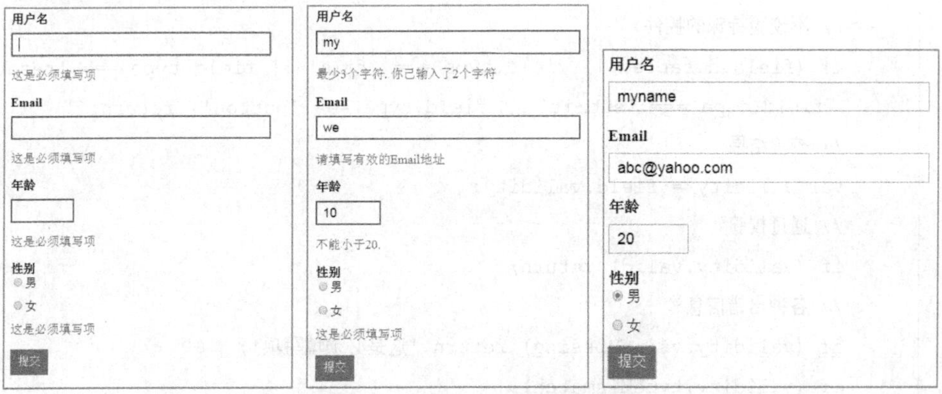

图 9-8 示例 9-14 的网页效果

```
<style>
  body {font-size: 112.5%;margin-left: auto;margin-right: auto;/*居中对齐表单*/
    max-width: 20em;
     width: 88%;
  }
  label {display: block;font-weight: bold;margin-bottom: 0.5em;}
  .label-normal {font-weight: normal;} /*label for checkbox/radio*/
  input,select {
    display: inline-block;font-size: 1em;margin-bottom: 1em;
    padding: 0.25em 0.5em;width: 100%;
  }
  [type="number"] {width:auto;}
  [type="checkbox"],[type="radio"] {margin-bottom: 0.5em;width: auto;}
  .button { background: #0088cc;border: 0;color: #ffffff;
    display: inline-block; font-size: 0.9375em;font-weight: normal;
    line-height: 1.2;padding: 0.5em 0.6875em;width: auto;
  }
```

```
  .button:hover {background-color: #005580;}
  .error {border-color: red;}
  .error-message {color: red;margin-bottom: 1em;}
</style>
<script>
  function init() {
    // 设置表单为 novalidate 属性，以取消弹出式报错
    var forms = document.querySelectorAll('.validate');
    for (var i = 0; i < forms.length; i++) {
      forms[i].setAttribute('novalidate', true);
    }
    // 校验控件
    var hasError = function (field) {
      // 不校验特殊的控件
      if (field.disabled || field.type === 'file' || field.type === 'reset' ||
        field.type === 'submit' || field.type === 'button') return;
      // 校验结果
      var validity = field.validity;
      // 通过校验
      if (validity.valid) return;
      // 各种出错信息
      if (validity.valueMissing) return '这是必须填写项';
      if (validity.typeMismatch) {
        if (field.type === 'email') return '请填写有效的 Email 地址';
        if (field.type === 'url') return '请填写有效的 URL 地址';
      }
      if (validity.tooShort) return '最少' + field.getAttribute('minLength') +
        '个字符. 你已输入了' + field.value.length + '个字符';
      if (validity.tooLong) return '最多' + field.getAttribute('maxLength') +
        '个字符. 你已输入了' + field.value.length + '个字符';
      if (validity.badInput) return '请填写数字';
      if (validity.stepMismatch) return 'Please select a valid value.';
 if (validity.rangeOverflow) return '不能超过' + field.getAttribute('max') + '.';
 if (validity.rangeUnderflow) return '不能小于' + field.getAttribute('min') + '.';
      if (validity.patternMismatch) {
        if (field.hasAttribute('title')) return field.getAttribute('title');
        return 'Please match the requested format.';
      }
      // 其他
      return '请填写有效数据';
```

```
    };

    // 显示出错信息
    var showError = function (field, error) {
      // 显示出错信息 error class
      field.classList.add('error');
      // 对于 radio/checkbox，找到其最后一项
     if ((field.type === 'checkbox' || field.type === 'radio') && field.name) {
        var group = document.getElementsByName(field.name);
        if (group.length > 0) {
          for (var i = 0; i < group.length; i++) {
            // Only check fields in current form
            if (group[i].form !== field.form) continue;
            group[i].classList.add('error');
          }
          field = group[group.length - 1];
        }
      }
      // 得到控件的 id 或 name
      var id = field.id || field.name;
      if (!id) return;
      // 校检是否已有错误信息，如果没有，产生一个
      var message = field.form.querySelector('.error-message#error-for-' + id );
      if (!message) {
        message = document.createElement('div');
        message.className = 'error-message';
        message.id = 'error-for-' + id;
        // 对于 radio/checkbox，找到其最后一项
        var label;
        if (field.type === 'radio' || field.type ==='checkbox') {
  label = field.form.querySelector('label[for="' + id + '"]') || field.parentNode;
          if (label) {
            label.parentNode.insertBefore( message, label.nextSibling );
          }
        }
        if (!label) {
          field.parentNode.insertBefore( message, field.nextSibling );
        }
      }
      message.innerHTML = error;  // 更新错误信息
```

```
      // 显示错误信息
      message.style.display = 'block';
      message.style.visibility = 'visible';
    };
    // 删除错误信息
    var removeError = function (field) {
      field.classList.remove('error'); // 删除控件元素上的 error class
      //对于 radio/checkbox，找到其最后一项
      if (field.type === 'radio' && field.name) {
        var group = document.getElementsByName(field.name);
        if (group.length > 0) {
          for (var i = 0; i < group.length; i++) {
            // Only check fields in current form
            if (group[i].form !== field.form) continue;
            group[i].classList.remove('error');
          }
          field = group[group.length - 1];
        }
      }
      // 得到控件元素的 id 或 name
      var id = field.id || field.name;
      if (!id) return;
      // 是否已有错误信息
      var message = field.form.querySelector('.error-message#error-for-' + id +
'');
      if (!message) return;
      // 如果已有错误信息，清空错误信息
      message.innerHTML = '';
      message.style.display = 'none';
      message.style.visibility = 'hidden';
    };
    // 对每一个表单控件元素添加 blur(离开控件)事件
    document.addEventListener('blur', function (event) {
      // 如果表单没有 validate 属性，不进行校验
      if (!event.target.form.classList.contains('validate')) return;
      var error = hasError(event.target);  // 校验表单控件
      if (error) { // 如果有错，显示出错信息
        showError(event.target, error);
        return;
      }
      // 否则，删除出错信息
```

```
      removeError(event.target);
    }, true);

    // 提交表单时，进行各项表单控件的校验
    document.addEventListener('submit', function (event) {
      // 如果表单没有 validate 属性，不进行校验
      if (!event.target.classList.contains('validate')) return;
      // 得到所有表单控件元素
      var fields = event.target.elements;
   // 校验每一个控件元素，并且将第一个出错的表单控件元素保存在 hasErrors，以便光标在该元素上
      var error, hasErrors;
      for (var i = 0; i < fields.length; i++) {
        error = hasError(fields[i]);
        if (error) {
          showError(fields[i], error);
          if (!hasErrors) {
            hasErrors = fields[i];
          }
        }
      }
      // 如果有错，将光标放在第一个出错控件上，中断提交表单
      if (hasErrors) {
        event.preventDefault();
        hasErrors.focus();
      }
      // 否则，提交表单
      // ...
    }, false);
  }
</script>
<!-- 以下是 HTML 的内容  -->
<form class="validate">
  <div>
    <label for="text">用户名</label>
    <input type="text" id="text" required minLength="3">
  </div>

  <div>
    <label for="email">Email</label>
    <input type="email" id="email" required>
```

```
    </div>

    <div>
      <label for="age">年龄</label>
      <input type="number" id="age" required min="20" max="60" size="3">
    </div>

    <div>
      <strong>性别</strong>
      <label class="label-normal">
        <input type="radio" name="radio" id="radio-1" required>男
      </label>
      <label class="label-normal">
        <input type="radio" name="radio" id="radio-2" required>女
      </label>
    </div>
    <input type="submit" class="button" value="提交">
  </form>
```

9.4 设置弹出窗口

在网页开发中，弹出窗口技术往往可以起到提示或同时显示不同信息等作用，但是，由于许多广告网站滥用该技术显示广告内容，因此一些浏览器设置了“限制弹出窗口”选项，使用“弹出窗口”技术时应注意这一点。

9.4.1 一般的弹出窗口

一般弹出窗口的制作可以直接使用窗口对象的 window.open()方法，根据参数的设置，可以设置窗口的尺寸、位置，以及是否有菜单栏、状态栏、工具条、滚动条等，详见“8.3.2 多窗口控制”小节。

9.4.2 窗口中的“窗口”

窗口中的“窗口”并不是一个真正的浏览器窗口，而是根据文档对象模型的特性制作的“窗口”，它可以像窗口一样包括标题栏及关闭按钮，如图 9-9 所示。

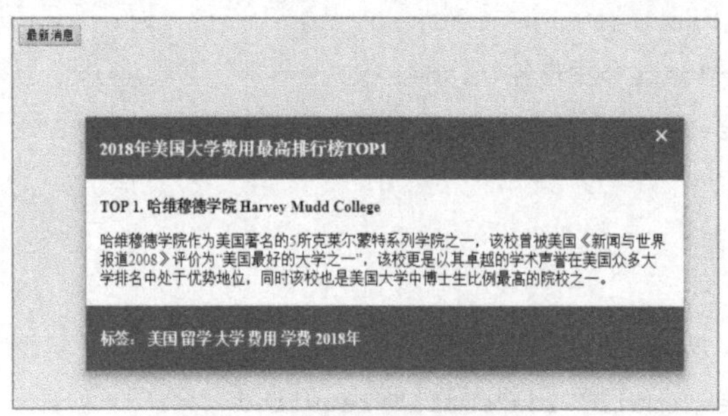

图 9-9　窗口中的“窗口”

示例 9-15 制作图 9-9 所示的窗口中的“窗口”。

程序文件名：ch9_15.html。

```
<style>
  /* 窗口的背景 */
  .modal {
   display: none; /* 默认状态下是不可见的 */
   position: fixed; /* 固定位置 */
   z-index: 1; /* 窗口在网页上层 */
   padding-top: 100px; /* 窗口位置 */
   left: 0;
   top: 0;
   width: 100%; /* 屏幕宽  */
   height: 100%; /* 屏幕高 */
   overflow: auto;
   background-color: rgb(0,0,0); /* Fallback color */
   background-color: rgba(0,0,0,0.1); /* Black w/ opacity */
  }

  /* 窗口 */
  .modal-content {
   position: relative;
   background-color: #fefefe;
   margin: auto;
   padding: 0;
   border: 1px solid #888;
   width: 80%;
   box-shadow: 0 4px 8px 0 rgba(0,0,0,0.2),0 6px 20px 0 rgba(0,0,0,0.19);
  }

  /* 关闭按钮 */
  .close {
   color: white;
   float: right;
   font-size: 28px;
   font-weight: bold;
  }

  .close:hover,
  .close:focus {
   color: #000;
   text-decoration: none;
   cursor: pointer;
  }

  .modal-content header {  /*窗口顶部*/
   padding: 2px 16px;
   background-color: #3f533f;
   color: white;
```

```
    }

    .modal-body {padding: 2px 16px;} /*窗口主体*/

    .modal-content footer {  /*窗口底部*/
      padding: 2px 16px;
      background-color: #3f533f;
      color: white;
    }
  </style>
  <script><!--
    function init() {
      var modal = document.getElementById('myModal');  // 窗口
      var btn = document.getElementById("myBtn");  // 按钮
      var span = document.getElementsByClassName("close")[0];// 关闭
      btn.onclick = function() {
        modal.style.display = "block";
      };
      span.onclick = function() {
        modal.style.display = "none";
      };
    }
  //--></script>
<body onload="init()">
  <button id="myBtn">最新消息</button>
  <!-- 窗口的背景 -->
  <div id="myModal" class="modal">
    <!-- 窗口的 -->
    <div class="modal-content">
      <header>
        <span class="close">&times;</span>
        <h3>2018 年美国大学费用最高排行榜 TOP1</h3>
      </header>
      <div class="modal-body">
        <p>...</p>
      </div>
      <footer>
        <h4>标签： 美国 留学 大学 费用 学费 2018 年</h4>
      </footer>
    </div>
  </div>
</body>
```

9.5 设置下拉菜单

下拉菜单是网页制作中常用的技术。图 9-10 所示为典型的下拉菜单，其特点是，单击菜单项，就会打开它的下拉命令菜单；在菜单外的任何位置单击，菜单会自动消失；单击下拉菜单中的命令，就会打开相应的链接网页。

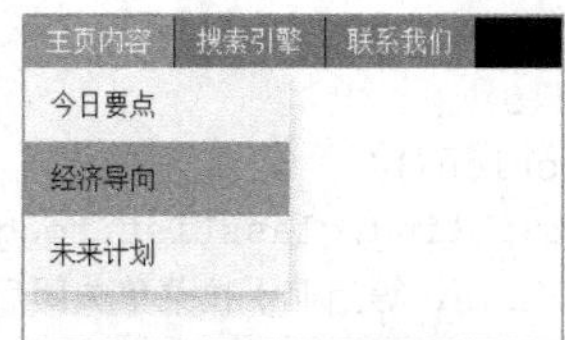

图 9-10 下拉菜单

示例 9-16 修改示例 3-10 为下拉菜单。

程序文件名：ch9_16.html。

操作步骤如下。

① 将 ch3_10_home.html 另存为 ch9_16.html，并在 HTML 内容中修改 nav 标签为下述代码。

```
<nav class="menu" id="myMenu">
  <ul class="clearfix">
    <li><a href="#" onclick="myClick(this)" class="home item">主页内容</a>
      <div class="dropdown-content">
        <a href="#">今日要点</a>
        <a href="#">经济导向</a>
        <a href="#">未来计划</a>
      </div>
    </li>
    <li><a href="#" onclick="myClick(this)" class="search item">搜索引擎</a>
      <div class="dropdown-content">
        <a href="#">关键词</a>
        <a href="#">历史记录</a>
      </div></li>
    <li><a href="#" class="contact item">联系我们</a></li>
  </ul>
</nav>
```

② 在 ch9_16.html 中将 ch3_10_menu.css 修改为 ch9_16_menu.css，然后将 ch3_10_menu.css 另存为 ch9_16_menu.css，并且在文档后添加下述内容，下拉菜单内容就会被隐藏起来。

```
.dropdown-content {
    display: none;
    position: absolute;
    background-color: #f9f9f9;
    min-width: 160px;
    overflow: auto;
    box-shadow: 0px 8px 16px 0px rgba(0,0,0,0.2);
    z-index: 1;
}

.dropdown-content a {
    color: black;
    padding: 12px 16px;
    text-decoration: none;
    display: block;
}
.show {display:block;}
```

③ 在 ch9_16.html 的 head 元素中插入下述 JavaScript 语句即可完成操作，其中使用了 JavaScript 的定时器，详见“9.7 动画技术”。

```
  <script><!--
    function myClick(o) {
      setTimeout(function(){
        o.nextElementSibling.classList.toggle("show");
      },100); //滞后 0.1s，等当前下拉菜单关闭后再打开当前下拉菜单
    }
    // 单击网页上的其他位置关闭下拉菜单
    window.onclick = function(event) {
      var dropdowns = document.getElementsByClassName("dropdown-content");
      for (var i = 0; i < dropdowns.length; i++) {
        var openDropdown = dropdowns[i];
        if (openDropdown.classList.contains('show')) {
          openDropdown.classList.remove('show');
        }
      }
    }
  //--></script>
```

9.6 事件冒泡处理

“事件冒泡”指的是当嵌套的标记中应用了相同的事件时，事件就会像冒泡一样，从里到外被激发。如下述示例，由于<td>和<img>标记中都应用了 onclick 事件，因此，当将鼠标指针移动到图片上并单击后，首先就会得到提示信息“这是图片”，然后马上又会得到提示信息“这是表格”，如图 9-11 所示。

```
<table>
  <tr>
    <td  onclick="alert('这是表格')">
      <img src=001.gif' onclick="alert('这是图片')">
    </td>
  </tr>
</table>
```

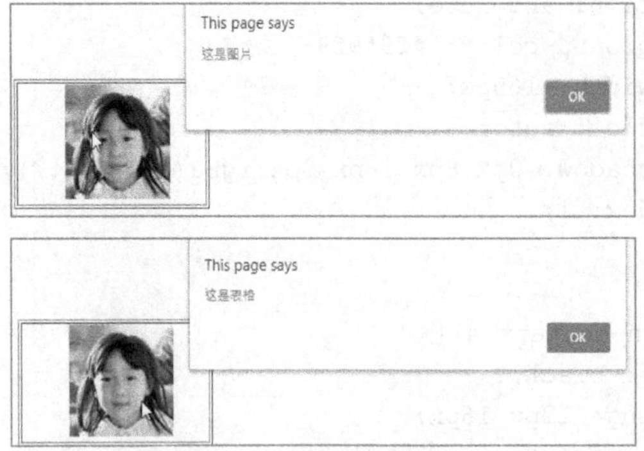

图 9-11　事件冒泡示例

在实际的应用中，有时往往需要阻止“事件冒泡”的发生。例如，在上述示例中，当用户单击图片时，希望只显示“这是图片”，不显示“这是表格”信息，而只有当用户单击图片以外的表格行时才显示“这是表格”信息。这时可以通过 e.target 的方法来区分事件作用的对象，从而阻止“事件冒泡”的发生，具体程序内容如示例 9-17 所示。

示例 9-17 处理事件冒泡。

程序文件名：ch9_17.html。

```
1  <script><!--
2  document.onclick = doClick;
3  function doClick(e) {
4    var theObj = (e) ? e.target : event.srcElement;
5    if (theObj.nodeName=="IMG")
6      alert("这是图片");
7    else if (theObj.nodeName=="TD")
8      alert("这是表格");
9  }
10 --></script>
11 <!-- 以下是HTML的内容 -->
12     <table width="150" border="1">
13       <tr>
14         <td><img src="001.gif"></td>
15       </tr>
16     </table>
```

- 第 2 行中首先将 onclick 事件应用于全部网页对象范围，该事件将调用 doClick()函数。
- 在 doClick()函数中，第 4 行得到事件作用的对象。
- 在第 5～7 行中，通过得到事件作用对象的标记名区分所处理的动作。

9.7 动画技术

在网页中应用动画技术可以使网页显得更生动，更能吸引用户的注意力。JavaScript 主要通过网页窗口对象的 setTimeout()、setInterval ()方法定时调用指定的 JavaScript 函数来改变网页对象的颜色、位置、内容等，进而达到动画的效果。

setTimeout()方法的使用规则如下。

```
id = window.setTimeout("somefunction();",间隔时间毫秒数);
```

它表示网页将在“间隔时间毫秒数”的时间间隔后调用 somefunction()函数。其中，id 是用于保存所设置的 setTimeout()方法的变量，当程序中同时应用了多个 setTimeout()时，通过 id 变量可以跟踪这些动画的状态。

如果要取消 setTimeout()函数的设置，可以使用下述 JavaScript 的窗口对象方法，其中，id 就是保存了 setTimeout()方法的变量。

```
window.clearTimeout(id);
```

setInterval()方法的使用规则如下。

```
id = window.setInterval("somefunction();",间隔时间毫秒数);
```

它表示网页每隔“间隔时间毫秒数”的时间就调用一次 somefunction()函数。同样可以使用下述窗口对象的方法取消对 setInterval()的设置，其中，id 就是保存了 setInterval ()方法的变量。

```
window.clearInterval(id);
```

9.7.1 动画网页对象的内容

通过改变网页中元素对象的 innerHTML 属性，可以改变网页对象的内容。

示例 9-18　制作图 9-12 所示的倒计数效果。

程序文件名：ch9_18.html。

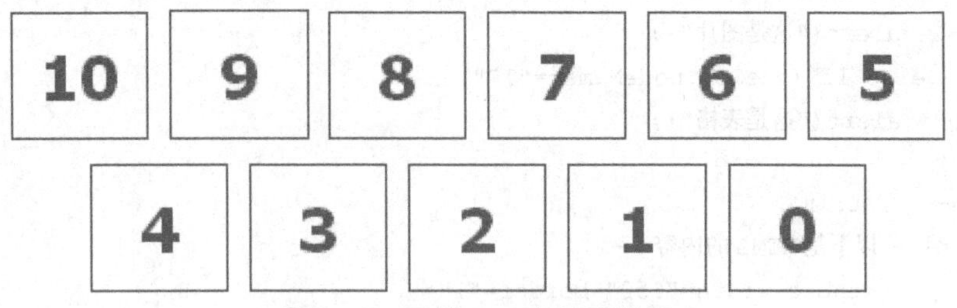

图 9-12　示例 9-18 的网页效果

```
<script><!--
  count=11;
  function countDown(){
    count--;
    writeNumber(count);
    if (count>0){
      window.setTimeout("countDown();",1000);  //  每隔 1s 调用本函数
    }
  }
  function writeNumber(count) {
    document.getElementById("content").innerHTML = count;
  }
//--></script>
<body onload="countDown();">
  <div style="font:28px tahoma bold ; color:red" id="content"></div>
</body>
```

- 应用该示例，首先要求在网页文件的文件夹中包含 10 个图像文件（0.gif～9.gif）。
- 该示例在载入网页时调用 countDown()函数。
- 在 countDown()函数中计算 count 数值后，通过 writeNumber()函数改写 id 为 content 的<div>标记中的内容。
- setTimeout()函数每隔 1s 调用一次 countDown()函数，直到 count 为 0。

9.7.2 动画网页对象的尺寸

如果在动画中同时应用两个 setTimeout()方法，就会得到意想不到的效果。

示例 9-19　网页中的动画显示 6 条信息，同时由小至大变换字体尺寸，部分效果如图 9-13 所示，最后自动进入下一个网页。

程序文件名：ch9_19.html。

图 9-13 示例 9-19 的网页效果

```
<style>
#content {position:absolute; left:0px; top:150px;
  width:100%; font-family:Impact; text-align:center;
  color:#336699; overflow:hidden;
}
</style>
<script><!--
var s=0;
var i=0;
var m=70;
var d=2000;
var msg=["Welcome to","google.com","google search",
    "google picture","google tools","and much more…"];
function changeMsg(){
    if (i>=msg.length){
        location.href=('http://www.google.com');
        return true;
    }
    txt=document.getElementById("content");
    txt.innerHTML=msg[i];
    s=0;
    zoomTxt();
    i++;
    setTimeout("changeMsg()", d);
}
function zoomTxt(){
    if(s<m){
        txt.style.fontSize = s+"pt";
        s+=5;
        setTimeout("zoomTxt()", 30);
    }
}
//--></script>
<body onload="changeMsg();">
<div id="content"></div>
</body>
```

● 本示例分别在 changeMsg()和 zoomTxt()函数中应用了 setTimeout()函数，一个用于改变网页内容，另一个用于改变文字的尺寸。

● 在改变文字尺寸的 setTimeout()函数调用中设置的时间间隔很小，这样使得动画效果很顺滑。

● 在第 15～18 行中，当显示的信息数达到 6 条时，通过 location.href 语句自动将网页转换到指定的网站。

9.7.3 动画网页对象的位置

一般通过改变网页中元素对象的定位坐标属性（left、top）的值，可以改变网页对象的位置。

示例 9-20 制作图 9-14 所示的滑动菜单栏。当将鼠标指针移动到“菜单”上时，菜单块会滑出来；当将鼠标指针移出“菜单”时，菜单块会滑回去；当滚动网页时，菜单仍然固定在屏幕中的设定位置上。

程序文件名：ch9_20.html。

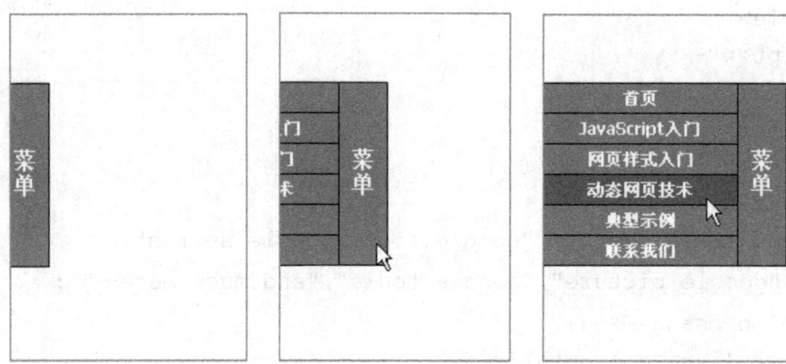

图 9-14 示例 9-20 的网页效果

```
<style>
  #menu {position:absolute; top:-2000px; border:1px solid #000000; border-collapse:collapse; visibility:hidden;}
  td.txt {border:1px solid #000000; text-align:center; font-weight:bold; color:#ffffff;}
  td.txt a{font-family:tahoma,arial,helvetica,sans-serif; font-size:12px; font-weight:bold; color:#ffffff; text-decoration:none;}
  td.txt a:hover{font-family:tahoma,arial,helvetica,sans-serif; font-size:12px; font-weight:bold; color:#000000; text-decoration:none;}
    table {background:#0099CC;border:1px solid #000 }
</style>
<script>

var MenuTop = 50;
var MenuLeft = 150;

var timerID1 = null;
var timerID2 = null;

function statik(){
```

```
    document.getElementById('menu').style.top = window.pageYOffset + MenuTop+'px';
}

function changeBG(obj, bgColor) {
    obj.style.backgroundColor = bgColor;
}

function slideIn(){
    if(parseInt(document.getElementById('menu').style.left) < 0){
      clearTimeout(timerID2);
      document.getElementById('menu').style.left = parseInt(document.getElementById('menu').style.left) + 5 + "px";
      timerID1=setTimeout("slideIn()", 30);
    }
}

function slideOut(){
     if(parseInt(document.getElementById('menu').style.left) > -MenuLeft){
     clearTimeout(timerID1);
     document.getElementById('menu').style.left = parseInt(document.getElementById('menu').style.left) - 5 + "px";
     timerID2=setTimeout("slideOut()", 30);
   }
}

function reDo(){
    window.location.reload();
}

function slideMenuInit(){
    document.getElementById('menu').style.visibility = "visible";
    document.getElementById('menu').style.left = -MenuLeft+"px";
    document.getElementById('menu').style.top = MenuTop+"px";
}

window.onresize = reDo;
setInterval('statik()', 1);
</script>
<!-- 以下是 HTML 的内容 -->
<body onload="slideMenuInit()">
<table id="menu" width="180" border="1" onmouseover="slideIn()" onmouseout="slideOut()">
  <tr>
    <td class="txt" onmouseover="changeBG(this,'#ff0000')" onmouseout="changeBG(this,'#0099CC')"><a href="#">首页</a></td>
    <td rowspan=6 class="txt">菜<br/>单<br/></td>
  </tr>
  <tr>
    <td class="txt" onmouseover="changeBG(this,'#ff0000')" onmouseout="changeBG(this,'#0099CC')"><a href="#">JavaScript 入门</a></td>
```

```
62  </tr>
63  <tr>
64    <td class="txt" onmouseover="changeBG(this,'#ff0000')" onmouseout="changeBG(this,'#0099CC')"><a href="#">网页样式入门</a></td>
65  </tr>
66  <tr>
67    <td class="txt" onmouseover="changeBG(this,'#ff0000')" onmouseout="changeBG(this,'#0099CC')"><a href="#">动态网页技术</a></td>
68  </tr>
69  <tr>
70    <td class="txt" onmouseover="changeBG(this,'#ff0000')" onmouseout="changeBG(this,'#0099CC')"><a href="#">典型示例</a></td>
71  </tr>
72  <tr>
73    <td class="txt" onmouseover="changeBG(this,'#ff0000')" onmouseout="changeBG(this,'#0099CC')"><a href="#">联系我们</a></td>
74  </tr>
75 </table>
76 <script>
77 for(i=1;i<101;i++){
78    document.write("<br/>");
79 }
80 </script>
81 </body>
```

- 本示例设置了两个 setTimeout()方法和一个 setInterval()方法。
- 第 24～30 行是用于控制滑入的函数 slideIn()，它设置了一个 setTimeout()方法，并保存在 timerID1 中，同时清除 timerID2，如第 26 行所示。
- 第 32～38 行是用于控制滑出的函数 slideOut()，它设置了一个 setTimeout()方法，并保存在 timerID2 中，同时清除 timerID1，如第 34 行所示。
- 第 16～18 行的函数 statik()用于定位菜单栏高度方向的位置，为了在滚动网页时使得菜单栏仍然定位在该位置上，第 51 行使用 setInterval()方法反复调用了 statik()函数。

第10章 实训项目

实训环境

（1）Windows 记事本软件或其他用于编辑 HTML、CSS 和 JavaScript 文件的工具软件。

（2）Chrome 浏览器。

10.1 “第1章 HTML基础”实训

1. 实训目的

熟练掌握 HTML 文档中的各元素，熟练编写 HTML 文档，在 Chrome 浏览器中调试 HTML 网页。

2. 实训内容

（1）编写第 1 章中的示例源文件，并且在 Chrome 浏览器中进行调试。

（2）编写一段 HTML 文档，实现效果如图 10-1 所示，其中包括 4 个区域，它们的内容分别如下。

- 标题广告区：一个 80px × 60px 的图像和一级标题“我的网页”。
- 菜单栏：由链接元素组成的菜单内容，包括“我的照片”“我的录像”和“我的日记”。
- 主要内容区：二级标题“我的日记”以及日记内容。
- 页脚区：链接到电子邮箱的“请您留言”链接，显示更新日期。

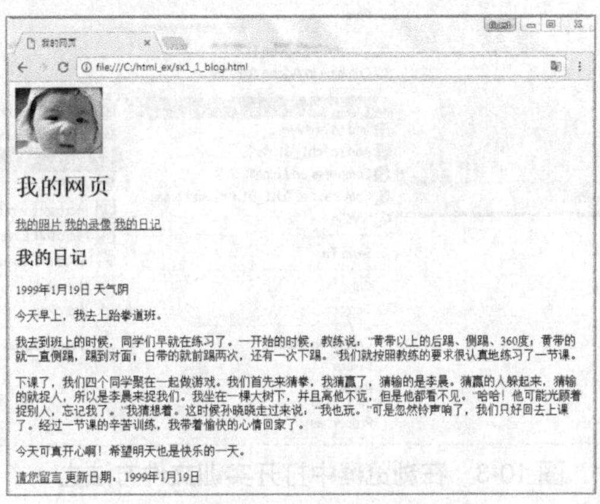

图 10-1 我的网页

3. 实训操作步骤

① 打开 Windows 的文件管理器，在 C 盘根目录下新建一个文件夹“html_ex”，如图 10-2 所示，用于保存实训文件。

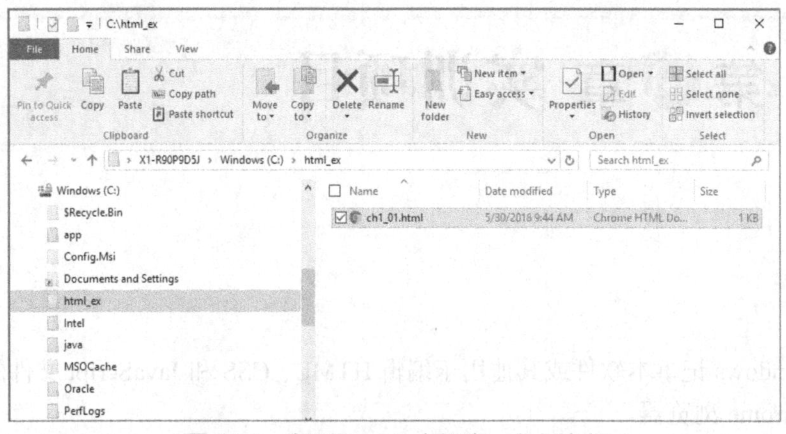

图 10-2　在 Windows 中新建一个文件夹

② 打开“记事本”（也可以使用其他用于编辑 HTML 文件的工具软件，如 Microsoft Frontpage、Macromedia Dreamweaver 等），编写 ch1_01.html 程序，然后将文件保存在 C:\html_ex 文件夹中。

③ 用下述任意一种方法在浏览器中显示 ch1_01.html 文档。

- 在图 10-2 所示的窗口中双击“ch1_01.html”文件。
- 在图 10-2 所示的窗口中右击“ch1_01.html”文件，在打开的快捷菜单中如果有所需的浏览器名，直接单击浏览器名，否则选择“Choose Program（选择程序）”命令。在打开的对话框中选择所需的浏览器，如图 10-3 所示。

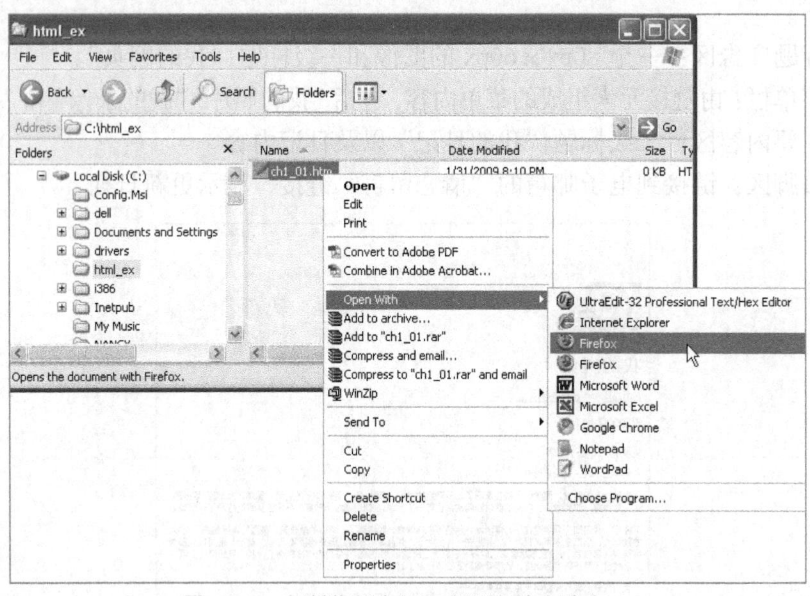

图 10-3　在浏览器中打开实训文件方法之一

- 先在 Windows 中打开所需的浏览器，然后按【Ctrl+O】组合键，在打开的对话框中找到并打开 ch1_01.html 文件。

④ 在浏览器中右击 ch1_01.html 网页的空白处，在打开的快捷菜单中选择“查看源文件”命令，如图 10-4 所示，查看 ch1_01.html 网页的源文件。

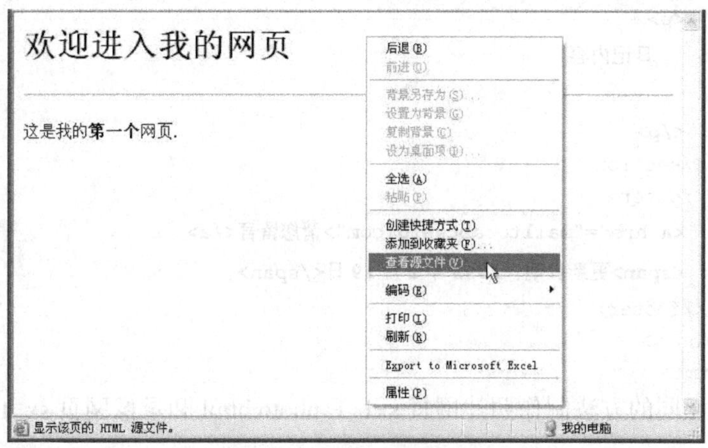

图 10-4　查看网页源文件

⑤ 在 C:\html_ex 文件夹中新建一个 sx1_1_blog.html 文档。

⑥ 制作 4 个元素，分别为 header、nav、section 和 footer，代码如下。

```
<!DOCTYPE HTML>
<html>
  <head>
    <title>我的网页</title>
  </head>
  <body>
    <header></header>
    <nav></nav>
    <section></section>
    <footer></footer>
  </body>
</html>
```

⑦ 在每个元素中输入如下粗体所示的内容，完成操作，即可得到图 10-1 所示的效果。

```
<!DOCTYPE HTML>
<html>
  <head>
    <title>我的网页</title>
  </head>
  <body>
    <header>
      <img src="profile.jpg">
      <h1>我的网页</h1>
    </header >
    <nav>
      <a href="#">我的照片</a>
      <a href="#">我的录像</a>
      <a href="#">我的日记</a>
    </nav>
    <section>
      <h2>我的日记</h2>
```

```
        <p>
          日记内容
            …
        </p>
      </section>
      <footer>
        <a href="mailto:abc@efg.com">请您留言</a>
        <span>更新日期：1999 年 1 月 19 日</span>
      </footer>
    </body>
  </html>
```

⑧ 用上述相同的方法制作照片网页 sx1_1_photo.html 和录像网页 sx_1_ video.html。

10.2 “第 2 章 CSS 基础”实训

1. 实训目的

熟练掌握 CSS 样式表的定义及其在 HTML 文档中的应用。

2. 实训内容

（1）编写第 2 章中的示例源文件，并且在 Chrome 浏览器中进行调试。

（2）另存 sx1_1_blog.html 为 sx2_1_blog.html，另存 sx1_1_photo.html 为 sx2_1_photo.html，另存 sx1_1_video.html 为 sx2_1_video.html，然后按下述排版布局加上 CSS 样式，得到图 10-5 所示的效果。

- 网页边距、间距均为 0，背景色为#F2F2E1，链接的静态颜色为橘红色（# E58712），鼠标指针在链接上时颜色变为绿色（# 9BBB38）且没有下画线。

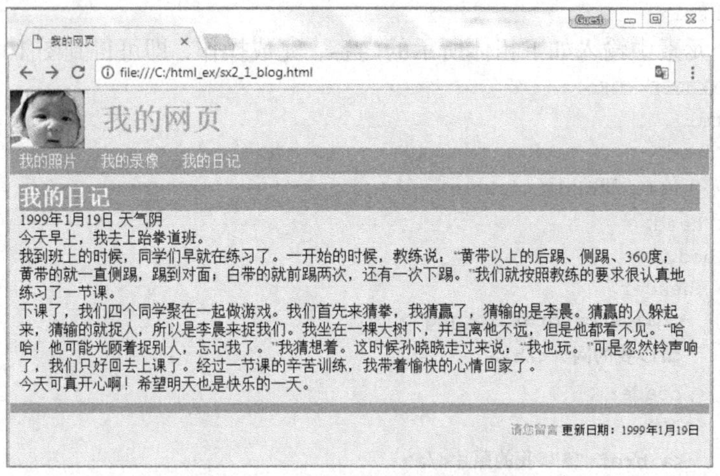

图 10-5 “我的网页”排版效果

- 标题广告栏高为 60px，标题颜色为绿色（#9BBB38）。
- 菜单栏背景色为绿色（#9BBB38），文字颜色为白色。
- 主要内容区域的背景色为白色，二级标题背景色为绿色（#9BBB38），文字为白色。

- 页脚区域右对齐，字体较小，上分隔线为绿色（#E8E7D0），宽度为 10px。
- 在“我的照片”页面中，小图片尺寸为 80px × 60px，按矩阵状排列，小图片下方有简要说明，如图 10-6 所示。当将鼠标指针移动到小图片上时，会显示图片的详细说明。

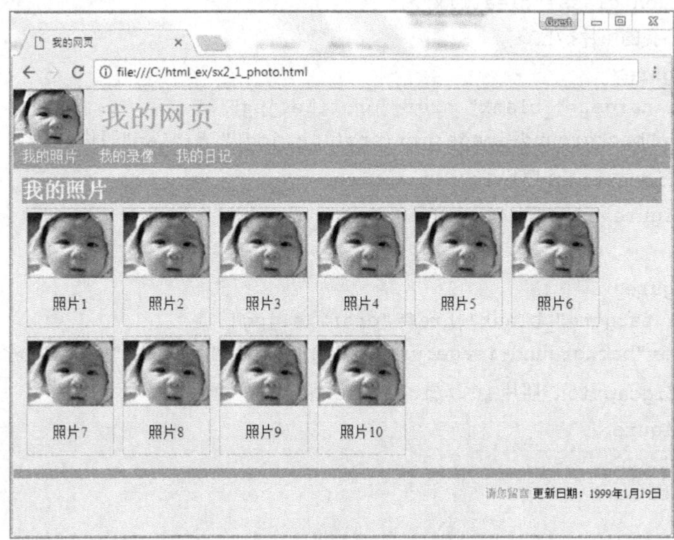

图 10-6 “我的照片”排版效果

3. 实训操作步骤

① 将 sx1_1_blog.html 另存为 sx2_1_blog.html。

② 为了在标题广告栏中将图片和大标题放在同一行，需要将图片放入 div 元素的背景中，因此要删去语句“<img src="profile.jpg">”，代码如下。

```
<div id="top">
  <img src="profile.jpg">
  <h1>我的网页</h1>
</div>
```

③ 在 head 元素中加入下述外部样式表定义文件。

```
<link href="sx2_1.css" rel="stylesheet">
```

④ 新建一个文本文件 sx2_1.css，在其中定义样式表如下，完成操作。

```
* {margin:0;padding:0;border:0;font-size:100%;box-sizing:border-box;}
body {background-color:#f2f2e1;}
a {color:#e58712;text-decoration:none;}
a:hover {color:#9bbb38;}
header {height:60px;background:url("profile.jpg") no-repeat left top;
padding-left:100px;}
h1 {color:#9bbb38;font-size:2em;line-height: 60px;}
h2 {color:#ffffff;background-color:#9bbb38;font-size:1.5em;}
nav a {margin-right:20px; color: #ffffff;}
nav a:hover {color:#f9ffb7;}
nav {background:#9bbb38;color:#ffffff;padding:4px 10px}
section {padding:10px}
footer{border-top:10px solid #9bbb38; font-size:.8em; text-align:right;
padding:10px}
```

⑤ 用上述相同的方法修改照片网页 sx2_1_photo.html 和录像网页 sx2_1_video.html 源文件，在 sx2_1_photo.html 中，主要内容区修改如下。

```
…
<section class="clearfix">
  <h2>我的照片</h2>
  <figure>
    <a target="_blank" href="profile.jpg" style="background-image:url(profile.jpg)" title="照片 1"></a>
    <figcaption>照片 1</figcaption>
  </figure>
…
  <figure>
    <a target="_blank" href="profile.jpg" style="background-image:url(profile.jpg)" title="照片 10"></a>
    <figcaption>照片 10</figcaption>
  </figure>
</section>
<footer>
…
```

⑥ 在 sx2_01.css 文档中加入关于“我的照片”页面排版的内容，代码如下。

```
…
figure {margin: 5px;border: 1px solid #ccc;float: left;width: 100px;}
figure:hover {border: 1px solid #777;}
figure a {display:block;width: 100%;height: 80px;background-size: contain; background-repeat: no-repeat;
  background-position: center center;
}
figcaption {padding: 15px;text-align: center;}
.clearfix {clear: both;}/*用于该元素之后清除 float*/
.clearfix:after {clear: both;content: "";display: table;}
```

10.3 “第 3 章　CSS 实用技巧”实训

1. 实训目的

综合使用 HTML 和 CSS 技术。

2. 实训内容

（1）编写第 3 章中的示例源文件，并在 Chrome 浏览器中进行调试。

（2）将 sx2_1_blog.html 修改为三列排版方式，如图 10-7 所示。

- 增加左导向栏和右导向栏，宽度均为 150px，背景色为#FAFAF0，导向链接以颜色为#E8E7D0 的分隔线相隔；鼠标指针移动到链接上时，背景色变为白色。
- 主要内容区在中间。
- 将菜单栏修改为简单导向菜单。

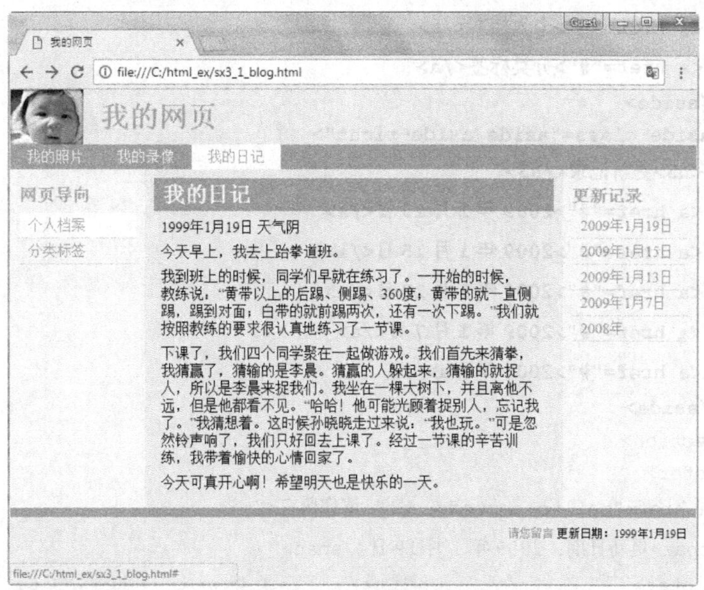

图 10-7　三列排版方式

3. 实训操作步骤

① 将 sx2_1_blog.html 另存为 sx3_1_blog.html。在 body 元素中设置标识为 blog；在网页中增加左右导向栏；修改菜单栏为列表项方式，代码如下。

```
<html>
<head>
  <title>我的网页</title>
  <link href="sx3_1.css" rel="stylesheet">
</head>
<body id="blog">
<header>
  <h1>我的网页</h1>
</header>
<nav>
  <ul class="clearfix">
    <li class="photo"><a href="#">我的照片</a></li>
    <li class="video"><a href="#">我的录像</a></li>
    <li class="blog"><a href="#">我的日记</a></li>
  </ul>
</nav>
<section>
  <div class="main">
    <h2>我的日记</h2>
    <p>1999 年 1 月 19 日 天气阴</p>
    <p>...</p>
  </div>
  <aside class="aside aside-left">
    <h3>网页导向</h3>
```

```
      <a href="#">个人档案</a>
      <a href="#">分类标签</a>
    </aside>
    <aside class="aside aside-right">
      <h3>更新记录</h3>
      <a href="#">2009 年 1 月 19 日</a>
      <a href="#">2009 年 1 月 15 日</a>
      <a href="#">2009 年 1 月 13 日</a>
      <a href="#">2009 年 1 月 7 日</a>
      <a href="#">2008 年</a>
    </aside>
  </section>
  <footer>
    <a href="mailto:abc@efg.com">请您留言</a>
    <span>更新日期：1999 年 1 月 19 日</span>
  </footer>
  </body>
  </html>
```

② 将 sx2_1.css 另存为 sx3_1.css，修改如下。

```
* {margin: 0;padding: 0;border: 0;font-size: 100%; box-sizing: border-box;}
  body {background-color: #f2f2e1;}
  a {color: #e58712;text-decoration:none;}
  a:hover {color: #9bbb38  }
  header  {height:60px;  background:url("profile.jpg")  no-repeat  left top;padding-left:100px;}
  h1 {color: #9bbb38;font-size:2em;line-height: 60px;}
  footer{border-top:10px solid #9bbb38; font-size:.8em; text-align:right; padding:10px}
  figure {margin: 5px;border: 1px solid #ccc;float: left;width: 100px;}
  figure:hover {border: 1px solid #777;}
  figure  a  {display:block;width:  100%;height:  80px;background-size: contain;background-repeat: no-repeat;
    background-position: center center;
  }
  figcaption {padding: 15px;text-align: center;}
  .clearfix {clear: both;}/*用于该元素之后清除 float*/
  .clearfix:after {clear: both;content: "";display: table;}

  h2 {color: #ffffff; background-color: #9bbb38;font-size:1.5em;padding: 4px 10px;}
  h3 {color: #9bbb38;font-size:1.2em;line-height: 2em;}

  nav ul { margin:0;padding:0; background:#9bbb38;}
  nav li{ padding:0;margin:0;list-style:none;float:left;}
  nav li a {display:block;margin:0 1px 0 0;padding:4px 10px;width:100px;
background:#9bbb38;color:#ffffff;text-align:center;          text-decoration: none;}
  nav li a:hover {background:#fff;color:#9BBB38}
```

```
#blog .blog a, #photo .photo a, #video .video a
 {background: #ffffff;color: #9bbb38;}
section {display: flex;flex-flow: row wrap;}
section > * {padding:10px;}
.aside {flex:  0 0 150px;background: #fafaf0;}
.main       { flex: 1 0; }
.aside-left  { order: 1;}
.main        { order: 2; }
.aside-right { order: 3;}
.aside a {display:block;padding:4px 10px;border-bottom:1px solid #e8e7d0}
.aside a:hover {background: #ffffff;}
p {margin:.5em;}
```

③ 用上述相同的方法修改照片网页 sx3_1_photo.html 和录像网页 sx3_1_video.html。

10.4 “第 4 章 JavaScript 简介”实训

1. 实训目的

熟练掌握在 HTML 文件中编写 JavaScript 程序的基本操作及在 Chrome 浏览器中调试 JavaScript 程序的基本操作。

2. 实训内容

（1）打开 Chrome 浏览器的调试窗口。

（2）编写第 4 章中的示例源文件，并且在 Chrome 浏览器中进行调试。

（3）调试一段 JavaScript 程序，找出其中的错误，并在 Chrome 浏览器中进行修改测试。

3. 实训操作步骤

① 按“4.2 编辑与调试 JavaScript”小节中介绍的调试操作方法打开 Chrome 浏览器的调试窗口。

② 打开 ch4_01.html 文件，第 23 行代码如下。

```
document.write(document.lastModified);
```

将第 23 行代码改写如下。

```
document.write("<b>"+document.lastModified+"</b>");
```

查看网页显示的不同效果，如图 10-8 所示，体会使用 document.write 语句不仅可以在浏览器中输出所需内容，还可以通过输出 HTML 的标记格式化其内容。

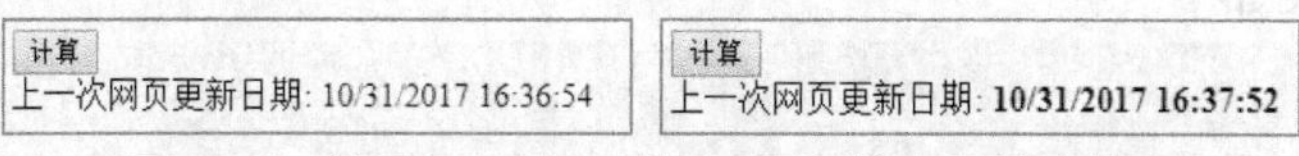

图 10-8　使用 document.write 语句的不同输出效果

③ 再次编辑 ch4_01.html 文件，将第 23 行中的“document.write”改写为“document.writes”，再按步骤①和步骤②进行操作，得到图 10-9 所示的效果，将不能显示“上一次网页更新日期”。这时，通过浏览器的调试工具查找出错的位置，修改后再测试。

图 10-9　ch4_01.html 程序出错时的网页效果

④ 参考示例 4-2 的步骤，通过外部 JavaScript 文件和 HTML 文件一起完成网页的制作。其中 ch4_02.js 文件也可以通过“记事本”软件编写。

⑤ 改写 ch4_01.html 文件，使网页以图 10-10 上图所示显示，当用户单击“Show”按钮时，出现图 10-10 下图所示的效果。将改写后的网页保存为 ch4_03.html，并且在浏览器中进行测试。

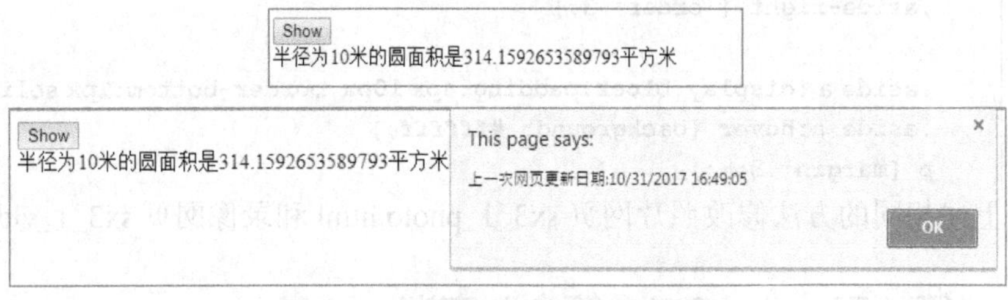

图 10-10　ch4_03.html 的网页效果

10.5 “第 5 章　JavaScript 编程基础”实训

1. 实训目的

熟练掌握 JavaScript 的基本编程概念和编程技术。

2. 实训内容

（1）编写第 5 章中的示例源文件，并且在 Chrome 浏览器中进行调试。

（2）找出下述程序的错误。

- 下述程序中有两处错误。

```
<script>
  var my code name = "测试循环语句...";
  var n = 10;
  for (var i=0; i<n; i++) {
    if (i=6)
     document.write("现在 i 是 " + i + "<br>");
    }
    document.write("最后 i 是 " + i);

    </script>
```

其应得的结果如下。

```
现在 i 是 6
最后 i 是 10
```

- 下述程序中有两处错误。

```
  <script>
    var sum = getSum(10);
    document.write("1-10 的总和是 " + sum);
```

```

    var sum100 = getSum(100);
    document.write("<br>1-100 的总和是 " + sum100);

    document.write("<br>上述总和是 " + sum + sum100);

    function getSum(n) {
      var sum = 0;
        for (var i=0; i<n; i++) {
           sum += i;
        }
           return sum;
    }
  </script>
```

其应得的结果如下。

```
1-10 的总和是 55
1-100 的总和是 5050
上述总和是 5105
```

- 下述程序中有一处错误。

```
<script>
  var apples = 12;
  var kids = 3;
  var msg = (apples >0 and apples % kids == 0) ? "可以均分" : "不能均分";
  document.write(msg);
</script>
```

其应得的结果如下。

```
可以均分
```

（3）编写一个显示学生成绩信息的网页，网页中有两个或更多的按钮，分别代表每个需要显示信息的学生，单击就可以得到该学生的总成绩、平均成绩、平均成绩的级别等信息，如图 10-11 所示，并在 Chrome 浏览器中进行测试。

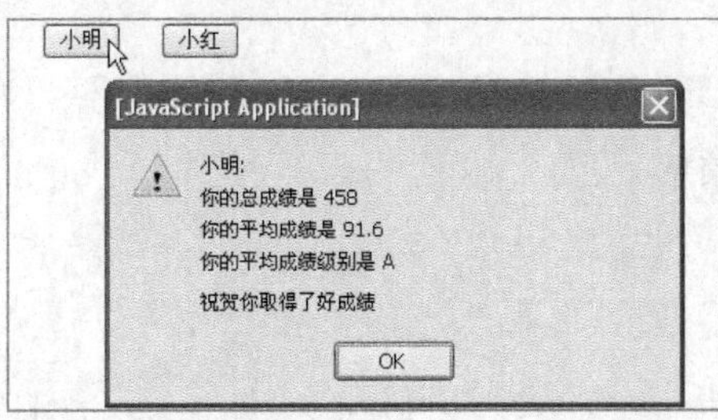

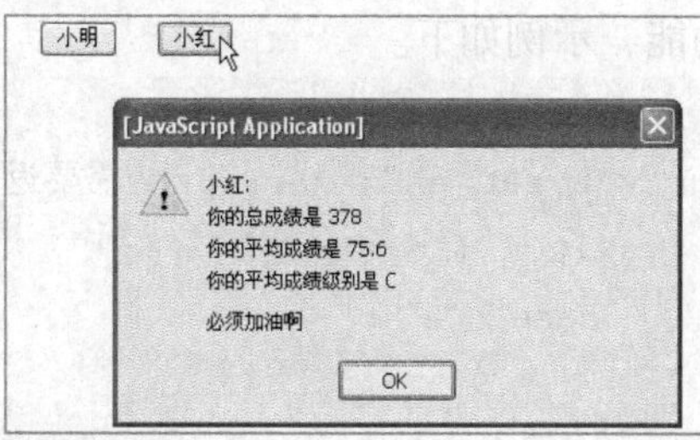

图 10-11 实训网页效果

3. 实训操作步骤

① 在 C:\html_ex 文件夹中新建一个 ch5_08.html 文档。

② 改写示例 5-5，其功能不变，计算输入参数的总和，函数名改为 sum，函数的返回值是计算后的总和，示例如下。

```
function sum() {
  var ret = 0;  // ret 为输入参数的总和
    …
  return ret;
}
```

③ 用上述同样的方法编写一个计算输入参数平均数的函数，函数名改为 average，函数的返回值是计算后的平均数，示例如下。

```
function average() {
  var ret = 0;  // ret 为输入参数的平均数
    …
  return ret;
}
```

④ 编写一个函数，函数名为 level，根据输入的参数——学生的分数返回该分数的级别：90 及以上为 A，80 及以上为 B，70 及以上为 C，其他为不及格。函数中可以通过使用 if…else if 语句来实现这个功能，示例如下。

```
function level(score) {
  var ret = "";  // ret 为需要返回的分数级别
  if (score>=90)
    …
  else if (score>=80)
    …
   else
    …
  return ret;
}
```

⑤ 编写一个函数，函数名为 msg，根据输入的参数——学生的分数的级别返回不同的信息。如果级别是 A，返回“祝贺你取得了好成绩”；如果级别是 B，返回“成绩不错，继续加油”；如果级别是 C，返回“必须加油啊”。函数中可以使用 switch…case 语句来实现这个功能，示例如下。

```
function msg(level) {
  var ret = "";  // ret 为需要返回的信息
  switch (level) {
    case ("A"):
    …
    case ("B"):
    …
  }
  return ret;
}
```

⑥ 编写一个对象函数，函数名为 student，输入参数共有 6 项，具体如下。

```
学生姓名：name
数学成绩：math
语文成绩：chinese
英语成绩：english
自然成绩：science
体育成绩：gym
```

对象的属性包括上述的输入参数项，对象的方法共有 5 个，具体如下。

```
得到总成绩：sum
得到平均成绩：ave
得到平均成绩的级别：level
得到根据平均成绩的级别发出的信息：msg
总信息：toString()
```

其中，前面 4 个方法已在步骤②～⑤中完成，最后一个方法“总信息 toString()”可以在对象函数中直接定义，它将返回最终需要显示的所有信息，示例如下，网页效果如图 10-11 所示。

```
function student(name,math,chinese,english,science,gym) {
  this.name = name;
  …
  this.toString = function toString(){
    var s = this.name + ":\n";
    var theSum = …;
    var theAve = …;
    var theLevel = this.level(theAve);
    s += "你的总成绩是 " + theSum + "\n";
    …
    return s;
  }


}
```

⑦ 最后制作 HTML 的内容——两个按钮，然后分别应用 onclick 事件调用对象 student 的方法 toString()。

完整的程序内容如下。

```
<!DOCTYPE HTML>
<html>
<head>
<script><!--
  function sum() {
    var ret = 0;   // ret 为输入参数的总和
    for (var i=0; i<arguments.length; i++) {
        ret += arguments[i];
    }
```

```
    return ret;
  }
  function average() {
    var ret = 0;   // ret 为输入参数的平均数
    for (var i=0; i<arguments.length; i++) {
        ret += arguments[i];
    }
    return ret/arguments.length;
  }
  function level(score) {
    var ret = ""; // ret 为需要返回的分数级别
    if (score>=90)
      ret = "A";
    else if (score>=80)
      ret = "B";
    else if (score>=70)
     ret = "C";
        else
     ret = "不合格";

    return ret;
  }
  function msg(level) {
    var ret = "";  // ret 为需要返回的信息
    switch (level) {
      case ("A"):
        ret = "祝贺你取得了好成绩";
        break;
      case ("B"):
        ret = "成绩不错，继续加油";
        break;
      default:
        ret = "必须加油啊";
    }
    return ret;
  }
  function student(name,math,chinese,english,science,gym) {
    this.name = name;
    this.math = math;
    this.chinese = chinese;
    this.english = english;
    this.science = science;
    this.gym = gym;
    this.sum = sum;
    this.ave = average;
    this.level = level;
    this.msg = msg;
    this.toString = function toString(){
```

```
      var s = this.name + ":\n";
      var theSum = this.sum(this.math,this.chinese,this.english,this.science,this.gym);
      var theAve = this.ave(this.math,this.chinese,this.english,this.science,this.gym);
      var theLevel = this.level(theAve);
      s += "你的总成绩是 " + theSum + "\n";
      s += "你的平均成绩是 " + theAve + "\n";
      s += "你的平均成绩级别是 " + theLevel + "\n";
      s += "\n" +this.msg(theLevel);
      return s;
    }
  }
//-->
</script>
</head>
<body>
  <input type="button" value="小明" onclick="alert((new student('小明',90,98,86,87,97)).toString())">
  <input type="button" value="小红" onclick="alert((new student('小红',90,98,86,87,17)).toString())">
</body>
</html>
```

10.6 “第 6 章 JavaScript 常用内置对象”实训

1. 实训目的

熟练掌握 JavaScript 数组对象、字符串对象、数学对象及日期对象的应用。

2. 实训内容

（1）编写第 6 章中的示例源文件，并且在 Chrome 浏览器中进行调试。

（2）按下述要求编写常用的 JavaScript 函数。

Trim(s)：去掉 s 中的首尾空格及连续空格中的多余空格，返回处理后的字符串。

ReplaceStr(inStr, oldStr, newStr)：将字符串 inStr 中的 oldStr 用 newStr 替换，返回替换后的新字符串。

IsEmptyString(s)：如果去除空格后的 s 长度为 0，返回 true；否则，返回 false。

IsValidString(s)：给出有效字符串，如果 s 在有效字符串中，返回 true；否则，返回 false。

IsNumber(s)：使用 isValidString(s)函数，其中有效字符串为数字。

IsFloat(s)：使用 isValidString(s)函数，其中有效字符串为数字及“·”。

isMaxString(s, c)：如果 s 的长度小于等于 c，返回 true；否则，返回 false。

IsMinString(s, c)：如果 s 的长度大于等于 c，返回 true；否则，返回 false。

IsRange(s, s1, s2)：如果 s 大于等于 s1，并且小于等于 s2，返回 true；否则，返回 false。

IsArray(o)：如果 o 的 constructor.toString()中包含 array，返回 true；否则，返回 false。

IsEmail(s)：如果 s 中包含字符@和·；返回 true；否则，返回 false。

CapFirst(s)：将 s 中的第一个字符变为大写字符，返回处理后的字符串。

IndexOfArray(a,s)：如果 s 为 Array a 中的一个元素，返回该元素的序列号；否则，返回−1。

（3）编写一个“猜美国州名游戏”的网页，效果如图 10-12 所示。

图 10-12　实训网页效果

- 用户输入所猜的美国州名后，按【Enter】键。
- 如果猜错了，将会得到提示信息，一共有 4 次提示机会，第一次提示的是该州名的第一个字母，第二次提示的是该州名的最后一个字母，第三次提示的是该州名的长度，最后一次提示的是该州名的第三个字母。
- 如果猜对了，将会得到祝贺信息，并显示回答问题的时间。

3．实训操作步骤

① 在 C:\html_ex 文件夹中新建一个 ch6_16.html 文档。

② 首先编写 HTML 文件，说明如下。

- <body>标记中应用 onload 事件调用 JavaScript 的 clearBox()函数，每次刷新网页时用于清空用户输入域。
- 使用<h3>标记制作标题“猜美国州名游戏”。
- 制作一对<form>标记，并且在<form>标记中应用 onsubmit 事件，该事件将调用 JavaScript 的 guessit()函数，然后返回 false，以保证用户输入完文字后按【Enter】键不会提交表单，而只是执行 guessit()函数。
- 在<form>标记中制作一对<div>标记，其 id 为 hint，其内容为“输入你的答案，然后按回车键”。
- 接着制作一对<div>标记，在其中使用<input>的文本框标记，用于用户输入数据，其 id 为 guess。

● 再制作一个“重玩”按钮，在其中应用 onclick 事件调用 JavaScript 的 newGame()函数。

③ 在 JavaScript 程序中，可按下述步骤操作。

a．首先将美国的 50 个州名保存在一个全局变量的字符串数组中，数组名为 state，示例如下。

```
var state = [  "ALABAMA",
  "ALASKA",
  "ARIZONA",
  "ARKANSAS",
   …
  "WYOMING"];
```

b．设置全局变量猜的次数 tries、开始的时间 startTime、结束的时间 endTime，随机产生一个 0 ~ 49 中的随机数，变量名为 sr，然后在 state 数组中设置第 sr 个数组为正确答案，保存在全局变量 answer 中，示例如下。

```
var tries = 0;
var startTime = new Date();
var endTime = "";
var len = state.length;
var sr = Math.floor(Math.random() * len);
var answer = state[39];
```

c．编写函数 newGame()，用于重新刷新网页，只要通过下述一条语句就可以了，有关该语句的具体使用方法，详见“8.4 网址对象”。

```
location.reload();
```

d．编写函数 clearBox ()，用于清空用户输入域，初始化提示信息文字，并且将光标定位在用户输入域上，其中有关 document.getElementById("guess")和 hint.innerHTML 的使用方法详见“7.3.1 动态改变网页内容”。

```
function clearBox()
{
  document.getElementById("guess"). value = "";
  hint.innerHTML = "输入你的答案，然后按回车键";
  document.getElementById("guess ").focus();
}
```

e．编写函数 diffTime(from,to)，用于得到用户回答所用的秒数，其中 from 和 to 都是日期对象。

```
function diffTime(from,to) {;
  var diffTime = parseInt((to - from) / 1000);
  return diffTime;
}
```

f. 最后编写分析用户是否猜中的函数 guessit()。首先得到用户的输入内容，变量名为 guess；然后将用户的输入内容 guess 与正确答案 answer 比较，如果输入正确，通过函数 diffTime()得到用户所使用的秒数。如果小于 60s，显示“回答正确！州名是……，你用了……秒”；如果多于 60s，显示“回答正确！州名是……，不过你用了太长的时间”；最后重新刷新网页。如果用户输入不正确，使用 switch…case 语句，猜的次数不同将显示不同的内容，第一次通过 answer.charAt(0)显示第一个字母，第二次通过 answer.charAt(answer.length-1)显示最后一个字母，第三次通过 answer.length 显示答案的长度，最后一次通过 answer.charAt(2)显示第三个字母；如果用户还是没有猜中，显示“没有提示了”；如果用户再按【Enter】键，则显示“对不起！州名是……还想再玩吗？”；如果继续玩，则重新刷新网页。

完整的程序内容如下。

```
<!DOCTYPE HTML>
<html>
<head>
<script><!--
var state = [
     "ALABAMA",
     "ALASKA",
     "ARIZONA",
     "ARKANSAS",
     "CALIFORNIA",
     "COLORADO",
     "CONNECTICUT",
     "DELAWARE",
     "FLORIDA",
     "GEORGIA",
     "HAWAII",
     "IDAHO",
     "ILLINOIS",
     "INDIANA",
     "IOWA",
     "KANSAS",
     "KENTUCKY",
     "LOUISIANA",
     "MAINE",
     "MARYLAND",
     "MASSACHUSETTS",
     "MICHIGAN",
     "MINNESOTA",
     "MISSISSIPPI",
     "MISSOURI",
     "MONTANA",
     "NEBRASKA",
     "NEVADA",
     "NEW HAMPSHIRE",
     "NEW JERSEY",
     "NEW MEXICO",
     "NEW YORK",
```

```
        "NORTH CAROLINA",
        "NORTH DAKOTA",
        "OHIO",
        "OKLAHOMA",
        "OREGON",
        "PENNSYLVANIA",
        "RHODE ISLAND",
        "SOUTH CAROLINA",
        "SOUTH DAKOTA",
        "TENNESSEE",
        "TEXAS",
        "UTAH",
        "VERMONT",
        "VIRGINIA",
        "WASHINGTON",
        "WEST VIRGINIA",
        "WISCONSIN",
        "WYOMING"];
     var len = state.length;

  var sr = Math.floor(Math.random() * len);
  var answer = state[sr];

  /* 初始化猜的次数 */
  var tries = 0;
  var startTime = new Date();
  var endTime = "";
  var hint;
  function guessit()
  {
    var guess = document.getElementById("mForm").guess.value;
    if (guess.toUpperCase() == answer)   {
      endTime = new Date();
      var diff = diffTime(startTime,endTime);
      var msg = "";
      if (diff<60)
        msg = "你用了 " + diff + " 秒";
      else
        msg = "不过你用了太长的时间";
      alert("回答正确！州名是 " + answer + ", " + msg);
            newGame();
    }
    tries++;
    switch(tries)
    {
      case 1:
           hint.innerHTML = "第一次提示：州名的开始字母是 " + answer.charAt(0);
           break;
      case 2:
           hint.innerHTML = "第二次提示：州名的结束字母是 " + answer.charAt(answer.length - 1);
           break;
```

```
        case 3:
            hint.innerHTML = "第三次提示：州名有 " + answer.length + " 个字母";
            break;
        case 4:
            hint.innerHTML = "最后一次提示：州名的第三个字母是 " + answer.charAt(2);
            break;
        default:
            hint.innerHTML = "没有提示了";
      }
      if (tries == 6) {
          if (confirm("对不起！州名是 " + answer + "\n 还想再玩吗?"))
              newGame();
      }
   }
   function clearBox(){
      hint = document.getElementById("hint");
      document.getElementById("guess").value = "";
      hint.innerHTML = "输入你的答案，然后按回车键:";
      document.getElementById("guess").focus();//光标定位在文本框
   }
   function newGame()
   {
      location.reload();  // 重新刷新网页
   }
   function diffTime(from,to) {;
        var diffTime = parseInt((to - from) / 1000);
        return diffTime;
   }
 //-->
 </script>
 </head>
 <body onload="clearBox();">
        <h3>猜美国州名游戏</h3>
        <form onsubmit="guessit();return false;">
            <div id="hint">输入你的答案，然后按回车键:</div>
            <div><input type="text" id="guess"></div>
            <br>
            <div><input type="button" value="重玩" onClick=newGame()></div>
      </form>
 </body>
 </html>
```

10.7 “第 7 章　JavaScript 常用文档对象”实训

1. 实训目的

熟练掌握 JavaScript 文档对象、表单及其元素对象与链接对象、图像对象的应用。

2. 实训内容

（1）编写第 7 章中的示例源文件，并且在 Chrome 浏览器进行调试。

（2）编写一个学生成绩显示系统的网页。假设有 4 名学生，他们的信息如表 10-1 所示。网页列表中列出了学生名单，当选择一个学生姓名时，标题栏显示该学生姓名，网页上显示该学生的照片，同时电子邮件链接为该学生的电子邮件地址，并且显示其各项信息（如图 10-13 所示）。

表 10-1 实训内容

姓 名	学 号	图 片 名	电 子 邮 件	语文	数学	体育
张小山	001	001.gif	zxs@hotmail.com	100	92	B
李小石	002	002.gif	lxs@yahoo.com	90	80	A
陈休休	003	003.gif	cxx@gmail.com	83	90	B
王北北	004	004.gif	wbb@hotmail.com	70	60	B

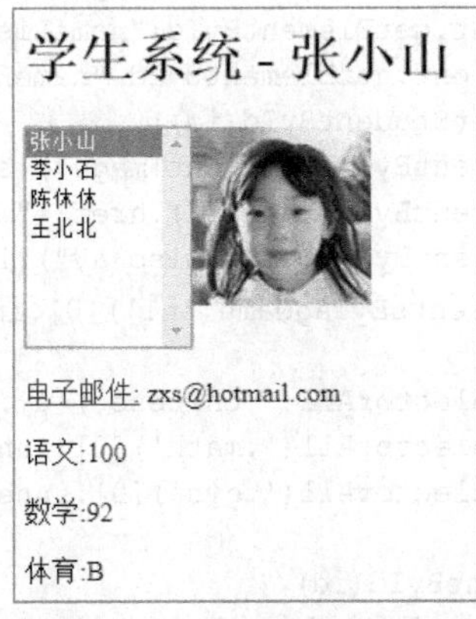

图 10-13 实训网页效果

3. 实训操作步骤

① 在 C:\html_ex 文件夹中新建一个 ch7_17.html。

② 首先编写 HTML 文件，说明如下。

- 学生列表名字为 nameList，列表选项各值分别为学生的学号。
- <body>标记中应用 onload 事件调用 JavaScript 的 init()函数，将学生的姓名和 id 放在列表 nameList 中。
- 学生列表<select>标记中应用 onchange 事件调用 doSelect()函数。

③ 编写 JavaScript 文件，说明如下。

- 设置全局变量 students 装载学生的信息。
- 编写 doSelect()函数，根据用户在学生列表中的选项在标题栏中显示学生姓名，在网页中显示学生照片，修改电子邮件链接为该学生的电子邮件地址，并且显示其各项信息。
- 编写 getStudentById(id)通用函数，根据给出的学生 id 找出学生的记录。
- 编写 init()初始函数，默认选择第一个学生。

完整的程序内容如下。

```
<!DOCTYPE HTML>
<html>
```

```
<head>
  <title>学生成绩显示系统</title>
  <script><!--
  var newStudent = {};
  var students = [
    {id:1,"email":"zxs@hotmail.com","name":"张小山","chinese":100,"math":92,"gyn":"B"},
    {id:2,"email":"lxs@yahoo.com","name":"李小石","chinese":90,"math":80,"gyn":"A"},
    {id:3,"email":"cxx@gmail.com","name":"陈休休","chinese":83,"math":90,"gyn":"B"},
    {id:4,"email":"wbb@hotmail.com","name":"王北北","chinese":70,"math":60,"gyn":"B"},
    ];
  function doSelect() {
    var selected = document.getElementById("nameList").selectedIndex;
    var id = document.getElementById("nameList").options[selected].value;
    var name = document.getElementById("nameList").options[selected].text;
    var student = getStudentById(id);
    document.getElementById("studentImage").src = id + ".gif";
    document.getElementById("email").href ="mailto:"+student.email;
    document.getElementById("emailDisplay").innerHTML = student.email;
    document.getElementsByTagName('h1')[0].innerHTML = "学生系统 - " + student.name;
    document.querySelectorAll('.chinese')[0].innerHTML = student.chinese;
    document.querySelectorAll('.math')[0].innerHTML = student.math;
    document.querySelectorAll('.gyn')[0].innerHTML = student.gyn;
  }
  function getStudentById(id) {
    for (var i=0;i<students.length;i++) {
      if (students[i].id==id) {
        return students[i];
      }
    }
    return null;
  }
  function loadStudents () {
    var list = document.getElementById('nameList');
     for (var i=0;i<students.length;i++) {
       list.options[i]=new Option(students[i].name,students[i].id);
     }
  }
  function init() {
    loadStudents();
    document.getElementById('nameList').selectedIndex=0;
    doSelect();
  }
  //-->
  </script>
  <style>
    .name-list {position:relative;}
    .name-list select {width:100px;height:130px;}
    .name-list img {position:absolute; left:100px top:0;}
```

```
  </style>
</head>
<body onload = "init()">
  <h1>学生系统</h1>
  <div class="name-list">
    <select id="nameList" size="4" onchange="doSelect();"></select>
    <img id="studentImage" alt="student image">
  </div>

  <p>
    <a href="#" id="email">电子邮件:</a>
    <span id="emailDisplay"></span>
  </p>

  <p><label>语文:</label><span class="chinese"></span> </p>
  <p><label>数学:</label><span class="math"></span> </p>
  <p><label>体育:</label><span class="gyn"></span> </p>
</body>
</html>
```

10.8 “第 8 章　JavaScript 常用浏览器对象”实训

1．实训目的

熟练掌握 JavaScript 屏幕对象、浏览器信息对象、窗口对象、网址对象、历史记录对象及框架对象的应用。

2．实训内容

（1）编写第 8 章中的示例源文件，并在 Chrome 浏览器中进行调试。

（2）在 ch7_17.html 的基础上增添一个按钮“新学生”，单击后打开一个新窗口，可以输入学生的信息，如图 10-14 左图所示；输入完成并确认后，关闭新窗口，即可将新学生列入 nameList 列表中，如图 10-14 右图所示。

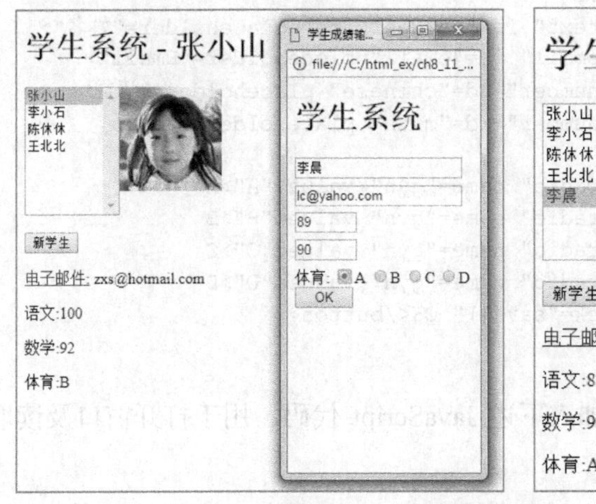

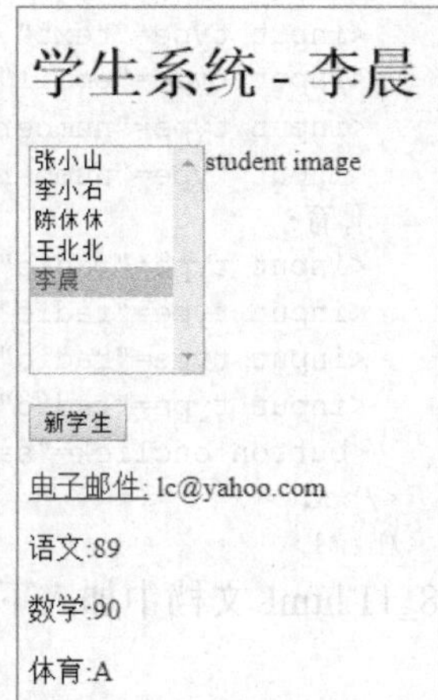

图 10-14　实训网页效果

3. 实训操作步骤

① 在 C:\html_ex 文件夹中复制 ch7_17.html 后另存为 ch8_11.html。在 59 行处加入一行如下代码。

```
<p><button onclick="add()">新学生</button>
```

② 新建一个 ch8_11_1.html 文档，用于输入学生信息，其中第 14 行将输入的学生信息保存在 localStorage 中，以便原来的窗口网页能够读取数据。程序内容如下。

ch8_11_1.html:

```
1  <!DOCTYPE HTML>
2  <html>
3  <head>
4    <title>学生成绩输入系统</title>
5    <script><!--
6    var student = {};
7    function save() {
8      student.id= 0;
9      student.name=document.getElementById('studentName').value;
10     student.email=document.getElementById('email').value;
11     student.chinese=document.getElementById('chinese').value;
12     student.math=document.getElementById('math').value;
13     student.gyn=document.querySelectorAll('input[name=gyn]:checked')[0].value;
14     localStorage.setItem("student",JSON.stringify(student));
15     window.close();
16   }
17   //-->
18   </script>
19   <style>
20     input[type=number],button {display:block;width:60px;margin-bottom:.5em;}
21     input:not([type=radio]) {margin-bottom:.5em}
22   </style>
23 </head>
24 <body>
25       <h1>学生系统</h1>
26       <input type="text" id="studentName" placeholder="姓名">
27       <input type="email" id="email" placeholder="Email">
28       <input type="number" id="chinese" placeholder="语文">
29       <input type="number" id="math" placeholder="数学">
30       体育:
31       <input type="radio" name="gyn" value="A">A
32       <input type="radio" name="gyn" value="B">B
33       <input type="radio" name="gyn" value="C">C
34       <input type="radio" name="gyn" value="D">D
35       <button onclick="save()">OK</button>
36     </body>
37   </html>
```

③ 在 ch8_11.html 文档中加入下述 JavaScript 代码，用于打开窗口及读取所存的学生信息。

```
var win,interval;
   function add() {
    win = window.open('ch8_11_1.html','newWin','menubar=0,width=200,
```

```
    height=400,left=50,top=50');
      interval = setInterval(function(){
        if (win.closed) {
          var student = JSON.parse(localStorage.getItem("student"));
          student.id= students.length+1;
          students.push(student);
          clearInterval(interval);
          loadStudents();
          document.getElementById('nameList').selectedIndex=students.length-1;
          doSelect();
        }
      },1000);
```

10.9 “第 9 章 JavaScript 实用技巧”实训

1. 实训目的

熟悉 JavaScript 常用的实用技巧。

2. 实训内容

（1）编写第 9 章中的示例源文件，并在 Chrome 浏览器中进行调试。

（2）按照第 9 章中示例 9-13 和示例 9-14 的方法，为 ch8_11_1.html 网页增加表单的校验功能。

（3）制作一个图 10-15 所示的广告页效果，上方的画面为一个 Flash 动画广告，为了让用户欣赏该广告，设置一个 5s 等候进度条，5s 后自动进入设定的网页中。

页网载入中，请稍候

||||||||||||||||||||||||||||||||

30%

图 10-15 实训网页效果

3. 实训操作步骤

① 在 C:\html_ex 文件夹中新建一个 ch9_21.html 文档。

② 首先制作 HTML 部分的内容，通过<table>标记进行版面分布，广告画面可以使用<iframe>标记链接到所需要的广告地址，下方的进度条和进度百分数使用<input>标记，并且通过样式设置去掉外框线，其中设置进度条的 id 是 bar，百分数的 id 是 percent。

③ 制作 JavaScript 函数，每隔一定的时间刷新进度条和百分数，进度条用字符“|”组成，当百分数到达 100%时，将网页切换到指定的地址。

完整的程序内容如下。

```
<!DOCTYPE HTML>
  <html>
  <head>
    <script> <!--
    var c = 0;
    var delta = "||";
    var bars ="||";
```

```
      function waitingBar() {
        c = c + 2;
        bars = bars + delta;
        document.getElementById("bar").value = bars;
        document.getElementById("percent").value = c+"%";
        if (c<99)
          setTimeout("waitingBar()",200);
        else
          location.href = "http://www.yahoo.com";
      }
      --></script>
      <style>
        body {margin:0;padding:0;}
      </style>
    </head>
    <body onload="waitingBar();">
    <iframe src="https://www.a4flash.com/design/viewtype1.php?id=INT022"
    width="100" height="80" frameborder="no" border="0"marginwidth="0"
marginheight= "0" scrolling="no"></iframe>
    <div style="text-align: center">
       <p>页网载入中，请稍候</p>
      <p><input type="text" id="bar" size=46 style="font-weight: bolder;
color:#000000; background-color:#eaeaea; padding:0; border-style:none;"></p>
      <p><input type="text" id="percent" size=46 style="color: black;
background-color:#fff;text-align:center; border-style:none;"> </p>
    </div>
    <script>
    document.getElementsByTagName('iframe')[0].style.width=
    window.innerWidth+'px';
 document.getElementsByTagName('iframe')[0].style.height=
(window.innerHeight-100)+'px';
    </script>
    </body>
    </html>
```